MINGUO JIANZHU GONGCHENG QIKAN HUIBIAN

民國建築工程

期刊匯編 ③

《民國建築工程期刊匯編》編寫組 編

广西师范大学出版社

GUANGXI NORMAL UNIVERSITY PRESS

·桂林·

第三册目录

工程

中國工程學會會刊

工程

THE JOURNAL OF
THE CHINESE ENGINEERING SOCIETY.

第一卷 第一號 ✳ 民國十四年三月

Vol I, No. I.   March. 1925

本號要目

中國工程學會發行

辦事處上海江西路四十三B號

每冊定價大洋貳角

裕昌營造廠啓事

本營造廠承造各種中西房屋，工廠，貨棧，水塔，橋樑及一切水泥鋼骨建築並屋內裝修，生財器具等工程，頗具經驗，如杭州浙江實業銀行爲本地最大建築工程之一，亦由本營造廠承造。取價從廉，工作認眞，倘蒙賜顧，無任歡迎。如有詢問或估計價值等，請函至本營造廠，立即奉覆。

總廠設 杭州新市場泗水芳橋西塊

1060

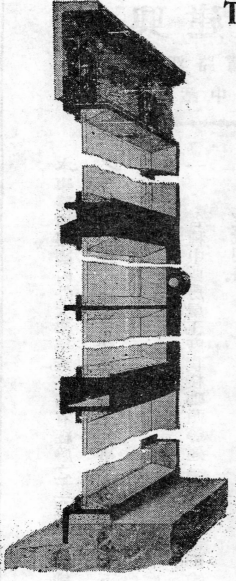

TRUSCON STEEL CO.

No. 3 Canton Road

SHANGHAI, CHINA.

Telephones Central 4779 and 4780

Cable Address Kahncrete

Manufacturers of reinforcing
and fireproofing building
products.

Steel windows and doors.

Metal-Lath, Hyrib, Wiremesh.

Standard steel buildings.

Waterproofing paste, concrete
hardener, chemical paints
and enamels.

*Designs and estimates
furnished on request.*

You could dip *this* house in water — protected with TRUSCON PRODUCTS

大興建築事務所

上海浙江路甯波路口六十五號

電話中央四一五五

本事務所集國內外大學畢業並富有經驗之工程專家，組織而成，以專門之技術，供社會之應求，用特將各種工程事業分項開列於下，倘蒙賜顧，無不竭誠辦理．

一．各種中西房屋工廠貨棧碼頭等建築工程之計劃繪圖估價及規定說明書．

二．道路鐵路橋梁河工海港自來水等土木工程之計劃繪圖估價及規定說明書．

三．上述各項工程之監工

四．上述各項工程之調查或評價

五．田地道路鐵路河流山林之測量．

請聲明由中國工程學會『工程』介紹

1063

「工 程」 創 刊 號 目 錄

(民國十四年三月發行)

編輯部啓事　　本刊創辦伊始,諸多簡陋謬誤之處,倘祈諸先進指正,並希常賜巨著爲幸。

中國工程學會職員錄

(民國十三年至十四年)

● 總 會 ●

董事部	徐佩璜	吳承洛	徐恩曾	羅英	薛紹清
執行部	(會　長)	徐佩璜	(副會長)	凌鴻勛	
	(記錄書記)	徐名材	(通信書記)	周琦	
	(會　計)	張延祥	(庶　務)	方子衛	

● 分 會 ●

美國分部	(會　長)	徐恩曾	(副會長)	曾昭掄
	(書　記)	陳三才	(會　計)	倪尚達
上海分部	(部　長)	張貽志	(副部長)	方子衛
	(書　記)	劉錫祺	(會　計)	裘燮鈞
天津分部	(部　長)	羅英	(副部長)	劉頤
	(書　記)	方頤樸	(會　計)	張自立
	(庶　務)	張時行	(代　表)	譚葆壽
北京分部	吳承洛			
青島分部	薛紹清			

● 編 輯 部 ●

總 編 輯 王 崇 植

(甲)土木工程及建築　李屋身	(乙)機械工程　孫雲鑄
(丙)電機工程　裘維裕	(丁)化學工程　徐名材
(戊)探礦工程及冶金工程　薛桂輪	(己)通俗之工程智識　錢昌祚 馮雄

上海兩通建築勘礦公司建造安徽石埭縣舒溪河永濟大橋工程簡略狀況

橋在邑之南門外,橫跨舒溪河,係用鋼筋混凝土建築,計十一洞,每洞各五十六尺,共長六百十六尺。此橋之上部為兩距離十七尺六寸連接之長樑與橫樑及橫樑膠併橋面橋身厚六寸,卽為道路地板,其全橋長度亦連接不斷,共有橋礅十座,橋礅兩距尺六寸約三十四尺,均係鋼筋混凝土構成,橋礅中之入數有鋼韌鋼構,在礅之上下兩端,以便全橋于過度損耗面致伸礅時橋礅有活動機會,此乃最新式之設法橋礅美各國尚未有也,該公司自去年秋間開工以來,研究全工進行,備受艱困困山巖間,有黃砂卵石十餘尺,粗糙粘土間雜放無論如何與鑿漏水無法建造,餘皆安然混水泥已成全工十之磁入山岩者,其因雜年內雖莫帝迅速,又用各種方法止水之來源混凝土及得安然混水泥,剝已成全工十之入九,大約陰曆年內歲莽事初,可以完全告竣,此中圓得土人目之無不驚異稱羨入九,大約陰曆年內歲莽事初,可以完全告竣,此中圓人士,目之無不驚異稱羨苟不置云。一頃宗湘

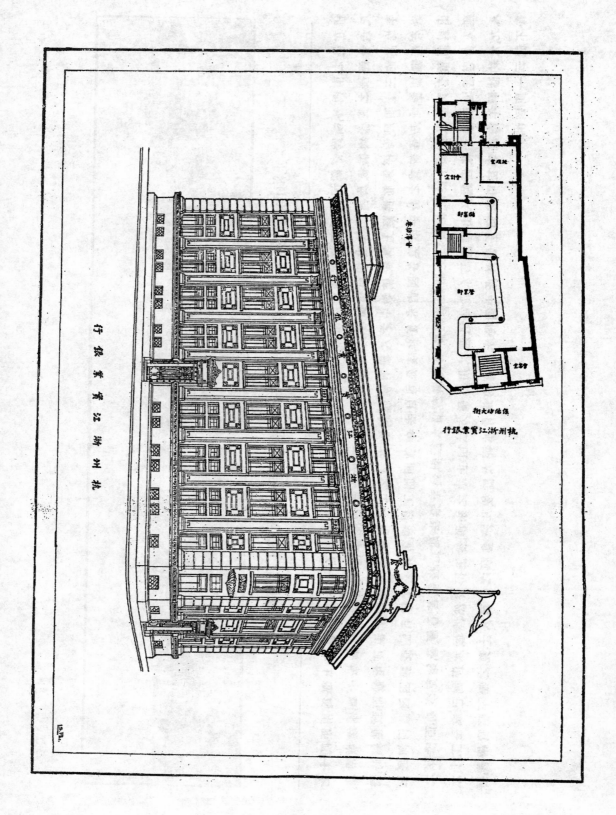

杭州浙江實業銀行

杭州浙江實業銀行

保佑坊大街

發　刊　詞

中國之工程學問,類皆自西洋販買而來,提創垂三十年而工程學之無貢獻也如昔,工程事業之難發達也亦如昔,雖間有名人如詹天佑先生輩,但其影響之所及,亦鮮而微.中國工程學問之幼稚,殆為不可掩之事實矣.

但各種學問之與人生最有直接影響,莫如工程.自各種工程學與,而昔日之險阻,今如康莊,昔日之奇巧,今成常品.我人之所享受,較諸百年前之帝王猶或過之.此光明華麗之世界,誰為非我輩工程師所創造?

然則處此工業幼稚之中國,而各方面工業發展之需要又復急不可待,我人能不奮勉自勵,以創造我中華獨立之工程事業.此八年前我在美之同志所以發起組織中國工程學會,而今日者,我全體會員創刊此中國工程學會會刊者也.

我人在今日類皆初入社會之青年,不敢狂言于衆,而許國人有莫大之創造.但若能創者則手創之,能發明者則發明之,能販買者則販買之,十年之後此誌亦可集為大觀."行遠自邇登高自卑,"國人其許我否?

編者

杭州浙江實業銀行新行屋之建築

李　屋　身

杭垣自民國以來,建設市場,修築道路,工商實業,漸趨發達.且因鐵路交通之便,西湖山水之美,四方遊客,經年不斷,而以春秋佳日尤為擁擠.故近年來旅館驟增,商店擴張,建築繁興,頗有可觀.但此種建築,按其實際,計畫既不周密,工事亦甚草率.外面賴粉刷之效,耀目於一時而已.雖投資者為減少資本計,不得不爾.但澆薄之象,於此亦足見一般人心之所趨也.惟殷實商行,根底穩固,事業久長,對於行屋之建築,其眼光之遠大,自不可與有投機心理者同日而語.建築之計劃,必具下述數種之需要.即(一)適用以求辦事之便捷,(二)堅固以成永久之基礎,(三)偉觀以招徠生意,(四)耐火以防禦不測,(五)設備周到,以圖寓居者之安樂,(六)崇尚樸質,不傷美觀,以節省經費是也.杭垣諸新建築中,具有上述各種需要者,除浙江興業銀行之行屋,基地寬廠,工程偉大外,以浙江實業銀行之新行屋為首屈一指也.該行新屋,由大興建築事務所所計劃,為裕昌營造廠所承造,正在建築.今將計劃情形,酌叙於下,以供海內留心建築事業者之參攷焉.

行屋基地　位於杭城之保佑坊大街及甘澤坊巷西北轉角上.其地形向東面於保佑坊大街者,不過四十三英尺.向南面於甘澤坊巷者,有一百八十二英尺之深.惟保佑坊大街,係城內繁鬧之所,行屋正面,必須向此.門面太狹,未免為該地之缺點.且地形不甚正方,於計劃及建築上,亦有困難之處.

建築及屋內之佈置　行屋正屋,係鐵筋三和土所構造,共計四層.最下一層,其半層在地中.自行屋前面鋪道,至地下層之地板,為四英尺.至第二層樓板,為五英尺半.最下層內,有長寬約二十英尺左右之庫房二座,位於屋之北首尚有空餘之所,為裝置暖室器之爐爐及作貯藏室之用.自第二層樓地板至第三層樓地板,為十六英尺,全部充銀行辦事之用,經理室營業室會計室客室等在也.其中營業室,佔全層之大部,經該行職員之詳細斟酌,授意於事務所,而為適當之計劃.務使室內寬廠,光線充足,易於辦事.且沿櫃台之處,僱客便於出入,行員亦易接近自第三層樓地板至第四層樓地板,為十四英尺半.臨保佑坊大街前面,有一會議廳,長三十八英尺,寬二十五英尺九寸.餘則佈置董事室閱報室寄宿室等,附有浴室廁所.第四層樓即頂上層,內部之高為十二英尺半.沿南北兩面,全排寄宿室,附有浴室廁所,以為行員之住所,屋頂全部,係鐵筋三和土之平頂,上敷油毛氈及柏油石子.離正屋後面約十八英尺之處,有磚造二層樓一所,約十四英尺寬,四十四英尺長,以作膳室廚房貯藏室僕役室等之用.

　　屋基之計劃　　屋基全部,均打六英寸見方之美松樁.樁之位置,隨地質及載重之不等,各有疏密.該屋基地本有舊屋,為火所焚.開掘之時,發見瓦礫石塊頗多.想該地早為人煙稠密之所,幾經滄桑,舊屋殘物,層堆厚積.故地勢亦因之而增崇.開掘至離地面八英尺時,亦無多大水量,於施工頗覺便利.

　　計劃鐵筋三和土之屋柱 Column 底腳時,平常之算法,均假定每柱應支受之房屋自身之重,即固有載重,及使用房屋時可有之各種重量,即活動載重各若干,而總加之,分以基地土質所能受之單位力,則得該柱底腳應佔之面積.但近牆之屋柱,其固有載重,與活動載重之比例,往往較中間之屋柱之該項比例為大.因中間之屋柱,必較近牆之屋柱,多受活動載重也.且固有載重之假定之數,往往與實在之數,不甚差異.而活動載重,計劃時為安全起見,使用時未必時常載至極度,其計劃時假定之數,往往大於日常實在之載重.職是之故,在平常之計劃,中間之屋柱底腳,往往較近牆之屋柱底腳,有較堅固之弊.其結果則中間屋柱,與近牆屋柱之向下沉力,不互相等,因而橫梁近柱處,易顯裂紋.惟此次銀行屋柱之計劃,採用如下算法,俾免上述之弊今假定

中間屋柱之固有載重爲D, 活動載重爲L, 墓地土質能受之單位力爲P, 則該屋柱底脚之應佔面積爲

$$\frac{D+L}{P}=A \ldots\ldots(1)$$

今試假定

$$\frac{D+\frac{1}{2}L}{A}=P' \ldots\ldots(2)$$

則

$$\frac{D'+\frac{1}{2}L'}{P'}=A' \ldots\ldots(3)$$

第三式中之D', 爲近牆屋柱之固有載重, L'爲該柱之活動載重, 則A'爲該柱底脚應佔之面積也, 第二及第三式中之½, 爲此次計劃所用之數但隨固有載重及活動載重之情形, 可以更變, 務使計劃時所算得之底脚面積, 與使用房屋時實在所需之底脚面積, 得以相合也.

牆壁及天花板　正屋圍牆, 在地下層者, 均爲鉄筋三和土, 連同屋基全部, 護以油毛氈及柏油, 以防水濕侵入. 地下層以上, 砌以青磚. 臨保佑坊大街及甘澤坊巷兩面, 粉以細白石子粉刷屋之後面及北面, 均粉洋灰粉刷. 屋內粉刷分三道第一及第二道, 爲白灰漿與黃砂之混合物, 再加適量之獸毛或麻筋及少量之洋灰第三道白灰與石膏對半和合, 卽使用之. 內部腰壁, 均用二十八號鋼網, 上有二分半大之節骨, 5/6'' rib No. 28 guage corr-mesh metal lath 以便易於耐火. 頂上層樓之天花板, 亦用同種鋼網. 屋頂與天花板之間, 留有空際, 足以流通空氣, 使炎夏之季, 頂上層樓, 不至太熱也.

鋼窗　正屋之窗, 全用鋼製, 有特別計劃者, 有採用現成之標準式者. 鋼窗質地堅固, 形式美觀, 且因框子細狹, 室中光線, 較易暢足. 而救火機關不備, 鄰家失火, 易被延燒如杭垣者, 尤適宜也. 此項鋼窗, 係由英國製造, 運送來杭.

木料　正屋地板, 除經理室及會議廳, 舖二號美松, 再於其上, 舖一英寸二分及二英寸之頭號麻栗企口板外, 均舖一英寸二分及四英寸之頭號美松

企口板.營業室一層全部及會議廳內,均裝柚木附壁板,高八英尺.各室均裝日本麻栗之踢腳線.營業室之櫃台,係柚木所製,上裝銅欄杆.

　汲水裝置　正屋各層內,均備美國製造之西式洗盥具及便具等.其冷水取自井內,由抽水機二具,汲之上昇,儲於屋頂水塔內.由鐵管之連接,分布各處.

　熱氣裝置　正屋內熱氣裝置,係利用蒸汽之熱.其最高溫度,可使室內溫度,較外面冷氣高至華氏四十度之多.一切裝置,均係美國貨,形式優美,顏色悅目.

民國十四年之
中華教育界

(一)本誌主旨　本誌現請專人主編,特約名家撰述,增加門類,刷新內容.取材精審,立論切要.而主旨期以國家主義的教育再造中國.

(二)本年專號　㊀一月新年號着重批評中國教育現勢,並示今後應取的方針.㊁二月收回教育權運動號,從各方面討論收回教育權的必要與方法,精心結撰.篇篇均關重要.㊂七月擬出國家主義的教育研究號,切實討論中國各種教育依國家主義應如何改造,當更有可觀.

(三)優待讀者　本誌現備『教育問題徵求意見表』,插入新年號及收回教育權運動號卷首.內含當今中國十大教育問題,只須讀者用正負號表示意見,寄上海中華書局.編輯所本社,訂購本誌全年,只收半價七角五分,以示優待.

月出一冊　一角五分　全年十二冊　一元五角　郵費一角八分
中華書局謹啓

MANUFACTURING OF INDUCTION MOTORS
FROM ITS PHYSICAL AND HISTORICAL STANDPOINTS OF VIEW *

By George G, Chow (周 琦)

Electric Engineer

Chinese National Engineering & Manufacturing Co., Shanghai China

(I) MAIN PARTS OF INDUCTION MOTORS:

As we generally believe, complex theory usually leads to complex results. Strange to say that this is not true in case of induction motor. The motor has been developed over a very long period of time and after much elaborate theory and complicated analysis and calculation but its construction of the latest design is almost unbelievable simplicity and reliability.

For this reason, it is thought to be sufficient to give here only an idea about this class of motor from its simplest angle, in other words from its physical and historical standpoints without going through its technical details.

An induction motor consists of four important parts:

(1) Primary or the stator iron usually made of laminated sheet steel punchings with a definite number of slots.

(2) Primary of Stator Windings consist of a number of coils equal to the stator slots each of which is made of many turns of copper wires.

(3) Secondary or Rotor Iron made in the same way as Stator.

(4) Secondary or Rotor Windings formed either of number of copper rods equal to its slots or of something like ordinary armature. The former is called the Squirrel Cage Rotor and the latter the Wound Rotor.

The stator winding receives current from a two or three phase supply circuit. The rotor part receives nothing from the outside. It can be assumed that the induction motor is a special form of transformer to which the primary acts on the secondary in very much the same way. The chief difference lies that the primary coils are all on one part of the magnetic circuit and the secondary coils on another part; the two parts thus being arranged as to permit relative motion.

(II) HISTORICAL DEVELOPMENT:

The induction motor or its nearest type was invented near 1888. For the first one who brought out the idea before the public in such a way as to lead

---

*Paper presented in the technical session of the second Annual Conference held in Shanghai, July 1924.

eventually to practical results, we must give the actual credit to Mr. Nikola Tesla, an American engineer in Westinghouse Company. At that time people knew nothing about induction motor but Tesla motor.

The Tesla motor was badly handicapped at the start because the only available frequencies were then 133 and 125 cycles and the only alternating current supply circuits were single phase; none of these was suitable to the new motor. From 1889-1891, the development as a whole was dropped on account of the unfavorable conditions.

At 1891, the situation for the induction motor turned out better because a certain lower frequency, that's 60 cycles per second, was adopted by some companies in America.

In 1893, in the World's Fair Exhibit held at Chicago, the Westinghouse people began to build the first large polyphase induction motor rated at 300 H. P., two phase and 220 volts. This was run by a two phase generating unit also built by the same company. This motor had a rotating primary and stationary secondary which is different from present construction. The secondary winding was short-circuited when the motor reached full speed but during starting it was closed through a series of long heavy carbon rods placed in a basement beneath the exhibit, these rods being used for starting resistance. Not much was known about starting resistances in those days and as this carbon starting out-fit would sometimes get red hot while the motor was being brought up to speed. It was not considered desirable to let the public see it.

At the same time the A. E. G. of Berlin had an exhibit also. There was shown an induction motor of about 75 H. P.; using a water rheostat as the starting resistance. This shows that Europeans and Americans were independently but contemporaneously developing their induction motors along very similar line.

It was not until 1893 that induction motor business began to look more promising. At that time the supply of polyphase circuits were solved when Westinghouse pushed up the sale of polyphase generators.

In 1894 Westinghouse turned out the first series of commercial motors of the rotating primary type. About the same time General Electric brought out what is called "Monocyclic System" in their commercial productions. The latter had a rotating secondary of very low resistance. The energy supplied to the motor was largely single phase but the magnetization was polyphase.

Single phase induction motor was realized to be a possibility quite early in the story and it was almost developed side by side with its polyphase sisters from the year 1890 to 1894.

In the year 1897, Westinghouse began put into the market a series of induction motors called type "C" with a rotating cage secondary and stationary primary which became the modern standard practise in squirrel cage induction motor.

The period from 1897 to 1900 might be called the "Golden Age" of induction motor development. Nearly all the things that have been developed since or, originated was first put into practise during this period. In this period, the polyphase induction motor became so thoroughly established as a commercial device that it was already taking the offensive against its D. C. rival.

The period beginning from 1900 up to the present was one of the application rather than new development of the induction motors. Manufacturing companies were busy in extending their standard lines rather than producing new types.

(III) FIRST INDUCTION MOTOR IN CHINA:

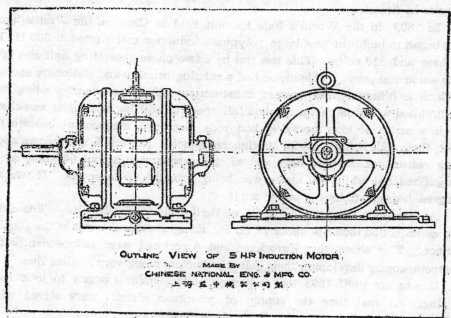

OUTLINE VIEW OF 5 H.P INDUCTION MOTOR
MADE BY
CHINESE NATIONAL ENG. & MFG. CO.
上海五中機器公司製

The writer through his connection with Westinghouse company especially in this line of motor work has been able to catch up the trend of the development in America. He was authorized after he came back and connected with one of the first electric manufacturing organizations in China to build one 5 H. P. induction motor in the winter of 1923. As it is intended to be used for ordinary industrial works it was designed for 385/220 volts, 50 cycles and 1450 R. P. M.

The first motor turned out as quite a success in January, 1924. As shown in the accompanying curve its efficiency is high, power factor unusually favorable and starting torque satisfactory.

Being the first one who ventured to manufacture the induction motor in this country, the writer has sought nowhere to secure any available working data. Naturally he has encountered troubles and difficulties. But he fought it through the single handed battle.

It is thought to be interesting just to relate some of the troubles he was confronted here :

(1) Raw Material Supply:

Since China is not yet well developed in her resources, many kinds of raw materials, such as steel, copper and insulation materials necessary for making the induction motors or other electric machines have to be imported. In designing the motor, great care has been taken to order these materials several months ahead of the time. Due consideration was also taken to utilize our own materials wherever possible so long as they will not impair the good efficiency of the motor. For instance, bamboo strips was used for slot wedges instead of fibre, Chinese linen used for tapping, etc. Many kinds of materials have been tested first before applied. The amount of imported materials was so little that great restriction was experienced in design.

(2) Special Tools:

For the same reason as above a set of special tools were made first thus delay the completion of the pioneer unit.

(3) Skillful Winder:

Ordinary electricians know little about the proper method of winding. They had to be trained how to do it right. To wind the first one was unusually slow. For instance, it took only two days to finish the stator winding including connection in the States but here we spent thirteen and half days. However, our people are quite clever and quick to learn, so the writer would not think this much difficult.

(4) Die Work:

The motor punchings are all done by die and press. Realizing the difficulty in making the die for punching the whole stator or rotor ring with slots as usually done in the States, a single slot die was made, thus reducing the cost of making he accurate die and of installing an expensive press machine. The stator and rotor rings were punched notch by notch by a Bliss punching press; and the inner and outer circles were cut by a Bliss circular shear. In this way only three simple dies are required, that is, one die each for stator and rotor slot and a third die for punching a central hole to be fixed on the press when punching. While this is a cheap but slow method, yet, it gives result accurate enough and production fast enough for the present scale of the company.

(5) Narrow Air Gap:

The length of air gap of an induction motor has much to do with its efficiency and power factor. The usual value is from 1/64" to 1/32" for ordinary industrial motors. The first trouble encountered in using the punching sheets made by the slot die as described above is to get the desirable value of air gap and its uniformity around circumference. Many special tools had to be so designed to assemble the punchings as to attain this object. Several trials have been done in assembling the first rotor.

(6) Fan Blades:

The writer first used strips of sheet steels bent into segments as rotor fan blades. These were mounted by bolts going through punchings. After the motor was operated for a short time, the centrifugal force thrown the blades outward and thus scratched the end connections of stator coils. This of course damaged the insulation and short-circuited a few turns. Thicker blades and better reinforce-

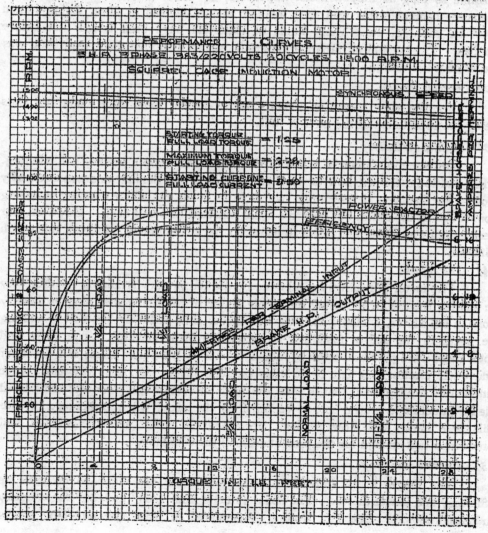

ment were tried in the next. But the result was again uusatisfactory. Then two reinforced sheet steel rings were used to join these segment blades to form them as a solid structure. This was finally proved to be the best.

(IV) FUTURE APPLICATIONS AND POSSIBILITIES :

The applications and possibilities of induction motors in future for our country may be summarised as follows :

(1) Textile Work :

It is a well established fact that induction motors are best machines for the textile work on account of its simplicity and constant speed.

(2) Steel Mill Work :

The electrification of steel mills is carried to the fullest extent in the other countries. The heavy power required in the modern electrified steel mills necesitates the use of induction motors for their rigid structure and flexibility in voltage application. China should develope her iron and steel works as the beginning of her industrial march and she needs indespensibly induction motors as forerunners.

(3) Locomotive Work :

Induction motors were first applied to locomotive work by the Ganz Company in Italy at about 1900. The largest application of A. C. motor to traction in America was done by the General Electric Company along the Panama canal for towering purpose. The regenerative feature of induction motor during its coasting or down-grade period has made it more preferable in the traction work. It is a recognised fact that China is in bad need of more railways. She has good geographical advantages in hydrau-electric development. Before long, she would have the opportunity to develop her hydrau-electric work to supply polyphase power for her new railways. There is no doubt that induction motor will be able to find its way in railroad electrification.

(4) Ship Propulsion Work :

Another large application of the induction motor, of quite recent date, is in the propulsion of the merchant marines, battleships and battle cruisers. In the States, the new battleships and battle cruisers are almost all built for propulsion by induction motors. The first battleship "the New Mexico," as built by General Electric Company and the second one, "the Tennessee," as built by Westinghouse Company all equipped with two generating units and four induction motors of about 7,000 H. P. each. The maximum operating voltage is 3,500 volts. Some cruisers are even equipped with motors 23,000 H. P. and operated at 5,500 volts. No D. C. motor has ever been built to such a huge size and operated at such a high voltage! The kind of application will perhaps take time to come to China; however, it is bound to come.

---

* Schenectady Works of G. E. Co. has just completed 16-20,000 H. P. Induction Motors for two airplane carrier S. S. Lexington and S. S. Saratoga.—*Editor.*

漢口電車鐵道商榷書

謝　仁

漢口爲吾國最大商埠之一,西通巴蜀,東運皖贛,南扼湘粵,北控燕晉,襟江帶漢,握全國交通之中樞,實貨品出入之總匯,無怪其市場之發達,商業之勃興,大有一日千里,超越津滬之勢.以現有面積而論,似已非盡全日之力,不能周步其全市;況正填湖作地,大事推廣,將來市面之擴張,猶有非目前所能預測者乎.市鎮之廣闊若此,若猶特徒步往來,固不免虛糜光陰,僕僕道途,卽乘人力馬車,究亦嫌其迂緩而難應需要.近年汽車(卽用汽油之摩托車)企業家,固嘗竭鼓吹之力,急圖營業發展.然汽車務求機身輕小,能率極低,折舊甚大,且于行駛時放射廢氣,發聲致臭,不適衛生,況更時有害及生命之危險.以故美州汽油縱極豐富,售價已甚低廉,大半只私人自備及團體僱馳,除大城如紐約支加哥等外,絕少以供城鎮公共交通之用者.吾國汽油全恃舶來,價值倍蓰,成本旣重,用費必昂,欲操勝算,豈易得乎.歐美市鎮之大者,凡高架電車,隧道電車,平地電車,靡不在在密接.卽中小市鎮,亦極多電車之設備,遠出郭外,毗連他鎮而爲連城之交通.更有進而建數千里長途之電軌者,非其能率之優,行駛之速,平穩少礙,清潔無塵,安全而便捷,價廉而利厚,何以致此.故在今日而論市鎮交通之新政,無不推電力爲萬能者,非偶然矣.證之吾國,津滬電車,行駛有年,商民稱便,獲利甚豐,公司年息常在百分之三十以上,故知近世企業之可靠者,莫如電氣事業.而電氣事業最可靠者,又莫如城市之電車鐵道;蓋因其工程堅固,能率極高,有一勞永逸之益,無市儈操縱之弊,不受水火災害,能享專利特益,且工程至簡,資本非巨;工程簡則成功速,資本小則召集易.自計劃以至完成,爲時不過年餘.一經開駛,則成效立見,電車停馳極速,故上滋便;遵循軌道,故危險少;應用電力,能容多人,故駕取靈而取價廉.就漢口而論,後城馬路,歆生路,大智門及沿租界一帶,道路寬平,絕少橋梁;一經敷軌,便可通車.市鎮之交通旣便,商民之事業益興,卽盡日操業于市場者,亦可因電車之便,而卜築于相距略遠之郊外.庶使城市倍增清潔,居邸有裨衛生.更由新馬路,長馬路,以及沿鐵路之西北而推廣之,不特市場由是擴充,而由湖壙成之地面,亦必大增其價值矣.漢鎮西北面有京漢路及長江襄河之運輸,出入貨品極繁,若由大智門橋口至一碼頭,每夜開映貨車,以便商賈.他日公司發達後,更可遠出郭外,接連附近城鎮,而爲長途電車之始基.是漢口電氣交通之前途,不僅如津滬之限于租界範圍,而實具有無窮希望也,章章明矣.試更一述電車工程之進行,與夫成本利益之大旨,不特爲留心漢口市鎮交通者之參考之資,且使國內企業家聞之,而知此項電氣工程之利益,實有非尋常所能企及者.按電車公司之設備,不外軌道路線,車輛,電力四大端.先由所經面積以定軌道路線之長短,決車輛之多少;次由車輛所需馬力而定電量,以計劃電力廠之大小.漢口目下中國街,河街一帶,商務雖稱繁盛,而街道狹窄,敷軌非易,工程較難,宜緩圖之.開辦之初,先就大智門,橫歆生路,中國銀行後馬路至橋口爲第一路,計長約一千九百二十丈.又沿新馬路繞中國跑馬廳,長馬路出歆生花園,至一碼頭爲第二路.此路計長約一千六百五十丈.又自大智門,沿鐵路特別區,出日華分界街,計長約八百丈爲第三路,三路共長約四千三百七十丈,約合九英里上下.此均爲已成之寬平馬路,不待平凹去凸,建設橋梁,工程至爲簡易.漢口石價甚廉,如以碎石填鋪路,塊石平軌道,則尤堅實耐久.路線旣定,當論車輛.如于每八分鐘內,在任何候車地點,有通映之電車,則三路共應須電車十輛,拖車十輛.每電車配以三十五匹馬力之馬達二副,共需馬力約七百匹,計合電力五百餘啓羅瓦特.然各電車或停或映,不能同時作充分之負任,故五百啓羅瓦特之發電機實已足用.但交通事業,不可稍有停頓,故須有二副五百啓羅瓦特之發電機,方爲有備無患.又電車拖車各二輛,以備修理;貨車拖車各二輛,以資運輸,總共需電車十四輛,拖車十四輛.至車式之揀擇,電廠之計劃,與夫路軌,線柱之安設,因限于篇幅,不能盡述.總之,機器當取新式,佈置務求安全,方能得優美之功效.夫任何事業,如欲得最豐之利益,當先求最輕之成本.更須先事籌算,而後有秩不紊,進行無阻.故欲知漢口市鎮電車成本利益之比較,不得不遠法歐美之良規,近就津滬之成例,爲之斟酌損益,以得其大概.後列成本表,雖因市價有漲落,品質有優劣,預算不無出入.然就目前情勢,平均推測,或不至有遠大之差別.如準定資本爲國幣八十萬兩,則已綽然有餘矣.資本旣定,次言利益.大凡公司營業之盈虧,純視開銷與收入之多寡以爲衡.欲求省開銷以輕成本,則全係乎管理之得法,工程之精良,以增進人工之能力,機器之效率,與夫物料之節省.就後列開銷表而論,除股息一項外,其他雖未始不可稍事變更,然就吾國普通情勢推測,出入諒亦無多.如每年開銷一十六萬兩,已爲充分計算.收入一項,較難測度,然津滬早有成例可考.查津滬電車收入,每一電車及一拖車,平均每日得銅元二百餘千枚,合銀幣一百二十元以上.漢鎮旣可行電車及拖車各十輛,則一日所進之數爲一千二百元.更有晚班貨車開駛,每日至少得五十元,全日總共收入千二百五十元,全年卽爲四十四萬四千元,合銀三十二萬兩.以八十萬兩之資本,而得三十二萬兩之收入,除股息開銷,尚得淨利百分之二十,獲利不可謂不豐.如能撙節開銷,略增收入,其盈利當不止此也.如上所述,漢口電車事業,他日果由紳商倡辦之,而官民保護,以助其成,以通力合作之精神,造永遠優美之基業,不特使外商絕其覬覦,利權純自我操,卽彼互鎮大埠之次于漢口者,孰不聞風興起,羣思利用電氣交通,以爲振興商場之利器.是有此舉而影響所被,收其效益者,固不止漢口一隅而已也.區區一得之愚,願與漢鎮人士一商榷之.

　　成本預算表

	萬	千	百	十	兩
一,地基廠房辦公室工房宿舍等	八	○	○	○	○

	萬千百十兩
二,水管式鍋爐每副一千六百方尺受熱面積者三副又水管汽管等	六八,〇〇〇
三,五百啓羅瓦特發電機二副及蓄電池等	一〇〇,〇〇〇
四,起重機及修理機械	八,〇〇〇
五,裝機工資	一二,〇〇〇
六,電車十四輛拖車十四輛	一六〇,〇〇〇
七,九英里軌道線柱工料	一八五,〇〇〇
八,建設時之工程管理及雜用費	一六,〇〇〇
九,生財器具	五,〇〇〇
十,建設時之利息	五〇,〇〇〇
十一,總共成本約	六八四,〇〇〇
十二,預定成本	八〇〇,〇〇〇

吾國工商各業,多因資本不敷而受無窮痛苦,並招莫大之損失,故企業者不可不于預算時稍留有餘之地步.又漢口如能由電燈公司供售電力,則可減輕成本約二十萬兩.

每年度開銷表	萬千百十兩,
一,股息以七十萬兩之周年八厘計	五六,〇〇〇
二,折舊以五十萬兩之周年五厘計	二五,〇〇〇
三,煤每頓八兩五錢每度電力三磅	三一,〇〇〇
四,薪金	一〇,〇〇〇
五,工資	一九,〇〇〇
六,修理補舊及油棉雜費	八,〇〇〇
七,號衣車票膳食等費	八,〇〇〇
八,總支出	一五八,〇〇〇
九,預算每年開銷	一六〇,〇〇〇

每年收入表	萬千百十兩
一,客車收入	三二〇,〇〇〇
二,貨車收入	一三,〇〇〇
三,每年客貨車總共收入	三三三,〇〇〇
四,預算每年總收入	三二〇,〇〇〇

每年盈虧表	萬千百十兩
一,每年收入	三二〇,〇〇〇
二,每年開銷	一六〇,〇〇〇
三,每年盈餘淨利	一六〇,〇〇〇

本 會 啓 事 一

上海爲全國文化,商業,交通,及工程界之中心,同人爲工程界服務,對於

(甲)上海兵工廠改組商業工廠於工程上之計畫,及

(乙)上海特別市市政工程之計畫

均宜有所貢獻,並應詳細策劃,以垂久遠,特啓徵文,謹擬薄酬,倘蒙不吝珠玉,增光本刊爲幸,稿請惠寄總編輯王崇植君.(通信處杭州報國寺工業專門學校).

本 會 啓 事 二

本會新刊會員通信錄,已郵寄各會員,如有遺失,請通知總會書記周琦君(通信處上海江西路四十三號益中機器公司),當卽補寄. 零售每本大洋壹角

本 會 啓 事 三

諸君有知下列會員之通信處者,祈通知總會書記周琦君,無任感荷.

張清漣, 張蘭閣, 張紹鎬, 趙學海, 趙維漢, 張廣輿, 陳中正,
陳崇法, 陳汝珍, 程孝剛, 陳克明, 鄭葆成, 鄭尤夔, 錢□,
趙□, 周公樸, 馮簡, 何起南, 謝中, 徐承燠, 黃昌穀,
黃室潮, 黃錫潘, 黃有鷟, 葛灃, 關祖章, 李兆卓, 李祥辜,
李樹椿, 陸銘歷, 盤珠衡, 潘鐘文, 孫其銘, 沈皓, 沈光玹,
沈孟欽, 沈竇巒, 沈壽梁, 蘇紀忍, 譚文晏, 曾紹桓, 董登山,
王洵才, 王國樹, 王力仁, 汪胡楨, 黃錫霖, 余懷德, 俞享,

五十年來美國電氣事業之進步

錢昌祚譯

美國電學世界(Electrical World)雜誌,成立已有五十年.於本年九月二十日,發行紀念號一册.當代電氣界名人投稿者頗多,於美國五十年來各項電氣事業之進步,言之甚詳.蓋作者諸君,頗有身歷草創時代,及身奮鬭,竭盡心力,以開電氣事業成功之途者.不侫以美國為世界電業最發達之國:電報,電話,鎢絲燈諸物,俱為美人發明;電氣鐵道,電氣輸送,及各項電機之應用,亦較他國為廣;故為節譯,彙成一文,以便讀者.使知美國電業之發達,非一日之功,其間工程上營業上,實經許多困難.吾人生當今世,可以他人之經驗,作為嚮導,以之發展吾國電業,較美國諸先進,必有事半功倍者,是在吾人善圖之耳.譯者附識十三年十二月

五十年前之美國,實無電氣事業之可言.當時惟電報發明已久,海陸俱已通行;電鍍見應用;此外白勒許 (Brush), 湯姆生 (Thomson) 二氏正在試驗弧光燈 (Arc Lamp);愛迪生(Edison) 於電報上略有發明,始從事于白熱燈 Incandescent Lamp之研究.世人之視電學,不過一種研究電報之科學而已.美國大學中,尚無電機工程一科.四十年前有志斯道者尚須負笈德國某校,而教員所授,仍不外乎克勞司Clausius之電機理論,於電機設計,毫無實用.市上所有電機試驗,並無標準;卽電學與力學中所用單位之變換,亦人各不同.一般號為精于電機之設計者,亦無理解方法,僅將他人所製電機試驗一過,再稍為更改以圖增進效率耳.美國電工學會American Institute of Electrical Engineers至 1884 年始成立卽在英倫,當時唯一之電學研究機關,僅電報工程師協會 Society of

---

(1)　F. W. Morse 于 1837 年發明.

(2)　□□□□□□□□□□于 1840 年始創用電鍍方法.

(3)　□□□□ Fifty Years of Electrical World, Electrical World, Vol. 84, No. 12. Page 566

Telegraph Engineers 而已.

自電話發明,而商業交涉,便速倍蓰;白熱燈發明,而家庭街市,同現光明;交流電機及電輸方法,見諸應用,而電費益省;電車及電氣鉄道通行,而交通益便;今日文明社會之種種幸福,半受五十年來電業進行之賜.吾人撫今思昔,能不感乎前人創業之艱!今將各項重要進步,分別言之:

（一）　電話

電話為倍爾氏Bell於西歷1874年所發明.于1876年始通話于波士頓Boston康橋 Cambridge 二城間,線長不過二英哩.同年費城 Philadelphia 百週紀念博覽會中,電話之試驗,頗引人注意;然當時一般人之心理,咸以玩具視之詎知五十年後,此區區一線,兩端裝有簡陋之傳音器及接音器者,能進而為一極大企業,有三千四百萬英哩之電線,二十萬萬美金之資本,雇用三十五萬人員,每日傳話四千二百餘萬次耶!

五十年來,電話機械疊經改良.以一受音器而論,倍爾制 Bell System 下所轄各公司,其標準已更過五十六次,每次必有一番進步.傳音器亦經變更七十七次,初用電磁式,繼則用變換電阻式,卽今之炭屑傳音器是也.

鄉村電話,初用串接法,傳話不甚清晰,因電路中有電鈴之線捲故.後自跨綫鈴 Bridging Bell 發明,而其弊免.今日美國鄉村農夫,其消息之靈通,衣飾舉止之入時,不減城市居民,電話與有功焉.

最早之樺屏 Switch board, 僅可為用戶八家接綫;今則可接線一萬戶,且有由人力接綫改用自動方法者矣.空中導綫,于 1888 年僅可包電線百根,今則可至二千四百餘根.而電話之傳遞,又因複話器 Repeater 之發明,而歷程愈遠.觀下列一表,可知長途電話之進步:

(4)　該會于 1872 年成立, 1881 年改名曰 Society of Telegraph Engineers and Electricians;1889 年改今名 The Institution of Electrical Engineers of Great Brittains.

(5)　J. J. Carty, The Triumph of Telephone, ibid. PP. 573-575

年份	傳音及受音站			電路距離以英哩計
1876	Boston	至	Cambridge	2
1880	Boston	至	Providence	45
1884	Boston	至	New York	235
1892	New York	至	Chicago	900
1903	New York	至	Omaha	1,600
1911	New York	至	Denver	2,100
1913	New York	至	Salt Lake City	2,600
1915	New York	至	San Francisco	3,650
1921	Havana	至	Catalina Island	5,500

　　如以高週數之電流,與電話或電報之電流,同時發出,再用相當選擇方法接收,則同時一綫之上,可收發電報二十件,或電話五次.今日一綫之功用,較前多出五倍或二十倍,所以公司收費,可以減少,而用戶日益加多.今將美國歷年來電話用戶之多寡,列表明之：

年份（一月一日）	用戶號數	用戶與全國人口之百分比
1880	30,872	0.062
1885	147,715	0.263
1890	211,503	0.34
1895	285,381	0.41
1900	1,004,733	1.33
1905	3,353,247	4.02
1910	6,995,692	7.65
1915	10,046,418	10.05
1920	12,668,474	11.98
1924	15,369,454	13.82

　　晚近數年,無線電傳聲風行,全美人士,藉以作消遣者,舉國若狂.今美國無線電傳聲總站,共有四百餘所;受音器之用戶,達三百萬;去年柯立芝總統向國會宣言,無線電聲浪所及,包括全美土地三之二,人口四之三;全國人士,多得傾聽,民治精神,可因而益加發展.無線電話之進步,仍日新月異,無或少已,今後五十年之成效,更非吾人所可臆料也.

（二）　電燈

　　最早之電燈,為弧光燈,且屬開罩式.一對炭條,僅可用七小時,過此卽須另置.後此有用炭條二對,以更送者,時間可延長一倍.關于移動炭條以保持弧口距離之法,專利者甚多.然開罩之燈,其光閃鑠不定,且時發嘶嘶之聲.後經改用合罩式,使罩內通氣極少,用電流五安培與電勢八十弗打以代開罩式之用十安培與四十五弗打者,可得平穩之光,且炭條燃燒時間可增至一百五十小時.故1908年時之路燈,頗多用合罩式弧光燈者.

　　弧光燈單位太大,不宜於居家之用.愛迪生氏有鑒于此,故于所居盂祿園Menlo Park,從事試驗.就電流通過細絲能發熱之理,欲成一種白熱燈.然尋常金屬絲,一經電流,卽易燒斷,不可為用.愛氏初用鉑銥合金絲,稍有成效,而成本絕鉅,繼則試驗煉炭絲,以炭氫混合物之細絲,放爐內焙製.計所試化學藥品,無慮千百種.此外動植鑛物各種細絲,無一不經試驗,甚至有以參觀者某君之赤髭拔下,以作試驗者!凡煉製炭絲之事,愛氏必躬臨,不肯假手他人,經千百次之失敗,卒底于成,于1879年冬,在其第當兼試驗.次年夏自紐約至舊金山之哥倫比亞號船,S.S.Columbia首次裝置白熱燈.迨後鎢絲燈經愛氏發明,于是白熱燈遂代弧光燈而興.

　　愛氏之發明白熱燈也,固不特覓得一適當之細絲而已,凡玻璃泡之抽成真空,及燈泡接綫之裝置,發電及輸電之機械與方法,安全燧綫Fuse及各種

(6)　C. B. Marks: Inclosed-Arc Lamps, ibid. pp.588-589

(7)　Francis Jehl: The Edison of 1879, ibid, 595-598

自動節制器,無一不經切實研究蓋電燈之發明,非偶然也.

　最近之白熱燈,其發光強度可六倍于初發明時同等電能之燈,故 1880 年,美國平均每家用五萬燭光小時,1923 年則增至八十萬燭光小時.

　白熱燈初發行時,燈之電勢,參差不一;電泡螺旋亦無定式;用戶對於燈之用法,亦都不知曉;一有破損,幾無從配置.1900 年時,燈泡座子有十三種,電勢自一百弗打至一百三十弗打有三十種,此外燈泡之大小細絲之種類,更形繁雜今則迭經製造廠家訂定標準電勢已止有 110, 115, 120, 220 四種,電燈種類自四萬五千種減至一百六十種,故用戶得之益便.

　以燈彩賽會,規模日見擴大:1884年聖路易St. Louis賽會,用燈五千盞;1893年支加哥Chicago賽會,用燈八千盞;1898 年烏買哈Omaha賽會,用燈二萬一千盞;1900 年巴黎賽會,用燈七萬六千餘盞,次年水牛城 Buffalo賽會,用燈十萬盞;1904 年聖路易博覽會,用燈三十萬盞;1915年舊金山巴拿馬博覽會,則更不止此數.蓋以顏色燈彩,照耀賽會場地,苟依美術觀念,排置,對于游客心理,大有影響現在美國各重要都會之熱鬧街市,即于平時,亦燈彩耀煌,幾成不夜之城,較之我國城市入夜之黑暗,相去遠矣.

（三）　　電機

　五十年前之電機,多用以供弧光燈之電流.當時公認學理,以為發電機內部之電阻,苟與外界載量之電阻相等時,發生電能為最高.不知電機所發之電,一半消耗于機身之電阻,致最高效率,不過百分之五十.愛迪生氏知其弊,毅然改製低電阻之發電機,效率驟增,是為電機製造上一大進步.

　愛氏所製電機,仍不外以之供給白熱燈之電流.自 1888 年,電車初見通行後,而電機復多一用途.先是湯姆生,好司登 Houston 文提普 Van Depoele 諸人,于直流電機,已素有研究,欲以應用於電車原動.其最困難之點,為轉路器

(8)　S. E. Doane : The Incandescent Lamp, ibid pp, 593-594

(9)　W. D. Ryan : Evolution of Spectacular Illumination, ibid, pp. 591-592

Commutator 上之電刷,俱以銅片製成,電動機載重,略有變動,轉路器上卽火花四射,雖時時將電刷移動,亦所難免.後由文提普始創改用炭塊作電刷,而轉路之難題,遂以解決.

同時司登雷 Stanley 威斯汀好司 Westinghouse 諸氏,方銳意于交流電機.交流變之利益,卽湯姆生等,亦所承認,惟湯氏以爲變勢器易致生命危險,不肯提倡耳.當時交流生電之週數 Frequency 有二種,一爲每秒一百三十三次,一爲每秒一百二十五次,蓋單就變勢器設想,以高週數爲宜.1888 年推司拉 Tesla 氏發明感應電動機,而當時交流電制度不便之處立見:其弊一在週數太高,二在僅有單相 phase.感應電動機旣爲複相,又僅適用于週數每秒四十至六十以下,致發明之後,三四年間,無從通行.後經電機,白熱燈,變壓器各製造廠家協商,以每秒六十週數爲標準;而西屋公司,又先事推廣複相發電機,複相交流輸送頗能通行一時;而後推司拉之感應電動機,遂得暢銷.工場用之以生動力,于是白熱燈之外,電能用途更多一徑.

欲由交流電變至直流電,於是有換流器 Converter 之發明.1893 年時之換流器,已頗適用於每秒二十至三十之低週數.其時尼格拉瀑布 Niagara Falls 之大水電廠初成,欲購置適用換流器,經與西屋公司諸工程師會商,始定以每秒二十五週數爲標準.低週數之交流電機,速度不高,宜于換電器,大電動機及汽機轉動之發電機,與長途電能輸送:一時應用,竟有超過每秒六十週數之電機之勢.

追及 1900 年左右,蒸汽輪發電機 Turbo-Generator 發明,而每秒六十週之交流電機,復占優勢.1912 年左右,換流器所有之轉路極 Commutating Pole 發明,電極可省去一半,材料與電能消耗大減,其效率可與每秒二十五週數之換流

---

(10) E. W. Rice, Jr. Pioneering with the Thomson-Houston Co. ibid, pp.581-584

(11) Westinghouse Electric and Manufacturing Co. 爲 George Wostinghouse 等所創至奇昊公司 General Electric Co, 則爲 Thomson-Houston Co. & Edison 及其外數電公司合併而成

器相抗.且六十週數交流電,宜于白熱燈及小電機之用,近年來新建中央發電所,俱用汽輪發電機,而六十週數交流電之用益廣.

六十週數與二十五週數之交流電機,三十年來,迭相消長,結果則二種電機,皆因競爭而進步.而電機製造家,守此二種標準,不另生新制,紊亂電業,有足多者.彼英倫電廠,所用週數人各爲制,電機種類複雜,不能聯成一大規模之中央發電所,以省費用,兩兩相較,不可不謂美優于英也.今之人雖有以爲六十與二十五二種,計算不易不若改爲六十與三十,或五十與二十五者,然市上所有二種週數之電機,各值數萬萬金,斷難廢去.今之廠家多棄製六十與二十五週數二種電機,心無左祖,特就每種特長之處,而分別推銷之.

電機之大小,五十年來進步甚速.1878年法人蒙叟伯爵 Count du Moncel 曾斷言電動機不能過一馬力以上;1881年愛迪生製一百二十四馬力之發電機,時人已詫爲巨觀;最近尼哥拉瀑布電廠,有一機具七萬匹馬力者;今後電機之放大,更無止境也.

（四）　　中央發電所

1882年九月四日,紐約珠街 Pearl Street 始設電燈廠,實可爲美國最早之中央發電所.前此之電燈廠,俱用小電機,以供給弧光燈.燈用串接法,一機可燃之燈,視乎機之電壓而定,燈數多則機數亦增,故一廠之中,須備小電機甚多.迨愛迪生白熱燈發明,用並接法,電機改用低壓,而廠家逐漸採用.同時交流電機與變勢器,亦經應用.每有電燈廠中,因主顧所用電流不同,不得不多備各種電機.其時電機多用皮帶旋轉,致機器排列,異常複雜.廠中通出電綫,分支太多,俱由木製高架分出,常有因之,而遭火災者.

發電所發生電流,如僅用以燃燈,則日間之電無所用,載量因數 Load Factor 太低,甚不經濟.自感應電動機發明,各工廠先後備用,而後發電所日間所生之電,亦得主顧.加以發電機一律改用複相交流電,每秒六十週數,設備上亦

---

(12)　B.G. Lamme: Brief History of Frequency Selection and Standardization ibid, 601-603

日趨簡易.

中央發電所,歷年來之進步,可分二端:一爲效率之增加,一爲機械之可靠.如凝汽器 Condenser 之採用,汽輪機 Turbine 之代汽機,高壓及超熱 Superheat 蒸汽之通行,汽輪分出蒸汽以暖鍋水,Feed Water 皆足以增加效率者:而最要之進步,尤在乎能用熱能用途表,Heat Balance 以此校熱能之消耗.至于機械之可靠,則因數十年來工程上之進步,苟稍有補充電機,即不致因機件一時受損,而停止營業者.

觀下列一表,可見近三十餘年間,中央發電所之進步:

年份	最大原勤機	每磅煤可生電能	每一 Kw.hr. 電能需蒸汽之重	每一 Kw.佔地面積
1890		0.3 Kw. hr.	21 lbs.	25 sq. ft
1900	3000 k. w.	0.42	20	8
1915	35,000	0.83	11	0.7
1924	60,000	1.00	10	0.5

自長距離輸電之制興,水力所生之電,可輸至城市應用,而電費益省.最經濟之中央發電所,平時可用蒸汽生電,保持一平衡之電載,Load 至額外電載,Peak Load 可用水力所生之電應付,如是則電載因數,可以增高.

（五）　電能輸送

電能之輸送,初用直流電雙綫制;自愛迪生氏發明直流三綫制,而費大省;今則都用複相交流電矣.複相交流輸電,始於西屋公司在推路萊 Telluride, Cal. 之試驗,一時雖有成效,然僅西美各省,富有水力來源者;接踵仿效耳.即尼格拉瀑布電氣公司諸發起人,初亦僅希于進水管造成之後,將水管所過路線旁之空地出售廠家,以獲重利而已.至于如何將電能輸至二十餘英里

---

(13)　W. C. L. Eglin: For Years of Central Station Development ibid., 609-611

(14)　H. W. Buck: Steam power and Water Power. ibid., pp. pp. 607-608

外之水牛城, Buffalo 固未計及.當時竟有人以爲用高壓空氣管輸送能力,爲唯一解決方法,蓋高勢交流電之功烈,知之者尙少也.

三十年來,長距離輸電之進步,日增月異.有史丹麥 Steinmetz 耿乃雷 Kennelley 諸人,發明算理;史各脫 Scott 發明二相與三相交流電變勢器,滿商 Mershon 白克 Buck 等,採用鋼架,以代木桿;希雷爬 Hewlett 白克等發明下垂絶綠器 Suspension-type Insulator;完茲 Wurtz 發明複隙原理 Multigap Principle, 以作捕電器 Lightning Arester;湯姆生之磁電炸開 blow-out 原理,與萊候司 Rice 之斷路器 Circuitbreaker;皆足以助電能輸送之成功.

自長距離輸電之制興,而美國水力富源,得逐漸開發.1882 年,愛潑耳頓 Appleton, Wis.電燈廠,初用水力生電,其量祇有二百五十燭光.1889 年奧雷貢城 Oregon City 初用交流輸電十三英里.1893 年複相交流輸電法,初見應用.今則美國已開發之水力,有八百萬匹馬力,此外尙有二百萬馬力在建設中.水力開發較諸人口增加之數爲速,尤以西美諸省爲甚云.

（六）　電氣鉄道

五十年前,用電能動車,尙在試驗時代.如格林 Green 費爾特 Field 愛迪生西門子 Siemens 諸人,雖稍有發明,而電氣鉄道,除一二博覽會中試辦外,未見商用.後此數年,文提普彭脱雷 Bentley 亨利 Henry 諸氏,在各處創辦,成效未著.至 1888 年司不雷克 Sprague 在列區芒特 Richmond, Va.辦理電車道,實開近代電氣鉄道之先.迄今三十餘年間,進步甚速:如電動機之加蓋,以避風雨,如以鋼車代鉄車,電動機之自二極改爲四極,電刷之以炭代銅,減速齒輪自二次減至一次,交流電輸與高壓直流電之應用,轉路極電機之裝置,火車鉄道改用電機車頭之實行皆是.而車頭節制之法,自串聯並列,與改變阻之合用,于 1892 年發明後,沿用至今;湯姆生氏之電磁炸開法,亦歷久通用;1895 年,斯不雷克

---

(15)　P. H. Thomas: First Half Century of Power Transmission. ibid pp. 619-621

(16)　H. L. Cooper: Forty two Years of Hydro-Electric Engineering. ibid pp. 612-615

發明模位制, Multiple Unit System 可以一器而節制多數電車;此外有改變電動機之磁極,以節制其速度;并有于電車下坡之時,改電動機爲發電機以利用重力,兼以限制速度者:是以電氣鐵道,日趨安全也.

現在美國電車發達,稍近城市之鄉村,多有電車線可達.此外火車鐵道之改用電者,已逐漸增加.最近奇異公司試驗,以電機車頭大小相等之汽機車頭作拔河,其結果則以電機者爲力大.此後電氣鐵道之推廣,實意料中事.城市間之電車,以紐約城地底電車爲最著,其速度之高,途程之遠,班次之多,取費之廉,載客之衆,可稱獨步:其於紐約城商務發達,助力非淺焉.

（七）　　電報

電報發明雖早,然近五十年來之進步,亦甚重要:如電線之延長,通信速度之增加,電費之減少皆是.至無線電報之通行,不過最近二十五年間事.重要進步,多在歐戰之後.每有一種原理,經前人棄置,以爲不可用者,今人依之,反得重要發明,如短電浪傳信等是.蓋前人之計劃,或一時爲經濟或機械所限,不能實行,須待吾人代之.然則吾人今日所視爲難行者,又安知數十年後,不能通行耶.

（八）　　商業組織

美國電氣事業之進步,不限于工程方面,其商業組織之日趨完備,亦有足述者.三十餘年前之電機製造廠,售出電機于各電燈廠電車公司時,每酌取其股票債票,以代償價.各製造廠競爭劇烈,各界把持其所銷有機器各廠之管理權.至 1893 年,美國金融大恐慌時諸製造廠營業維艱,不得不力圖聯合,如愛迭生電氣公司與湯姆生好司頓公司之合併爲奇異公司,即此例也.公司合併時,缺乏現款,不得不將所有電燈廠,中央發電所諸股票債票,押于另

---

(17) C. F. Harding: Electrical Railway Engineering, Mcgraw Hill Co. Chapter I.

　　 F. J. Sprague: Tabloid History of the Electric Railway,

　　　　　　　　　　　　Elcetrical World, Vol 84, No. 12 pp. 576-578

一公司.此種公司,可名爲管理公司 Holding Company. 管理公司旣握有諸電燈廠中央發電所之大權,自可因地制宜,兼倂各小公司.省去無謂之競爭;而後能資本雄厚,建設大規模之中央總發電所.所用機器之電壓,交流電之週數,可趨劃一.今全美所有管理公司,多至百餘,全國之中央發電所,皆在其勢力範圍中,基本日益鞏固.

自工業發達,而鄉間居民,多趨居城市;一以圖覓工之便利,再則求起居之安適.循至全美人口,大部份集居于城市.今則各城市之中央發電所,已可分輸電力于鄉村,故鄉居生活之安適,可不減于居城市者.加以有電車之便,在城市辦事者,儘可卜居鄉間,故電氣事業之發達,于美國民生經濟,大有關係.最近電業界,又有一種電能集權運動 Super power Movement, 其意蓋欲聯合各城市中央發電所,匯成少數發電中樞,使一區之中,各發電所所生之電,可互相挹注,以資周轉;推而廣之,通及全國,可收費省用宏之效.

電氣事業初興時,根基未固,常有以計劃不周,致投資失敗,如初起之水電廠無線電公司,破產者頗多.又有因同業競爭過甚,難于獲利者;如二十年前,一城之中,有數電話公司,各不相謀,用戶須備電話機數付,殊感不便,各公司亦以爭佔路綫,時至涉訟.今則電業組織,日臻完備,電話,電報,電車公司,及發電諸廠俱各守疆域,常能互助,而不相犯.社會人士,覺電業之穩固,亦更樂於投資矣.

各電業公司之營業方針,今昔大有不同.從前專爲謀利,今則以便益公衆爲主,故電車,電燈諸公司,現俱統稱曰公衆便益公司,Public Utility Co. 公司股票,多有分散于多數主顧者,謂之曰顧客股東制 Customer-Ownership Plan. 結果可使公司與社會人士,日趨接近,兩方俱蒙其益.

美國電氣事業,今共有資本一百六十五萬萬美金:內電報公司約有三萬

(18)　A. K. Baylor: Electric Utility Holding Companies, Electric World Vol 84, No. 12 pp. 624-625

(19)　Capitalization and Reveune of the Electrical Industry, ibid page 640

萬元,電話公司二十七萬萬元,電車及電氣鐵道五十五萬萬元,電機製造公司十四萬萬元,中央發電所六十六萬萬元,較之十年前之資本,已增加百分之六十;較之二十年前,多出三倍;三十年前多出十一倍;其進步之速,可以見矣。

醒 獅 週 報

每份大洋二分銅元四枚全年大洋一元（國內郵費在內歐美南洋香港加郵費一元日本加郵費二角六分）

發行所上海靜安寺路民厚北里一七一九號

代派處上海民智書局泰東書局

醒獅週報之緣起主張及內容

(一)本報之緣起　　本報係由絕對信仰國家主義之同志鑒於內憂外患之交逼而同時國內言論界又無正確之主張因相約創刊本報於民國十三年十月十號出版執筆者多爲留學歐美日本之同志及南北各大學教授內分基本社員與贊助社員基本社員除撰稿外尙須按月担任經費贊助社員則祗捐助經費但軍閥官僚政客敎徒及外國人之捐款一槪拒絕不受

(二)本報之主張　　本報之主張計分爲四項(甲)關於主義　本報絕對主張和平的自衛的國家主義反對不明時勢的世界主義與不合國情的共產主義(乙)關於手段本報絕對主張全民革命聯合農工商學各界建設全民政治反對一階級專政之獨裁政治(丙)關於態度　本報絕對主張內不妥協外不親善(丁)關於口號　本報絕對主張內除國賊外抗強權

(三)本報之內容　　本報內容分「時評」「論說」「紀事」「通信」「文藝」「專件」「社會調查」「讀者論壇」「海外通訊」「筆鎗墨劍」「社會百問」等欄

(四)優待條件　　本報爲宣傳起見前曾訂有優待辦法凡定閱一份者另贈一份現已滿期但各處要來繼續優待者仍絡繹不絕茲特略加變通改訂辦法如下

一　合定三份者僅收報費兩元國內郵費在內幷可分寄三處

二　介紹定三份者(收費三元)另贈介紹人一份

三　定一份者收報費一元另贈國家主義論文集一冊(該書凡七萬餘言洋裝一冊正在排印中出版即寄但須另附掛號郵費八分)

四　凡定閱本報者購買少年中國學會叢書可一律六折但須由定有本報者簽名購書現款直接匯交本社（郵票不收）幷按所購書籍定價加郵費一成另加掛號郵費五分

世界之能力富源

鮑　國　寶

　　往當估計一國之經濟上地位,莫不以鑛產農產及良工之多寡爲準則.近世機械發達,工廠之原動力,俱用燃料及水力供給,故一國之富源,以自然能力爲最要.今夏世界能力會議 (World Power Conference), 於倫敦舉行,各國代表報告本國共有及已利用之自然能力.報告中之材料,極有價值.雖有數國以無確實之調查,未能報告,致使全世界之能力統計,不能完全,然觀有關查

第一表　　世界各國煤鑛表

國名或地名	藏煤總數 (百萬法噸)	
美　　　國	3,838,657	
加　拿　大	1,234,269	
德　　　國	423,356	
英倫三島	189,533	
西伯利亞	173,879	
印　　　度	79,001	
俄　　　國	60,106	
南非洲聯合國	56,200	
澳大利亞	35,200	
哥倫比亞	27,000	
中　　　國	24,643	
法屬印度支那	20,002	
阿拉司加	19,592	
法　　　國	17,583	
比　利　時	11,000	
捷克司拉夫	8,787	
西　班　牙	8,768	
日　　　本	8,051	
全世界總數	7,397,553	

1097

諸國之報告,亦足以覘世界能力富源之一斑.一國共有之能力富源,與其將來在世界上之地位,極有關係.觀其已利用之能力富源之多寡,足以見其國工業之發達,商業之興衰,物質之文明.且能力富源於國際上之經濟及政治關係,影響極大,注意於政治及外交者,亦宜研究及之.

茲篇材料,多採自美國電氣世界 (Electrical World Sept. 14, 1924).各表中所列數目,或取材於世界能力會議之報告,或取材於各國政府之正式報告,或依據一九二〇年美國地質調查所(U. S. Geological Survey)之估計,或依據雷梅 (Sir Richard Redmayne) 在世界能力會議之演說.表中所舉,僅較有重要之國家.其他小國,於世界不佔重要位置,或能力富源甚薄者俱不臚列.

第二表　世界各國水力富源表

國名或地名	可利用水能力總數 （馬工率）	已利用水能力 （馬工率）	
西伯利亞	51,138,000	90,850	
加拿大	26,000,000	3,228,000	
美國	25,975,000	6,778,871	
荷屬東印度	15,000,000	80,500	
日本	14,090,000	3,052,063	
挪威	12,300,000	1,300,000	
新幾尼及派比亞	10,000,000	0	
瑞士	8,000,000	1,490,000	
印度	7,100,000	321,000	
法國	6,000,000	1,400,000	
瑞典	未知	3,121,728	已利用
德國	1,350,000	1,100,000	未利用
英倫三島	未知	250,000	
中國	未知		
全世界總數	439,000,000	25,000,000	

第三表　　　世界煤礦分配表

洲　名	無烟煤 （百萬法噸）	有烟煤 （百萬法噸）	木煤,石煤,等 （百萬法噸）	總數 （百萬法噸）
歐　洲	54,346	693,162	36,682	784,190
亞　洲	407,637	760,098	111,851	1,279,586
非　洲	11,662	45,123	1,054	57,839
美　洲	22,547	2,271,080	2,811,906	5,105,528
海洋洲	659	133,481	36,270	170,410
總　數	496,846	3,902,944	2,997,763	7,397,553

　　觀第一表,西伯利亞共有之水力富源雖爲世界冠,而已利用之水力,則美國獨多.藏煤總數,亦以美國爲最富.美國之工業發達,良有以也.

　　加拿大雖富有煤鑛,然亦頗致力於水力之利用.

　　水力之利用,大有助於歐洲工業之發達.世界已利用之水力,歐洲佔三分之一,北美洲佔二分之一.歐洲之煤鑛,雖共有784,190,000,000法噸,然開採之速率,視他洲爲高,若將來速率不減,則歐洲之煤,必先美亞二洲而先盡.

　　歐戰而後,歐洲各國之經濟地位,頗有變動,自然能力富源之分配,變動尤多.一九一九年聖日耳曼 (St. Ger-main) 條約訂後,奧國損失煤鑛頗多.故其經濟及商業之地位,大受影響.捷克司拉夫 (Czechoslovakia) 歐戰前本爲奧國之一部分,奧國之煤鑛,多在其地,歐戰後獨立,奧之損失甚大.奧既失其煤礦,遂不得不致力於水力之利用矣.

　　荷蘭之水力與煤礦,俱不足引人注意,然荷爲開礦最早之國,產煤之良,爲各國冠.

　　挪威水力之富,甲於歐州,藉其地勢之優,獨能發生廉價之電能力.

　　瑞典煤礦稀小,然已利用之水力,則較歐州諸國爲多.所有水力總數,難以估計.

　　瑞士幅員雖少,瀑布之多,早爲世人所注意.一九二二年終,瑞士共有水力發電廠六千九百所,電能輸送所及之地域,合全國百分之九十五.

德法二國水力與煤礦,俱甚豐富.

十九世紀以前,英國工廠多用水力發動,汽機火車發達而後,遂多棄水力不用,十九世紀之末,始漸注意於水力,然可利用者甚少.

亞非二洲,最乏確實調查.亞洲水力,則以西伯利亞爲最多.印度之水力亦甚富,然四時雨水太不均勻,頗難利用.

歐戰時代,日本乘機發展其工業,對於水力之利用,尤爲注意.一九二三年,曾作極精密之全國水力調查.其已利用之水力,直可與加拿大瑞典相伯仲.

我國物產,素稱富有.然以缺乏調查,實數不得而知.尋常估計,每易流於誇張.依據第一二兩表而論,則自然能力富源方面,我國不佔優勢.估計上或有錯誤,亦未可知.水力方面,大瀑布頗少,而小瀑布則甚多,水力發電廠現尚未有.今後之主要能力富源,尚爲煤礦,離水力利用之時機尚遠也.

本 會 啓 事 四

本年度截至二月底止,已繳費之會員台銜如下,凡未繳費者,祈匯奇總會會計張延祥君,(通信處上海仁記路二十一號久勝洋行),茲爲便利匯款起見,郵票十足代洋,以黃色郵票冊爲限每本一元.

入會費五元　黃錫藩,　盤珠衡,　莊智煥,　吳玉麟,　陳石英,　邵禹襄,
　　　　　　梁繼善,　宋梧生,　陳俊武

常年費三元　黃錫藩,　盤珠衡,　莊智煥,　侯德榜,　陳長源,　裴維裕,
　　　　　　李熙謀,　陳石英,　邵禹襄,　梁繼善,　侯家源,　陳德元,
　　　　　　方子衛,　劉錫祺,　馮雄,　　張貽志,　黃叔培,　李屋身,
　　　　　　裴燮鈞,　王崇植,　謝仁,　　范永增,　李鏗,　　宋梧生,
　　　　　　許復陽,　楊景時,　周琦,　　張延祥,　黃澄宇,　凌鴻勛,
　　　　　　盧翼,　　黃家齊,　鄒勤明,　陳俊武,　庚宗淮,　張可治,
　　　　　　孫雲霄,　錢昌祚,　周子競,　魏如,　　陳華霖,　沈良驊,
　　　　　　程瀛章,　朱樹怡,　陸法曾,　周明衡,　郭承志,

本 會 啓 事 五

本會會員姚業紝君,傳聞已身故,此息若實,同人不勝哀悼,凡有熟悉姚君事蹟者,祈賜傳記,以誌景慕.

原動機之新進步

在南洋大學工程學會講稿

王崇植講

大家知道自從（James Watt）瓦特發明蒸氣引擎之後,就演成一齣工業大革命,把歐洲和全世界的生活狀況,都根本上換了樣子.我們住大都會的人水是用自來水的,燈是用電燈的,代步是有汽車電車的,試問那一件不是受了瓦特發明的結果?假使我們今天沒有了這原動機一切的工廠都要關門,一切的大輪船都只好當木排用,一切的火車電車都只好停下來,一切的一切都是沒用.不要說自來水沒有,電燈沒有,電車沒有,連我們吃的住的穿的,恐怕都要發生問題了!原動機和人類生活之關係,卽此可見一斑.

蒸氣引擎到了今天,差不多壽終正寢了,(單流式的不在此例)除掉在特殊情形之下,如火車頭上絲廠裏面,幾乎他便沒有活動之餘地.在說明理由之前,讓我先講一些理論.

在原動機內算熱能效率（Thermo-efficiency）之方法,總根據於嘉諾德循環（Carnot Cycle）.設媒介物進機時之熱度爲 T_1,出機時之熱度爲 T_2,則該機之熱效公式,爲

$$\frac{T_1 - T_2}{T_1}$$

依此則我們要一只效率高的引擎,我們便有兩條路好走.第一是把 T_1 儘量的提高,第二是把 T_2 儘量的減低,只是實際上這件幹起來,便有許多困難了.因爲在熱引擎中,我們所有的媒介物——將熱能變成工能的媒介——是水,(水是我們的一種最近於理想的媒介物)水變成氣其沸點是隨壓力而變的.故我們要把 T_1 加高,我們便有一先決問題,那便是那機器應該能夠受高

1101

大壓力.當蒸汽熱度爲五百六十七度零七時（拂氏寒暑表）,其壓力便爲每方吋一千二百磅（絕對壓力）,這個力量也可說得到個大字,在機器製造方面便因此發生問題了.

再看第二個方法,把 T_2 減低實在到底可以低,到甚麼地步.先把水來談,蒸氣在眞空之內,熱度也約有五十度,而實際上眞空只是理論上一回事,雖是用了賴牙(Dr. Langmuir)所發明的水銀抽空機*也要差到幾千分之一.

在這里我便可講蒸氣引擎之短處了.當蒸氣七十八度時,其壓力爲方每吋四七三五磅,即在二十九吋之眞空內,當眞空縮成二十五寸半時,熱度便爲一百三十度,眞空方面之相差雖不多,而熱能效率之減少卻已不少,蒸氣引擎之所以不如蒸汽輪者,便在這點.引擎是無論如何,總有不少的活塞或爲高烈斯式,或爲滑動式或爲菌式的活塞便多少總有些漏氣,結果在蒸氣引擎內面能有二十五吋以上之眞空者,幾乎絕無僅有.至於蒸氣輪就不同了,二十八吋半眞空甚至二十九寸眞空也是很可能的.所以引擎在今日除在火車上不能用凝結器(Condenser)和絲廠中須用低壓力之蒸氣與及別種特殊情形,他便因效力太低而不合于用.此外則來復行動,潤油困難,重量太高,機件複雜,自然也不失爲原因之大者.

近年來煤價日高而原動力之需要在歐美又復日增一日,中央機力站中之工程師,當然苦心竭力,謀有以減少燃料.蒸氣輪之效能誠比引擎爲高,但離理論上之熱效率,尚復太遠.近十年中歐美學者大加改良,其煤料之減省已幾及半,茲略述之.

且舉一個例子,在近代第一等的中央機力室中,用壓力二百五十磅二百度超熱(Superheat)之蒸氣,眞空則在二十八吋以上,一磅煤中的能力至少還有百分之五十五,是消耗于凝結器中.只有百之二十是變成電能,其餘則都損耗了.前幾年能用十五磅蒸氣來產一啓羅瓦特小時,便算很好,今則已

*參看(Dushman's High Vacuum.)

減去無率,結果凝聚器中的消耗,也自然可以減去一半了.其所以致此之故,第一則為採用高壓力蒸汽.蒸氣之總熱 (Total heat) 在一千二百磅壓力下,則為一一七九.七,和在壓力六十二磅(絕對)時相彷.把二百磅和一千二百磅壓力半之蒸氣來講,其總熱為一一九八.五與一一七九.七,減去百分之一.五八.者把他澎漲至二十八吋真空中,其工作一為二七二,〇〇〇尺磅,一為三三七,〇〇〇尺磅.換句話講,加高了蒸氣壓力,便多得百分之二十五五的工作.

第二是利用高度超熱 (Subperheat).照理論上說,因超熱而所得加增之效率是很小的.但是我們知道,迴氣中之水份是因了蒸汽進機時之壓力增加而增加的(請看 Goodenough's Steam Table)一千磅壓力的蒸氣加了二百度超熱,澎漲到二十九吋真空時,其中所含之水份和二百磅壓力之蒸氣澎漲到二十九吋真空時相仿.水份在氣輪中是最能損耗效率的.阻力損耗是汽輪中損耗之最大者,而蒸氣中含了水份,便加增此種損耗不少.要免除蒸氣中之水份,便非用超熱之蒸汽不可.

我們已知道凝聚器中之損耗,占百分之五十五,那末我們若能將一部分之蒸氣,當經過幾級葉子後取出,用來供燒熱鍋水之用,則此種損耗自減而氣輪效率自高,加之一部分蒸氣取出後在末幾級葉子上,便綽有餘地,容納其餘,那阻力的損耗也自然可以減少了.此外人家還把一部分之蒸氣取出再熱,免掉水份,亦大有補於效率.

但是無論如何,水總不是一個理想中的媒介物,因為當熱度高時壓力便太大了.并且當在六七十度時,其壓力又復太低,致容積太大;非特引擎中無法容納,即在蒸輪中亦復擁擠不堪,演成計劃上之難題.所以便有人主張兩液媒介 (Binary Compund) 這便是用水銀和水或水和二養化硫,後邊的畢竟沒有成功,但水銀汽輪卻已喧傳於工程界了.

當一九一三年歐梅德 (Emmet) 在美國電工學會裏會宣讀一篇論文,深信水銀之可以用爲媒介,以變熱能爲工能.據他自己說,這個意思他自受到白蘭特霍先生(Chas. N. Bradley)之暗示居多,自從那年起他便從事於實驗.好在他是美國奇異電器廠的工程師,故便在那邊開始工作.經了無數的困難,去年在哈忒福特(Hart.ford)地方,居然成功了.這是個一千八百啓羅瓦特的氣輪,壓力爲三十五磅,其迴出之水銀,尚可蒸發蒸氣至壓力二百磅,超熱一百度以備蒸汽輪之用.據他們說,用了此法之後,一萬個英國熱能單位,便可產生一啓羅瓦特小時了.

今且擇要一述水銀之性質如下:

在一氣壓下之沸點　　拂氏六百七十七度

在二十八吋眞空中之沸點　　拂氏四百五十七度

水銀比熱　.0373

水銀氣比熱 .0248(壓力不變).

蒸發藏熱量在二十八吋眞空中　　121.5 B. T. U.

水銀在熱力學上看來,卻有幾種好處爲水所不及.第一他的壓力在高熱度時甚低,製造機器時並無爆裂之虞.第二他的容積在凝聚時間,較蒸氣小幾倍,故氣輪之末幾葉子,無擁擠之患.所以他若和水併用起來,便成一種理想的媒介物.水銀用在高熱度低壓力的氣輪內而蒸氣即用高壓力低熱度的氣輪內,豈不兩全其美嗎?

水銀氣輪之裝置,略如下圖.水銀先在鍋子 B 中蒸發成氣由管子而入水銀氣輪 Tm, 將該機轉動後,迴入蒸氣爐子即水銀凝聚器 D 中而流回爐子.一方面鍋水因受水銀之熱,蒸發成汽而入蒸氣輪 Ts,再照尋常之氣輪辦法,再入凝聚器而迴復.

但是我們都知道水銀是一件很討厭的東西.第一他是有毒的,人家看了他便怕.第二水銀氣是最易漏的,比蒸氣要加好幾倍.鐵殻中只消有點很小的小洞,他便奪門而出,非特漏掉了許多金錢(水銀約値每磅規銀一兩)并

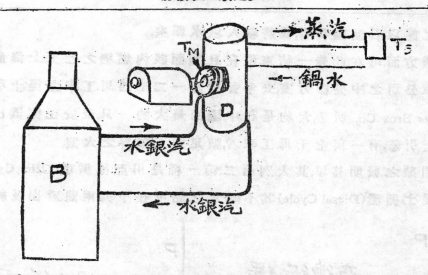

且還有性命之虞.加之水銀燜爐中之壓力,層層不同,結果把燜爐的製造問題,便弄得十分複雜.

關於這燜爐的詳細及水銀汽輪之製造,歐姆德先生自己早在美國機械工程學報本年第五號內做了一篇說Emmet Mercury Vapor Process,說得很是詳細.什麼漏氣問題,什麼有毒問題,總算都解決了.我自己也在奇異工廠內,親見那水銀燜爐在那邊工作.

據歐姆德先生自己說,只須一萬個熱單位(B. T. U.)便可產生一個啓羅瓦特小時,較之今日之第一等中央機力站中,要一萬七千熱單位才成,相去至百分之四十之多,寧非瓦特發明蒸氣引擎後的第一件大改革.

諸君或許要懷疑到水銀供給問題,我且簡單說一說.水銀全世界產額,並不豐富,西班牙產最多,意大利,奧國次之,美國又次之.一千九百二十一年之世界產額為二千四百二十二噸.依美國現有礦業所用之馬工率為2,258,000,照現在哈忒福特站所用之水銀計算,則須用多至34,000,000磅,以美國近二十年來之出產計之,尚嫌不足.加之全美高壓蒸氣輪之馬工率,共約18,000,000則所用水銀需270,000,000世界十四年來之生產額尚不及其半!這個是目下的大問題,我們中國"地大物博"當不少此礦砂,設能從事採取,或許能執世界牛耳,人之能以石油鬸我者,我將鬸人以水銀矣.

外燃機方面可在此告一結束,現在且進而談內燃機之近況上海盧家灣法國電車公司之中央機力室,去年曾裝置一二千四馬工率之提士引擎,該機爲 Sulzer Bros Co. 所造,大約是在中國的最大的一只.至於在德國已成的最大提士引擎,有一萬七千馬工率者,誠足爲工程界之大觀.

內燃引擎之發明甚早,其大別有二.第一種是用亞德循環(Otto Cycle)第二種是提士循環(Diesel Cycle)其不同之之點可在下列兩圖看出及細講,但

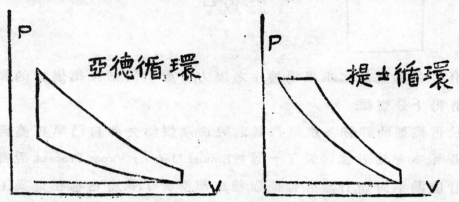

不妨趁此機會和諸君一談我自己實習過之魏廷敦液體注射式之提士引擎.

亞德循環什九用于汽油(gesolene)引擎火油(Kerosene)引擎,我人所習見者,則爲汽身上之引擎是.其壓力甚低,利用電花(Spark)以燃燒,故熱效率甚低,因其燃燒之熱度亦不甚高故.中央機力室中之所用者皆爲提士式故以下當專論提士式引擎以結此演講.

自士九世界之末,儁人提士(Dr. R. Diesel)發明此高壓內燃引擎當時因第一只造成後,試驗便遭爆烈,頗不爲世人所許.故直至一千九百十四年後才有進步.其原因,第一是提士之專利權那年已告終止;第二是機械工程大進,石油開採又多,加之汽身飛機等事業消費許多汽油,遂使剩餘不少柴油可供內燃引擎之用,結果世界之治內燃引擎工程者均思染指而創成今日之

新局面.

提士引擎之分類:有二循環者,有四循環者.有高壓空氣射油者,有液體射油者(Solid injection)有全提士者,有半提士者.(半提士引擎和全提士引擎分別甚難.半提士大半壓力甚低,而燃燒之熱,須借於熱燈者.全提士則以空氣高壓時之熱以燃燒柴油,其壓力什九在四百五十磅以上),中國市場之流行品,類皆半提士式.間有提士式者亦少上品.且有一部分之引擎,完全應用亞德循環,而亦名半提士者.中國機器廠,年來仿造甚多,惜徒知摹仿,不事改良,其能稱提士引擎者,百無一焉.

關于內燃引擎之進步及應用,將來我另擬成文,今天不再詳述,但是我要告訴諸位的,便是內燃引擎到了今天已全汽輪互爭短長,在五百啓羅華特以下,蒸汽機更非他們敵手了.

原講曾及著者所實習之魏廷敨液體注射提士引擎,但下期擬登載拙著"內燃機之進步及應用"一文,故略之以免重複.

十三年十二月二十五日自記

雜　俎

河中鋪道

北方氣候乾燥,年中惟在大水之季,狂雨傾盆,其勢甚猛.然往往數時間或一二日即止,鮮有連綿多時者.而北方大河,寬至數百尺或千餘尺,平時水流細微,可以跨越而過.一逢大雨,急流奔騰,水面驟高多尺.待雨止後,不數時間,又復原狀.此種大河,因水勢之急,往往挾上流之砂礫順流而下,至地勢稍平之處,則水流較緩,砂礫因以沉積.歷年經月,愈積愈高,而河身因之愈淺.致狂雨之際,不足容其水量,向兩岸泛濫,益增河身之寬度.此種大河,於修築道路時,欲建造橋梁,一因河面之寬,須留相當之排水空洞,不得不修長橋;二因狂雨之際,水流甚急,且河底多由浮砂沉積,欲造堅固橋址,工程甚巨需費之大,可想而知.欲利用微小資本,使此項河流近區,亦得道路交通之便利,則下述計劃,爲煙灘汽車路所採用者,雖頗簡單,似足供參攷之用焉.

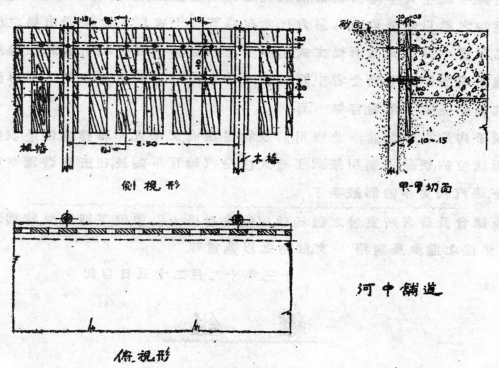

側　視　形　　　　　　　　　　　　　　甲-甲切面

河中舖道

俯　視　形

河中水流,一年之中,除大水期外,甚屬細微.則橫過河道,可舖一道路,惟於適當之處,留一小涵洞,以洩水流.此項舖道,或與河底砂面約互相平,或稍較低,則於被水之時,暫停行車,任水流橫過,砂石隨之而下,不致在舖道處而滯積.一俟水勢退下,則掃除舖道,并開通涵洞,交通即可恢復矣.惟舖道橫過河身,大水時易爲冲壞.欲防此患,於河中每隔二公尺半之遙,先打約十公分至十五公分徑度之木樁.木樁之間,再打五公分厚之板樁.兩板樁間,約隔十五公分之空隙.又以十公分見方之木條,上下兩排,夾住木樁及板樁,使互相緊持.板樁間之空隙,不宜過大.但所以留有空隙者,一則因此可以節省板樁之用,二則使板樁因水流所受壓力,不致全部傳於木樁也.水流急時,舖道之下流一面,河底砂礫可被冲刷,致木樁及板樁有傾斜之虞.欲防此患,在下流一面,沿舖道砌以亂石,以資保護.舖道兩面,建設若干高柱出大水高度之上,使舖道為大水所漫掩時,亦易認識.至舖道之深淺及所用材料,當隨河底之堅鬆,舖道之載重量,及本地可採辦之材料等情,斟酌而定.惟三和土路,似較易於修理也.——李屋身

世界各國需用電能之比較

近代電氣應用,日益推廣,人類生活受其影響者甚多.吾國物質文明,素落人後,而近年電燈廠之設,則日見其多,家鄉僻壤,亦有裝置電燈者.蓋電氣之便利省費,已為大多數人所公認矣.

第一表　一九二〇年各國需用電能統計表

國　名	需用電能力總數 (啓羅瓦特小時,Kw-hrs)	
美　　國	49,802,000,000	
德　　國	8,600,000,000	
日　　本	6,925,000,000	
英倫三島	6,400,000,000	
法　　國	5,410,000,000	
加　拿　大	5,125,000,000	
意　大　利	3,400,000,000	
瑞　　士	2,700,000,000	
瑞　　典	2,143,700,000	
挪　　威	1,330,000,000	
中　　國	735,000,000	
世界總數	99,456,300,000	

　　觀一國用電能力之多寡,可測其工業之發達程度,與人民之生活狀況本篇材料,節取美國電氣世界雜誌(Electrical World: Jan,6,1923). 聯爲一九二〇年之統計,與今日情形,尚復相差不遠.

　　世界人口總數,約十七萬二千萬 (1,720,000,000). 居住於有電燈之社會者,約千分之六十五,發電機之負載量(Capacity),約46,427,690啓羅瓦特,其中用燃料供給原動力者,約一千分之六百五十四,用水力供給原動力者,約一千分之三百四十六.

　　需用電能最多之國,厥爲美國.所需電能之量,約合全世界所需之半.日本人口不及吾國遠甚,而需用電能之量,則九倍於吾國.

第二表　　一九二〇年各國平均每人需用電能表

國　名	平均每人需用電能力 (啓羅瓦特小時Kw-hr.)	
瑞　士	700	
加拿大	612	
挪　威	493	
美　國	472	
瑞　典	364	
法　國	147	
德　國	141	
英　國	139	
日　本	90	
中　國	1,8	

　　瑞士以四百萬人口之小國,需用電能之量,四倍於吾國,每人平均需用電能之量,則爲全世界各國之冠,與吾國每人平均需用電能之量相較,爲四百與一之比.——鮑國寶

賴 姆 之 死

　　美國奇異電氣公司去年遭了名工程師史坦墨斯之死,不幸得很西屋公司今年七月八號也有了同樣的事情.世界著名的工程師賴姆氏(B. G. Lamme)也死了!

　　他一生服務於西屋公司,由實習生而總工程師,五十五年爲一日.其發明之多.有專利品一百五十種,其名著則有電學文稿 (Electrical Papers) 及其他散見於各種工程學報者.他最過人處,便是富於想像,善爲解釋.電機上之難題,一經其手無不迎刃而解.

　　還有令人感動的,他遺囑中提出一萬五千金供他的母校歐海歐洲立大學二個獎勵補助費額;提出六千金爲獎勵該校優良工程學生金牌之基金;提出六千金爲獎勵特殊工程教員金牌之基金;再提出六千金爲獎勵優秀美國電工學會會員金牌之基金.同時他所收集之許多紅人遺物,也一列都捐到他的母校去.

　　當他死的時候,世界能力會議(World Power Conference)適在開會,他們得了死詢,立刻沉寂了幾分鐘,以表哀悼他人格的偉大.卽此也可見一般.

王崇植

新奇之電相

　　在東方雜誌第二十一卷第十三號有篇黃涓生君的"電書與電相之新發明",把這件事的大略說得很是詳細.但是美國方面也有同樣重要的發展,兹特略記其概要:

　去年六月底著者在支加哥參與美國電工學會年會,會中給了我們一張新舊會長的電相(參看插圖).那個是在紐約用電能傳來的,我們便順便去看了一下那傳送接受的關件.

　西方電氣公司研究電相已有很久的歷史了.他把各種方法都試驗過,總覺有些美中不足.法國用的那個接觸法(參看黃君原文)也是各種中之一.近年因眞空管(Vacuum Tube)光波誘電池(Photo-electric cell)之突然大進,電相學上也便得一個莫大的利器,著者自巳非研究此學者,不敢妄述其傳送接受機關,惟以見聞所及,則當有下列數種:

美 國 電 工 學 會 新 舊 會 長 之 電 相

（一）照片軟片,用以攝取圖影,尋常之柯達克片等皆可用.

（二）光波誘電池.設將軟片劃成無數平形線,則每線上光度有強弱之不同,復將每線分成細點而理想有一光點沿之而行,射其光於光波誘電池上,則電池所發電流之強弱,便因之不同.

（三）真空管或稱三極管已甚行於無線電話中.此管可用爲放大器(Amplifier), 而將光波誘電池上之電流放大而送至電話線上.

（四）依（二）條所說,則軟片之旋動,須有一定速度,故須有一合調電動機(Syn Motor)

（五）在接受機關上須有相似之器具而倒其順序.其主要之部分則爲光管（Light valve）（類似真空管者）因電流之強弱而光亦隨之變換.因有合調電動機之轉動,故接受器之軟片,便受到合調的轉動,而映成一照.

當余參觀時,恰爲美國民主黨在紐約預選候補總統,其會場之情形,我人得於一刻鐘內見之.支加哥之報紙,無不大登其電相,以廣宣傳.科家之發明,真是令人咋舌! ———王崇植

總會會務報告

周　琦

本年總會職員就職後,已由會長徐佩璜君於本年八月九日印發通告一次,迄今時逾三月,特將重要會務,擇要報告如下:

（一）註冊呈文及附呈中國工程學會會史　會章　會報等件,已籌備完全,

即向內務　農商　教育三部註册,大約來春可見明文.

（二）請求美國退還賠款一部份以發展本會事業一案,自大會決定後積極
　　進行,已向中華敎育文化基金董事會中美各董事函請.一方請美國分
　　會與國內各分部聯絡進行,並撰論鼓吹.復由總會職員會議,討論再三,
　　決定請求賠款中撥國幣五十萬元,以建設工程研究所及工程圖書館
　　兩事爲大綱,並詳立開辦及經常各費預算表,庶言之有據,不落廣泛,而
　　吾人渴想之總會會所問題,亦可解決矣.

　　按美董事孟祿博士曾有宣言,(詳第五十期敎育與人生週刊)注重理
　　工學校之設置,揆情度勢,本會請求,顯有希望.第最後解決須待諸明年
　　五月該董事會之年會,距今尚有半載,此時期中成敗利鈍全在人爲,諺
　　云衆志成城,職員少數人之奔走呼號,縱聲嘶力竭,奚如各會員之協力
　　同心,分勞合作.各會員愛會如愛國,爲本會効勞盡職之時甚多,當以此
　　時爲最亟,爲此事協助共濟之方甚多,可以下例作參考,務希寶圖利之.

　　（子）登報鼓吹　　（丑）陳述當道　　（寅）宣講公衆

（三）材料試驗事,自推舉凌君鴻勛等爲委員股委員後,分南洋唐山及南京
　　水利三大學籌備進行,并由職員會議決撥一百元爲試驗補助費.現上
　　海一部巳由凌君鴻勛等開始試驗土木及絕緣各材料,成績顯佳.工程
　　研究,全恃材料試驗爲嚆矢,關係甚大,務望各會員促進協佐,或送材料,
　　以供試驗,或表方針,益宏效果,學會幸甚.

（四）會報前決年出四期,首期原訂本年陽歷十月出版,嗣以委員股人選問
　　題及編製條件,過稽時日.自王崇植君就任總主筆,朱樹怡君就任推銷,
　　及李鴻儒君就任廣告後,進行顯佳.巳印發通告會刊體例及投稿規則
　　於會員,如會員未得以上各件者,可向王崇植君（杭州工業專門學校）
　　索取,現際第二期徵集稿件,務希諸君示其心得,踴躍投稿,寄交王崇植
　　君,不勝榮幸.

再會中毫無基金,辦事勤盡綦肘,會庫所存,不及百金,此外僅有第一期會報捐費餘款三百餘金,未便作常年開銷,本屆須撥材料試驗費發印會報費及其他各項,不敷甚多,百方籌謀,祗恃以下兩途,尚希會員竭力協助。

(一)會費照章須於每年十月即年度之始繳齊,現已逾期,繳者寥寥,務希各會員從早惠寄。(會員會費三元入會費五元仲會員會費與入會費均一元)其有分部者繳於分部會計,此外均繳於本會會計張延祥君(上海仁記路二十一號久勝洋行)。

(二)國防會捐款,國防會前在美籌捐辦理印書局,後因事中止,會員內如有既捐而未收回者,尚希移捐本會一舉兩得,可函會計張延祥君聲明捐數俾向國防會取還。

附錄及會員消息

(一)美國分部本年度職員已選舉就,職姓名如下:會長徐恩瑁君,副會長曾照掄君,書記陳三才君,會計倪尚達君。

(二)北京分部仍由吳承洛君主持,惟天津及青島分部,久無消息,現託薛紹清君重組青島分部。

(三)會員錄已在詳細編製,簡明完美,較前均勝,惟各會員之住址錯誤者甚多,除向歷任各書記處調查更正外,仍希新遷移之會員函告最近住址於徐名材君(上海徐家匯南洋大學。)

(四)各會員欲知會中任何各種情形,均請函詢周琦君,(上海江西路四十三號金中機器公司)立有相當答復。

　　以上諸條僅係簡單報告,第二期會報中,當再詳告,此後如有緊要事項,臨時仍發通告。

分會會務報告

民國十二年至十三年中國工程學會留美分會紀事
(錢昌祚)

美國爲本會發祥之地,自總會遷至祖國以後,留美工程科諸同志,對于本會會務,仍甚熱心.去年留美分會之務,雖不能云十分發達,然基金之募集,會刊之按期發行,與會員之增加,職業介紹之成效,年會區域之推廣:皆賴諸會員之熱心扶助,及職員之和衷共濟,誠有足記者.祚不敏,于上期忝任留美分會書記之職,愧未能于會務發展,有所助力.此次任滿返國,已有會務報告,留呈分會會員,而總會會刊委員會,又以此文爲命,不得不勉爲其難.惟數目時日,難免遺忘,設有錯誤,希會員諸君加以糾正焉.

(一)基金之募集 民國十二年夏季,留美分會董事會諸君,議決募集基金.擬俟總會會所有定後,以作採購圖書儀器之用.由程耀椿鮑國寶王崇植三君爲籌捐股委員.賴會員諸君,踴躍捐輸,今認捐之數,已有美金四百餘元,實收者二百餘元,由會計吳毓驤君保存,放在銀行生息.會員之已回國而未交認數者盍即照交以便結束.

(二)會刊之發行. 美國輻員廣大,會員散處四方,若無會刊以通聲氣,則會員于會務,多所隔膜.總會于去年雖有會刊之發行,而出版遲緩郵遞至美,所有消息,都成過時品,故分會理事會諸君議決單獨進行,於美國發行分會會刊,用謄寫器印刷,每二月一次.每期會刊材料約十餘頁,不尚空言,而注意于會務之報告,各城市支部之近況,及會員之個人消息:藉以聯絡感情.綜計本年發行會刊四次,俱能按期出版,由會長張可治君,副會長王崇植君,書記鑾昌祚君,發刊股股長桂銘敬君,分期擔任編輯.而書記又編訂詳細會員錄,分給會員者二次,加以總會寄來會刊三期,留美會友得之,對于會務,多生興趣焉.

(三)會員人數之增加. 留美工程學生人數,本較他科爲多.惟于本會情形,不甚明瞭,致多觀望,不即入會.去年會員股股長張蘭閣君,督同全體舊會員,大舉徵求新會員,成績斐然.以本會入會資格,較其他學會爲高,而一年中,得新會員六十五人,較之舊會員九十四人,成數不爲不高.且本年年會中所介紹入會者,尚不在內,足見工程界之須有一會社乃人所公認,本會苟能推而廣之,積極進行,使工程同志,聯絡加入,無向隅之歎,前途未可限量也.

(四)職業介紹股之成績　歷屆職業介紹股,不過司調查職業機會,未能與會員以實惠.本屆股長羅慶蕃君,積極與美國各廠家聯絡,得有實習空缺三十餘位.後因美國本年市面不佳,各廠多不能踐約雇用中國學生,然暑假以前,直接或間接由本股介紹得位置之會員,已有十餘人.他日苟能與總會職業介紹合作,使會員回國後,得量才應用,則本會之有助於會員更多矣.

(五)年會區域之推廣.　歷屆本會年會,俱與中國科學社駐美分社聯合,同在東美舉行,因二會會員大多集于東美也.惟中西部科學工程同志正多,不能令之向隅,故本屆二會職員協定,於東美中美同時舉行年會,俟辦之有效,則推至西美.本年東部年會主席為董時進君,中部為羅慶蕃君,年會成績另見後文.

(六)職員辦事手續之訂定.　本分會職員之職務,向無明文規定,致權限未清,懶惰者得以曠職,熱心者有時越俎.後由本屆理事會,請方頤樸,許貫三,崔惟禮三君,擔任訂定職員辦事細則,及選定各種通告,公文,明片程式,與其整理方法.三君已有詳細報告,留呈下屆職員採用矣.

(七)分會新章之擬定.　分會舊章,于民國九年修改,與總會新章,頗多不合.且行之有許多不便之處,故由理事會請吳達模,沈炳麟,陳三才三君,擔任擬訂新章,于年會時提出討論焉.

(八)新職員之選出.　本分會董事會,于四月初照章委任莊秉權,吳浩然,李運華三君,為司選委員,辦理選舉.其結果如下,其中已選出而回國之職員,則從缺焉:

會長	徐恩增君	調查股	莊秉權君
副會長	曾昭掄君	圖書股	尤寅照君
書記	陳三才君	會員股	劉孝懋君

會計	倪尙達君	職業股	莊秉權君
董事	程耀椿君	發刊股	吳保豐君
	周明政君		

（九）年會之成績. 本屆東部年會,由薛時進君主席,于九月初在 Haverford College, Haverford, Pa. 擧行.本會會員到者,約二十餘人.名人演講,有康爾奈大學敎授Prof. Emerson 講「農產物之優生學」與美國農部科學研究提關 Dr. Ball. 演講「大學敎育與將來成功之關係」佐以圖表,興趣橫生.工程論文,有鄺專堃君之「洗煤新法」,杜鎭遠君之「鐵道路軌之保存法」,許應期君之「大中華紡織公司之原動力廠」,吳達模君之「小電廠運輸電氣之算法」,與盛祖江君之「工程界團體如何可以維持世界和平?」共五篇.經評判員三人公斷,以鄺君爲最優,而杜君次之云.科學與工程普通演講,有薛祖康君之「苧蔴工業」吳達模君之「中國電氣事業」王篿君之「威妥命」Vitamine時君之「中國棉業改良法」,張克忠君之「中國桐油業」,蔡堡君之「人數原始」與陳良士君之「城市規劃之重要」,以薛吳二君之演講爲最優. 本分會事務會,由錢昌祚君主席報告本屆會務進行狀況,及討論修改章程.會員出席討論者頗多.結果以吳達模君等之擬稿,略加修改,以備通函全體社員,付表決云.「按照舊章論,到年會事務會會員已足法定人數,可以議決一切會務.惟茲事關重大,故仍擬俟會員之追認.」年會聚餐會,由陳良士君主席.演講者有歐滿森敎授,鮑而博士,與程耀椿錢昌祚王篿諸君.會員及來賓到會者七十餘人,頗極一時之盛云.

中部年會在 University of Michigan, Ann Arbor, Mich 擧行,主席爲羅慶蕃君.名人演講,有著名橋梁工程師華兌而博士 Dr. J. A. L. Waddel.博士曾爲我國交通部聘任爲顧問工程師,對于我國工程界發展,甚爲熱心,所著「中國改造計劃」一文,去今二年,俱在我國留美學生會夏令會發表.年會工程論文凡七篇,由華兌爾博士評判,以羅慶蕃君爲最優,陳廣沅君次之.

第七次年會記事

地點　　上海

會場　　上海總商會

日期　　民國十三年七月十一日至十三日

年會委員:一

會長　　徐佩璜

書記　　鮑國寶

會計　　裘燮鈞

論文　　李熙謀　　胡光麃　　茅以昇

演說　　裘維裕　　徐名材

出版　　張延祥　　徐名材

到會會員:一

徐佩璜,鮑國寶,裘燮鈞,李熙謀,裘維裕,張延祥,徐名材,周仁,周琦,唐之肅,周增奎,李鏗,李屋身,李鴻儒,方子衞,茱志熹,孫雲霄,凌鴻勛,謝仁,陸成爻,馮雄,鄔葆成,梁樹釗,羅春馭,李俶,蔡常,薛次莘,徐乃仁,襲繼成,范永增,顧惟精,

十日記事:一

　因會期短促,討論會務,費時較多,故於十日晚六時半,在四川路青年會聚餐,預先商議一切,以便大會時正式提議,藉省時間.到會者共十六人,會長周明衞君主席.茲將所討論各事,摘要錄下:

(一)周琦君提議,暫假會所以節經費.

(二)李熙謀君代表吳承洛君提議,聯絡國內各工程學會.略謂國內有數工程學會,性質宗旨相同,資格相當,若互相聯絡,成為全國公認之唯一工程學會,則發展較易.

(三) 徐名材君提出會報問題.周琦君謂分股任事,或可較易.各期由各科分任,結果或佳.

(四) 張延祥君提議,本會宜向政府註册.

(五) 李熙謀君提議,謂交通部對於無線電話器具,禁令太嚴,洵屬無謂.本會宜向交通部請求減輕禁令.

十一日記事:—

上午九時起,會員註册,各繳年會費五元.十時正式開會.會長周明衡君主席,首由周君致開會詞.次商務印書館總理張菊生君演說.次年會委員會長徐佩璜君報告.次總商會副會長方椒伯君演說.次討論會務.

(一) 周明衡君開會詞摘要

本會成立,已歷八載.在美國每年中國學生會開夏令會時,舉行年會.近來回國會員日多,故於去歲假青年會開年會.今歲復假總商會開年會.承諸君不辭勞瘁,遠道來茲,同人等尤表歡迎.本年年會會程,較去年進步,全賴年會委員會諸君之熱心,鄙人謹表謝忱.過去一年中,本會無甚發展.略有數端,向諸君報告:

(A) 本會會員日多,散居各處,各分會之聯絡,極為困難.去年天津,北京,及美國分會,與總會俱有聯絡.

(B) 會所未能成立,辦事諸多不便.

(C) 月刊未能繼續出版,此事甚為重要,望繼任職員注意.

(二) 張菊生君演詞摘要

今日貴會舉行年會,謬蒙寵召,得參與盛會,不勝榮幸.工程學問,是物質的學問.常人說,西方文明,是物質的文明.東方文明,是精神的文明.但精神文明,亦有物質的文明在內.西方文明,亦非毫無精神文明.不過西方文明偏重物質,東方文明偏重精神,根本上有點不同.中國是古以來,偏重精神方面.孟子謂『勞心者治人,勞力者治於人,』分社會為二等階級,一在物質上做事,一在精神上做事.六朝之清淡,唐來之辭章,清代之八股俱偏於精神方面.此稱是否精神文明,我不敢說,但決非物質上的事.近代中國物質方面,受西洋壓迫,於是變法及派學生出洋留學.然祗注重在造船,造槍礮,以為西人特點,即祗於斯學此已足與彼抗衡.後來範圍略擴充近十年以來,教育方針大變.歐戰而後,歐人鑒於戰爭遺毒,或歸咎於物質文明,謂為物質文明之破產.東方人亦有借此語以藏拙者.嘗聞印度詩人泰戈爾云,東方文明被西方文明侵佔.吾國原有之山光,樹影,鳥語,水聲,頗以為樂.迨西人入境,工廠夾岸,航艦盈川,盡失精神之樂.此精論調,乃有感而發,不可奉為圭臬.吾人生世上,不能一日離衣食住三者,又何可輕視物質文明.吾人所衣者,以布定為大宗,而洋布充斥,土布無多.所戴的呢帽,草帽,所穿的皮鞋,大都來自外國.吾人身上所穿的綢緞,可以算完全國貨,而製衣的工具,亦取給外國.所謂衣者如此.吾人所食者,以米為大宗,然而暹羅米,緬甸米,進口者亦不少.吾人所食的糖,大半來自外國.即著名的茶葉,印度茶進口者亦不少.所謂食者又如此.至於吾人所住的,洋房固無論矣,內地之房屋,似可不必仰求於外國,然而原料亦多從外國來.玻璃,木料,釘,漆,等,何一非從外國來.所謂住者又如此.長此以往,國民將日奔走於衣食住而不暇.歐人之所謂物質文明之破產.吾人物質文明固未有,而物質則破產.吾國之所謂文明者亦破產.挽救之法,唯有改革國人之根本觀念,貴會其有責焉.商務印書館用紙年約二百萬元,中國紙佔十分之一,外國紙佔十分之九,非不欲用中國紙也,祗以供不應求,盡上海所有之中國紙,不過足廠內二月之用.中國紙不適於機器印刷之用,故銷路遲滯.因銷路滯而漲價,價漲而銷路愈滯.年來中國造紙廠之創辦者亦不少,而造紙之木漿,仍仰給於外國.東三省雖產木極多,然盜賊充斥,企業者屏跡.中國各處可造紙漿之材料甚多,苟能改變製造機器,亦可用中國之原料,以製紙.此則東方之工業,不能完全抄襲西方者.言及化學,中國可算完全無有,然肥料之選擇,周禮論之甚詳.漿料之製造,中國亦早有.言及建築,材料固祗限於磚,木,竹三者,然讀文選之三都,兩京諸賦,可見其規模之大,阿房之五步一樓,十步一閣,未央之千門萬戶,及現代猶及見之長城,數千年前已有如此規模.建造時必有偉大之計劃,決非聚數千萬苦力而可成者.宋代之營造法式一書,尺寸,圖案,等俱極精嚴是中國之建築學,非毫無根據者.言及機械,除抽水,紡織機外,中國可算無機械.然墨子備城門諸篇,亦可謂爲機械學之萌芽.由此觀之,中國於工程之學,並非毫無根據.即使毫無根據,亦可效西方之發明.利用本國之物質,成就本國之文明,是貴會之責.我國不能不注重物質,然亦不能偏重物質.一面發揚物質文明,一面保守以前之精神文明,亦可融合世界所有之文明,以成一種完全之文明.將來,非特不受物質之痛苦,而且對於世界文明,有所貢獻,是我所希望諸君者.

(三) 徐佩璜君報告摘要

委員會選擇年會地點宗旨,係與商界及實業界聯絡,並交換智識.幸賴宋梧生君方子衞君之力,得假總商會開會,實爲本會與商界聯絡之初步.本年會會程,首重研究學術,故宣講論文,中外名人演講,及參觀工廠,俱甚重要.然娛樂方面,亦不可忽.故會程內有音樂宴會等.至於會務會,關係本會前途,務請諸君齊到.

(四) 方椒伯君演詞摘要

今日貴會在敝處開會,鄙人得參與此會,幸甚.鄙人對於貴會之組織,極表贊同.商界與工程界有密切之關係,極希望諸君之幫助.年來吾國新文化運動甚盛,吾工程師亦當參與新文化運動,今當以工程學範圍之狹,與近世文明包羅之廣,相提并論.工程界中人,日日從事於物質改造建設之事業,無暇爲筆舌之鼓吹,其結果反使社會中人忽視其功績,而鄙夷之.此實不平之甚者.今言工程學,可分數段以申之: (一) 「工程學與古代文明」吾人生於今日,回溯人類古代文明產生之母,與夫世界民族消長之機其勢力歷交野古今而日增者,厥維工程學而已.工程學與古代文明之關係,可分二端述之:

甲）工程師為人類文化之始祖,人類文化固非僅屬工程事業,而工程事業,每為一切文化之先河,試觀我國之上古史,開卷則首稱盤古氏開天闢地,所謂開與闢者,即工程師之事業也,上古榛榛狉狉,由今觀之,固屬野蠻世界,然欲戰勝環境,躍出野蠻時代,而搆成文物燦爛之社會國家世界,孰先為之,曰工程師也,有巢氏搆木為巢,即當時之建築工程師也,燧人氏鑽木取火,即當時之燈火工程師也,庖犧氏結網罟而漁獵興,神農氏作耒耜而耕稼始,黃帝作宮室,造舟楫,建城郭苑囿,禹疏九河,鑿龍門,而洪水平,故及黃帝之舟加以帆檣舵櫓,而舟行利,舜因舉之以為帝,由是觀之,古代帝王號稱開物成務者,類皆出身於工程界中,蓋此輩工程師,皆為人類創造物質文明者也。(乙)世界最先進化之民族,必富於工程能力,評古代文明者,莫不稱中國,埃及,巴比倫,三民族,由此可知矣。(二)「工程學於近代文明」工程學之有功於近代文明者,可分五端。(甲)增進物質文明,物質文明,有數量之增進,與質地之增進,運河,鐵道,橋梁,電車,電報,電燈,無線電報,飛機,輪船,絲毛,食品是也。(乙)征服天然,開河以防水災,防疫,避雷,利用空氣中之淡氣,以製淵化物。(丙)節省勞力,機器代人工作用。(丁)促進科學之進步,儀器等等。(戊)增進人類道德,管子曰,衣食足而知榮辱,倉廩實而知禮節,乃不易之論,如槍砲毒氣之殺人,金錢主義之困人,固工程之流弊也,諸君皆中國工程界之優秀分子,希望貴會團體續漸擴張團結力日固,使中國工程學發達,而與歐美諸國爭衡,希望諸君勉力,吾商界人願為諸君後盾。

　　(五)會務討論

　　徐佩璜君提議,請會長派定議案委員股三人,預先討論議案,以便於十三日下午之會務會時提出,選舉委員股三人,推舉候選職員,以便於會務會時正式選舉,當由周明衡君派定徐名材君,方子衛君,鮑國寶君為議案委員,委維裕君,謝仁君,周增奎君為選舉委員。

　　上午開會時,並有湖南工業專門學校機械科主任孫雲霄君率領學生二十五人在滬參觀,加入本會旁聽.又南洋大學學生十餘人,亦加入旁聽.

下午一時半,會員及旁聽學生,分兩組參觀工廠.一組參觀工部局電氣廠,及自來水廠.一組參觀華商電氣廠,及龍章造紙廠.

晚七時,宣讀論文由李熙謀君主席.所講之論文,有淩鴻勛君之黃河橋樑(Yellow River Bridge,)周琦君之感應電動機 (Induction Motor.)

晚七時,Mr. Delay of Kellogg Switchboard and Supply Co, 演說無綫電話之歷史,並試驗最新式無線電話收音機奏無線電音樂.後由上海部會員進茶點.十一時散會.

（十三日記事）

上午九時,會員由北車站乘火車至梵王渡站,改乘汽車至中國製瓷工廠.該廠為本會會員朱家炘,淩其峻,林紹馘等所辦.出品有隔電物磁磚,日用杯碟等.後往大華利食料廠參觀,該廠為德商所辦,製造酵粉,並有酒精為副產物.有上海最高之烟突,及極深之自流井.至一時半,始乘汽車同.

下午二時,在總商會常會室開會.請愼昌洋行工程師 H. B. Lane 演講,題為「中國電業之將來.」大意謂中國電氣事業,對於電壓過波等等,必須設立一定標準,以便互相連接,將來電廠規模愈大,一廠能供給一省之電力,所謂 Super Power 是也.次由美國奇異公司工程師 E. Berg 演講,題為「近世汽輪機 (Steam turbine) 之進步.」略謂工程學之最要問題,厥惟經濟,即以最少之能力,得最多之工作.近世汽輪機之進步,即本此主義而行.汽輪機愈造愈大,用蒸汽愈節省.又近世趨勢,汽壓增高.美國波士頓電廠,用一千二百磅之汽壓.又用種種方法以節省蒸汽,如增加熱度,及重熱蒸汽.又利用汽輪機之蒸汽,以熱輸入汽鍋之水,利用烟卤之餘爐以熱爐底空氣.後又討論水銀蒸汽爐及水力機與汽輪機之比較.後謂中國及日本,目下欲建造電廠,可採三百五十磅之汽壓力,將來容易擴充云.末由 Miss Mary E. Dingman 演講 Human Engineering. 略謂中國工業日漸發達,而工人待遇,工廠衛生等情形,則甚黑暗.如黃燐火柴之製造,尤爲顯而易見之例.工程學會,應對此等事發表意見云.

下午四時,宣講論文.有裴維裕君之Low Frequency A. C. Bridge,寇志圖君之Non-Corrosive Alloys(徐名材君代讀,)方子衛君之Neutrodyne Method of Radio Reception.

晚七時,請西門子洋行工程師Paul Dreyer演講「柏林京城之隧道」並有活動影片.

晚八時半至十時,柬請總商會會董及各業代表,試演無線電音樂.來賓到者四十餘人在申報館電台發音,總商會議事廳收音.有歐陽予倩君之歌劇,方子衛君之演說,及儉德儲蓄會梁志忠君所教練之絃樂隊奏樂.復由李熙謀君在會攝台上演講無線電話大略.又略具茶點,十一時始散會.

十三日記事:——

上午九時,會員乘火車赴龍華,參觀華商上海水泥公司.該廠所出象牌水泥,每日有一千三百桶.所置機械,均爲自動式.所儲原料,足敷十月之用.參觀畢,由該廠總經理分贈袖珍紀念册,乘汽車回滬,已一時矣.

下午二時,開會務會.會長周明衛君主席.首由書記周琦君報告.繼會計裴燮鈞君報告.李熙謀勳議,請會長派定會計師審查裴君賬目.當由周明衛君派定周增奎君爲會計師.繼由議案委員徐名材君提出議案,會員討論,茲將通過議案列下:

(一)徐佩璜君勳議,請下屆職員籌借會所.

(二)方子衛君勳議,本會向政府註册.

(三)徐佩璜君勳議,請下屆會長,派定委員七人,辦理本會編輯事宜.

　(甲)會員有研究心得,著有價值之論文,得刊單行本,分發各會員.

　(乙)聯絡各工程學校編輯部,共辦雜誌.

(註)據議案委員會原議,編輯委員共五人,土木,機械,電機,化工,鑛冶五科,各

一人.後會員提議,加委員二人,專司通俗文字.

（四）方子衛君勸議,請下屆會長,派定委員五人,組織工程公益委員股.

（註）據議案委員會原議,本會當要求無線電話公開,以期普及敎育,統一言語.後由會員提議,本會對於工程上公益事,須時時發表言論,如工人待遇,工廠衛生等,本會俱宜注意.例如黃燐火柴之製造,實有關工人之生命,本會尤宜極力反對.故將原案推廣,而成以上之議案.

（五）周琦君勸議,請下屆會員委員會,徵求新會員時,宜注意各國回來之工程師.

（註）本會會員,多從美國囘來,本會旣名爲中國工程學會,宜包括中國所有之工程人材,故各國回來之工程師,宜特別注意.

（六）馮雄君勸議,請下屆會長派定委員三人,組織圖書委員會.

　　（甲）管理書籍雜誌及其流通.

　　（乙）收集機器目錄及其他有用書籍.

（七）徐佩璜君勸議,請下屆會長派定委員三人,促進材料試驗,方法由委員會自定.

（註）原案爲「組織建築材料試驗委員會,以試驗國產各項材料.」提議人薛次莘君.薛君所提出之理由如下,「今日建築工程上所用各種之材料,凡購自外洋者,於其質地強度,均能藉彼邦試驗所得之結果,爲選材計劃時之根據.反觀我國國產材料,則此項試驗,均付缺如.於是在選材計劃時,茫然無所適從.祗得出之以臆斷,其結果非失之於取材太重,日耗金錢而不知,卽用料太弱,易蹈危險.」

（八）方子衛君勸議,請下屆會長派定委員會,致函美國國務卿,要求賠款之一部份,請美國分會長當面進遞,並請委員會在國內宣傳.

（九）李熙謀君勸議,請年會書記寫信致謝年會邀請之演說家,及其他贊助年會諸人.並贈總商會年會照片一架,以致謝惠借會塲之盛意.

議案討論完畢後,投票選舉下年職員,茲將選舉結果列下:—

會　　長　　徐佩璜君
副 會 長　　凌鴻勛君
記錄書記　　徐名材君
通信書記　　周　琦君
會　　計　　張延祥君
庶　　務　　方子衞君

六時散會.

晚七時,假甯波同鄉會聚餐.席終,主席周明衞君起立報告.次請吳稚暉君演說.吳君講題爲「我所希望於工程學會者.」次請新會長徐佩璜君發表進行會務之意見,並致謝數日來贊助本會之人.徐君詞畢,會員通過修改章程.然後用鎂金攝影,至十一時始散.

(一)吳稚暉君演詞摘要:—

目下有人盛倡精神文明,以爲除此以外,可不介意.五四運動之後,有所謂文化運動,隨之而來.當時吾人很希望有人鼓吹物質文明,以與其互相輝映.但主張精神文明者,其理想實玄奧異常,於振興國家,使人類享受幸福,則非文化力量所能辦到,不得不賴諸君努力做去.吾之希望於諸君者,願擧辦一大規模之工廠.惟開辦工廠,普通人均以爲有三種困難.(一)恐世界不能和平.或謂物質文明,十分發達,將來各選其利器,以從事於戰爭,必陷世界於禍亂之境.實則不然.蓋工業發達,至極盛時代,一切日用所需,均可自己供給,更以其餘向別國交換.如是互相維持,無爭無奪.故工業愈發達,世界將愈和平.(二)貧富不均,與資本不足.大工廠開成之後,工業十分發達,或謂資本家將益成富有,而貧者將愈成貧瘠,此種現象,將愈陷國家於糾紛.實則不然.試觀美國煤油大王,擁資千萬,彼於身後處置財產問題,已分配妥當,取之於社會者仍還之於社會,故貧富不均一事,實不成問題,只在富者之好自爲之,不爲兒孫作牛馬而己.至資本不足一事,開大工廠時,集資似甚困難,其實又何會難者,不過恐無信用,不能號召羣衆耳.試觀上海之游戲場,亦係集資爲之,其所以能成功者,因辦理得當,令人相信耳.故開大工廠苟有信用,則集資亦不成問題.(三)奢侈.又有人謂物質十分文明,將來人人必陷於奢侈之境,於民生前途,殊爲不利.不知人生在世,能享受物質文明者,當盡力享之.至文明極頂時代,則各個人所得之工資,自必較目下爲高.務使生產消費平均,不致恐慌,則亦不成問題.故吾願希望數十年之後,工廠工人,於公畢之餘,亦能與家人共坐一華屋,若甯波同鄉會者,斯爲佳矣.從上三點觀之,均無困難之可言,甚盼諸君努力從事,不勝忻幸.

　　(二)通過之修改會章:—

　　　　第六章　　　財政

(一)會員會費,每年三元,入會費五元.

(二)仲會會員費,每年一元,入會費一元.

(三)凡會員常年會費,須由分部會計於年會閉會後三月內收齊.凡會員不屬分部者,其會費由總會會計收集之.

(四)仍舊.

(五)各分部會計,所收入之常年會費半數,及入會費全數,交歸總會會計.

　　　　附錄舊會章第六章

(一)會員會費,每年六元,入會費五元.

(二)仲會員會費,每年三元,入會費二元半.

(三)凡舊會員會費,須于年會閉會後三月收齊.

(四)凡特別捐款事項,須由董事部定奪.

(五)入會費及會費半數,須歸入本會會計.

　　　　十四日記事:—

　　本定於十三日參觀江南製造局,唯該日乃星期日,製造局大部分不工作,故參觀事改於十四日上午舉行後復往海軍部江南造船所參觀.

天津支會報告

方頤樸

(上略) 中國工程學會天津支部新年聚餐會,已於本月十三日在津埠國民飯店舉行,到會者頗形勇躍,計有二十六人之多,餐畢,開議事會,列席者共二十五人,首由部長書記及會計報告年終結束,次通過本支部新章,次通過本支部會計將本年(十四年)入會費全數及年費半數寄交總會案再其次爲選舉,結果如下;—

部長	羅英	副部長	劉頤
書記	方頤樸	會計	張自立
庶務	張時行	代表	譚葆壽

外附本支部印行之彙刊三份,檢閱爲荷,至於本支部本年擬辦各事,俟本星期職員會議後,方能決定,容再報告(下略)十四,一,十四.

中國工程學會會史

十三年十月十一日周琦編

本會之造端

民國肇造以來百度維新言論公開結社自由國內各大都會各界人士靡不組織團體或聯絡情感共利進行或切磋攻錯昌明學術聲應氣求博訪周諮甚盛事也獨工程人士之廣義的結合以研究學用者尙付闕如民國六年吾國留美紐約習業工程者凡十餘人志同道合羣鑒于紐約各大工程學會之發揚騰達造化人民又惆于本國工程人士之枯寂散漫貽疣國家一致解決必組織一大規模之聯絡機關就地討論國中工業切實研究應用學識片念旁稽集長立證既免削足適履之誚當無井蛙窺天之嫌振興祖國在此一舉

是年十一月刊佈宣言徵集在美各工程學者對于建設學會之意見覆書多
表贊同乃於耶穌誕節在紐約開第一次籌備會列席者二十餘人議決定名
為中國工程學會先設組織委員會舉定陳體誠等委員七人進行一切

本會之成立　　本會組織委員會設立後先草定會章分寄在美各大城工程
學者兩次討論始正式通過當討論會章時各大城均有一代表與該處工程
學者就近接洽然猶因代表過忙或遙處一方交通較難故費時三月會章始
克決定其內容以全國為範各項工程人士凡畢業大學者得為會員唯一宗
旨在聯絡人材提倡工業研究學用民國七年三月至四月照章選舉董事職
員履行職務即由董事部議決按本會要務分立專股以掌理之俾事專責股
效果可圖當設立四股股設一長由會員推選并股員若干人均於八月一日
就職而本會乃正式成立四股範圍如下
(一) 名詞股　掌理規定或審定已用及未有之工程學名詞
(二) 調查股　掌理考集中外工程情形事實及報告
(三) 編輯股　掌理工程會報及一切工程書籍之編輯及發刊
(四) 會員股　掌理徵集會員聯絡同志

第一年度之會務 (民國七年至八年) 本會自成立後會務進行甚力第一年
度重要職員均在紐約交通便捷呼應靈動辦事事積極辦理時期雖短規模粗
備并於七年八月內與中國科學社聯合舉行第一次年會於康南耳大學又
八年九月初在倫色利耳大學舉行第二次年會四法定委員股各委員均銳
氣勃發熱誠勇往長留會史之光榮茲分述成效於后
(一) 名詞股　蘇鑑君為股長於最短時間內規定辦事細則因工程學科之
　　　殊盞分為土木化工電機機械礦冶五科每科設長一及科員若干人預
　　　期一年將五科通用華文名詞規定或審定各科均有所編尤以在威斯
　　　汀好司電機廠諸科員所譯之電機詞典為完備
(二) 調查股　該股自選定尤乙照君為股長後即擬定表式多種調查事件

分各種工程原料中外各種礦產中外水陸交通事業各種機械中外城
市工程中外工程學校中外工程商業中外各種製造廠中外各種工程
書籍及週報及工人工資等之統計

(三) 編輯股　書記羅英君兼任該股股長辦事興常熱心不辭勞瘁先定發
行會報每年二鉅冊以發刊會員對於吾國及國際上實地研究之論文
及傳播會務及各股之報告第一期會報於民國八年出版內容至為豐
富共四百餘頁插圖幾百幅空前絕後並時無雙其第二期因稿件未齊
種種關係不克繼續出版會報經費均出諸特別捐會員踴躍輸將且如
陳體誠羅英諸君有捐美金百元以上者該特別捐共收五百餘美金除
第一期會報刊費外至今尚存國幣五百元

(四) 會員股　李鏗君為股長編訂辦事細則規定入會願書通知書及選舉
書各種格式分區派定股員徵求結果共得會員一百六十八較前年加
倍

第二年度之會務(民國八年至九年)照章本會於每年六月選舉職員新職
員於十月一日即年度之始就任第二年新職員尚未選出舊職員已大半回
國斯時會員之漸漸回國者已及一百勢分力弱董事部對此過渡情形暫定
分國辦事方法並預謀總會機關遷回國內之時機第二次職員之推選即根
據之會長書記及會計均在本國惟留副會長在美國至於委員股及董事則
兼跨兩國第當時職員羅多在本國而會員之重心仍在美國乃由國內書記
及會計各請駐美代表而前會長則攝行在美會長事此種辦法不免紛岐加
以甫回國之各職員不能不居異思遷會務進行甚感困難是年國內無甚發
展美國一方駐美書記周琦君每月發刊會務報告國內會員因感國中會務
不易進行時國美國一方期望勉勵無微不至九年九月於潑令斯敦大學舉
行第三次年會美國會員到會者一致決定改組問題在國內設總會在歐美
股分會各會職員不相統屬董事仍兼跨兩國對外則精神一致對內則政令

分治

第三年度之會務(民國九年至十年) 第三次選舉廢於中途總會舊職員殊甚渙漫本年度會務惟美國一方仍由副會長及駐美書記及會計代表積極維持美國分會會章於民國十年春草定五月通過六月選舉董事職員是月各員就職於是分會宣告成立卽重定分股辦事方法職員熱忱會員戮力不亞第一年情況十年九月又於霍去凱斯學校與中國科學社舉行第四次聯合年會

第四年度之會務(民國十年至十一年) 本年會務美國分會一方蒸蒸日上除原有會員論刊兩股外增設職業調查及藏書各股民國十一年論刊股連出二月刊會務報告凡三期圖書館通函各大工廠搜集工程原料機械各種印刷品分存總分會其他各股均成效卓著並於十一年九月與科學社舉行第五次聯合年會於康南爾大學而中美亦有首次科學與工程兩團體之連合年會總會因職員之選舉未能及時揭曉故民國十年國內會務無甚進步歸國會員超二百餘分散各地獨幸上海一部聚處最多是年上海分部成立按月開會演講頗稱發達至民國十一年春總會職員正式舉定就職會務始有主腦不若向之專恃手足運動此亦過渡史中當然階級也

第五年度之會務(民國十一年至十二年) 總會各職員自於十一年六月就職後卽重草會章分寄國內外各會員一致通過並刊會員錄因職員散處國內各地種種進行不甚敏捷然贊助各地分部不遺餘力上海分部會員日增部務發達是年冬北京支部亦告成立按期集會總會職員與有力焉嗣鑒於會務推行之困難一由於會章董事權之束縛再由於職員之南北逃處三由於會址之無地抱定決心戮力改革詢謀僉同須大集會議因於民國十二年五月設立全國第一次年會委員股籌備各項本會空前之大會遂於是年七月六日至八日舉行於上海青年會議案甚多最要者爲根本上修改會章其修改要點卽(一)董事部由本會會長與分部部長及分部代表組織之以防

推行會務之阻礙（二）總會職員須同處一地以圖辦事之敏捷（三）本會總
事務所設於上海以謀永久之基礎是爲會史上第三次之修改會章美國分
會於十二年三月仍發刊會務報一期七月發起會務基金捐以三千美金爲
目的專儲譯名調查會刊圖書館之用並于九月仍與科學社在勃朗大學舉
行第六次聯合年會中美一部亦有科學社與工程學會相當之年會

第六年度之會務（民國十二年至十三年）本年度新職員即由年會中選出
履行新章時開會議異常稱便舉辦要務卒分三端（一）設經濟股以謀募捐
建設總會會所之基金分請會員中最熱忱者卅餘人爲維持會員年捐卅金
爲會所常年經費雖因種種關係未能將會所辦成然其苦心孤詣擘畫經營
漸立將來之基礎其功有不可磨滅者（二）設會刊股發刊年會報告及二月
刊會務報以聯絡會員而通融情意（三）設會員股徵求會員是年會員超三
百人十三年七月舉行全國第二次年會於上海總商會除廣續謀建會所外
所議要案極多並舉定各職員同在一處辦事極便美國分會本年度書記凡
出二月刊會務報告三期其藏書職業會刊調查及會員五股均奮發任事尤
以職業股與各大工廠接洽傳達職業消息俾會員恃爲指南取其捷徑造益
良多會員股徵求會員甚力增額卅六人民國十三年春復設立法制股以統
一各股辦事細則并規定文牘格式紐約各會員又組織紐約一分部以鞏固
本會根基將來發達拭目可待

本會分部概述　　本會自選總機關于國內各埠分部隨時蜂起東呼西應前
倡後繼其所以發揚會譽光大旨趣者厥功甚偉其中少數因會員聚散無常
不免如曇花一現然上海北京天津三分部維持到今不可不一記之上海分
部成立于民國十年三月十七日北京分部成立于十一年十二月十日天津
分部成立于十二年七月卅一日其組織情形則上海分部有正副會長書記
會計及會員學程學術三股以進行會務北京則僅委員三人主持一切天津
則舉理事五人分任各種要務（下略）

材料試驗委員會第一次報告

會長大鑒,逕啓者,本委員會自奉派以來,曾於本年十月二十七日,舉行會議一次,委員顧君宜孫,茅君以昇,皆因道路修阻,未會列席,茲將本委員會對於進行試驗材料辦法,刻述於后:—

（一）應行試驗之材料:　就國產中所應試驗之材料,各磚瓦類,水泥石灰類,木材類,金屬類,均為犖犖大者,餘如毛竹,燃料,潤滑油等,均在應行試驗之列.今可先從磚及水泥着手,以其用途廣及試驗方法較便易,餘再繼續,一一舉辦.

（二）徵集材料方法:　製造廠家,有願送料至會試驗者,亦有不情願者,卽情願者,於發表結果方法,亦須謹慎.故本委員會以為應先行正式徵求,或由私人方面非正式徵求,其不願送會,而確有試驗之價值者,則購料以供試驗,公佈結果方法,再行斟酌.至於每一材料之徵集,應分別紀錄其出產地點,（如係原料,則原料之產地;如係製造所,則製造廠之所在）材料質地等級,製造方法等,以資比較.

（三）試驗之舉行:　試驗材料,須藉機械及各種器具之設備,在本會未會自行設置試驗所之時,祇有就地備用,上海南洋大學,直隸唐山大學,及南京河海大學等試驗儀器,先行舉辦,並就近聘請各該校教授或助教,幫同辦理,所有借用之件,由本委員會委員負責保管,所有費用,由本會負担,將來試驗成績,應由本會與各該校聯名發表,以照愼重,

（四）試驗方法:　擬以美國試驗材料公會所訂定之試驗方法為根據,其未為該公會所訂定者,臨時再徵集同人意見,斟酌定之.

（五）宣佈方法　擬製定一種標準記錄式樣,以資統一,所有文字,以國文為本位,其特別名稱,得以外國文說明之,試驗結果廠家旣有願宣布者,有不願宣布者,應於宣布之前,先得該廠家之同意其不願宣布者,所有結果,亦留存

本會,用作參玫.

茲為便利起見,巳先興上海南洋大學接洽,即日起徵集材料,從事舉行,以後情形,容續奉告,先將籌備及着手情形報告,即希

查核為荷,順頌

公安.　　　　　　　　　　材料試驗委員會

　　委員長:凌鴻勛,　委員:周仁,薛次莘.　十三年十月廿八日

通　信

恩會我兄:得十一月二十一號手書,藉悉種切.弟回國後雖頗抱不滿,但早料及之,故處之怡然.今春在康橋時,和許應期兄丁嗣賢兄等,常談中國之工程問題,留學生回國後飯碗問題,今皆不幸言中,試為兄一述之.中國政局混亂已至不可收拾地步,北京政府中幾無有二人能合作者,試問在此種狀況中,尚復有何工程之可言?而國內內爭之重大原因,又為列強所播弄.有了這些軍閥和"太上軍閥,"中國人自己便沒有甚麼大企業可做,我們學工程的人除了餓死外真無別法.(上述留學生是專指學工程者言)

至于留學生的飯碗問題呢,大抵不外下列幾種辦法:第一是靠了勢力去幫助軍閥們造惡,這輩不在少數.第二是自己有了資本,去開辦工廠,這輩人最可敬,只是沒有多少.第三是做敎書匠,人數極多.他們幹敎育事業,原最神聖,但什九借此過渡耳!第四便是和我差不多的人,在洋行內服務,國家化了許多金錢造就一個所謂"人才"者,而結果又為洋人所用;這是一回何等事!(參看致保豐兄書.)

你深信在此種混亂狀況之下,定有一條血路可開,來化凶為吉.我深佩你的勇氣,但我覺得除了我們做到"內除國賊,外抗強權"八個字,甚麼問題都談不起來."知利害而不知是非,先自身而後國家"中國十年內之大局,恐有不堪問者矣.

　　承詢中國市場上之內燃引擎,茲就弟所知者,列表附上.中國近年來小引擎頗有銷路,什九用以碾米,戽水,磨麥,軋花,及直接發電機者,其大小約自一匹馬力至五十匹馬力（馬力二字譯得不通,故弟擬從"馬工率"）至五十以上,則寥寥可數,一百以上,恐難有人問津矣.火油引擎價約每馬力提銀六十兩,小者較貴.柴油引擎則價格自每馬力規銀七八十兩至百餘兩者皆有.上海市場所有之柴油引擎,什九皆半提士式（Semi-Diesel type,）如范摩司引擎（Fairbank & Morse Engine）則完全應用亞德循環（Otto cycle）更不能謂之提士引擎矣.中國人買東西總以價格爲先決問題,非便宜貨便無人顧問,故各洋行在強烈的競爭之中,不得不賣第二等第三等貨物,以維持營業,因此上海市場,遂難有上等提士引擎可買.加之買客中間,還常有人要扣頭,要車馬費,我實覺得可羞可恥.

　　就各國營業而觀,則英國爲最,如慎昌之 Fielding & Platt, 茂臣之 Blackstone 均皆英產.其次或爲德國,如天利洋行,漢鎔洋行,經售者皆是.至美國貨,除范摩司引擎,絕少所聞.慎昌之 Worthington Solid Injection Diesel Engine 在試驗時期,但價格太高,恐未必能和別種爭勝耳.

　　至於中國的機器廠,近年來仿造了很多,銷路也尚興旺,例如常州厚生廠,每年便可銷出不少,其用途之最大者則爲戽水.各家所造之機器雖不同,其爲模仿則一.關油器 Governor 十九皆用間進法（Hit and Miss）餘則略如 Fairbank & Morse 引擎,至四循環者則係照一法國引擎而造,弟己不能擧其名矣.中國廠家因資本缺乏,人才缺乏,致各部皆不能有硬模而大批製造,不講改良而另所發明,且主其事者又皆爲機匠出身,一旦有錢,便浪費不知所止,遂令無大發展之希望,亦足惜矣.然較諸我輩留學生,只想升官發財者,我輩亦足自豪矣.

柴油價格,上海出貨,每噸大約四十餘元.美孚公司及亞細亞兩公司,獨占此利,書至此,令我又想中國之石油問題矣.

美國分會,今年得兄爲會長,深慶得人.弟被任爲季刊總編輯,日來正集第二期稿,略覺忙碌,二月初季刊當可出版,屆時再奉寄求正.(下略)

學弟王崇植上.　　十三年十二月二十二日,上海.

Local Firm 本地行名	Engine Manufacturing Co. 製造引擎之公司	Type 式樣
Andersen Meyer & Co. 慎昌	Worthington	Kerosene Horizontal
	Intern. Hav. Co. Buffalo Knox	,,　　　　　,, ,,　　Marine ,,　　　　　,,
	Worthington	Vertical Diesel, Solid Injection, Marine & Stationary, Horizontal Diesel
	Fielding & Platt	Vertical Diesel Air Injection Marine. Horizontal Cold Starting Stationary
British Electrical & Engineering Co. 久勝	National	Horizontal and Vertical Petrol, Paraffin, Cold Starting Crude Oil,
	Mirrless, Bickerton & Day	Vertical Full Diesel, Stationary & Marine. "Mirrless-Simplex" 2—stroke Hot Bulb, Cross head.
Scott Harding & Co. 祥泰	R. A. Lister	Vertical, Petrffin.
	W. H. Allen & Son	Vertical Hotbulb Semi-Diesel
American Trading Co. 茂生	———	———
Arnhold & Co. 安利	Ruston & Hornsby	Horizontal, Vertical, Cold Starting Petrol, Portable
Stromwall Trading & Co 瑞豐	Tilling Stevens, Junk Monktail	Vertical Semi-Diesel
Ekmen Foreign Agencies 維昌	Gama	,,　　　　　,,
G. S. Jensen 盆生	Borlinder	,,　　　　　,,

Han Yung & Co 漢運	Deutz	Vertical Diesel & Horizontal
Shantung Oversea Trading Co. 魯昌	Benz	Vertical Diesel
Telge & Schroeter 泰來	———	
Rose, Downs & Thomsons 茂臣	Blackstone	Horizontal, Cold Starting
	Robey & Co. Plenty & Sons,	Vertical Semi-Diesel Marine, Oil.
Inniss & Riddle 萬泰	Kelven	Marine, Oil.
Jardine Engineering Corperation 怡和	Vicker Petter	Vertical Semi-Diesel , 2strok
H. Oliveira 瑞昌	Advance	Vertical Semi-Diesel
Fearon Daniel 協隆	Delco Homelight Set	Vertical, Paraffin.
Nielson & Winter 文德	Volund	,, Crude Oil
Siemssen & Co. 禪臣	———	———
Harbeck & Martin 漢堡		———
Shanghai Machine Co. 天利	Deutsche Werke	V. Semi-Diesel
Moysey, H. J. 懋利	A. B. Verkstads.	Stationary & Marine
Mee-Yeh Handlês Co. 咪吔	A. G. Deutsche Werke	V. Semi-Diesel
G. E. of China 通用	———	———
Fobes Co. 恒豐	Otto Engine Works	
Sintoon Oversea Trading Co, 新通	Crossley Bros	V. and H. Cold Starting Horizontal
	Premier	,,

Siemens China　　　　　Siemens-Schuckert werke

西門子

（註一此表由張延祥君增訂——編者）

保豐我兄:

連接兩信,藉悉一切.弟對現時工作,雖云不滿,但尚無兄理想中之甚.應期兄來書訓以 " Accept and do faithfully whatever job offered to you if that be the only one but you must keep alive your ambition all the time" 誠然誠然,知己之言,敢不拜領.但弟始終以"Think what I can give, not what I can get"為信條,兄與應兄當能信之.

當余在美時,奇異公司有紹介來申之意,曾徵求諸兄意見,什九都以一試為上策,惟兄獨否.目下弟已任職三月,略有所知,用特公開之,以告我工程界之有同感者:

我人之服務洋行者,厥有二大理由,一曰經驗,一曰金錢中國機器製造事業,完全入于外人之手,（間有一二列外者,如益中機器公司,如華生電器廠,但目下規模甚小,尚不及"奇異""西屋"二公司之千一.）故機器之裝置,修理,及其他種種經驗,幾舍洋行無由得.國內各大學之優秀學生及留學生中之有志者,頗願犧牲一時,以"經驗"為唯一之交換.至於金錢,中國人類皆恥言之,但一考其實,則中國人又幾為全世界之最貪財者（此事根據於政治者多,幸勿誤為民族之劣根性）我意談金錢本無可恥,人未有能凍餒而服務者.我之列"金錢"二字為二大原因之一者以此.中國年來政治日惡,作爭益甚,北京各校之鬧欠薪者已數載,近則廣東鬧欠薪,武昌長沙鬧欠薪,江蘇各校支半薪等等,均令智識階級氣短,為麵包問題所驅使,不得不各自逃生,而為外人盡力,如服務於洋行及教會學校者皆是.以洋行論,其薪水恆較高,而又能按期支取,凡志行稍薄之人,能不趨之若鶩?我人徒以消極方面下批評,而責人以不能忍饑耐寒,恐亦非人情之常者.

是故我人對服務洋行者應具下列態度:凡以經驗爲前提者,我人希其能以最短時期內得之,而即脫離,以免楚材晉用.凡以金錢爲目的者,一方面我們希望政治上軌,早了此恐怖時代,一方面我人希望大家不爲過奢之消費,而尤望留學生輩能於此點注意.因無麵包而爲洋人服務,尚可諒;因無洋房汽車而爲洋人服務者,甯可恕乎?雖然,海上多奇人,月入四五百元,家產盈萬,而尚在洋行或敎會學校中爲外國之順民者,我無以名之,名之曰"洋奴"

今且進而觀洋行之內部,其所以僱用中國人之理由何在?其簡單之答一曰維持營業,二曰工資低賤.各洋行中之營業,有賴于中國人者甚大,非然者,言語不通,天性不同,貨物之不能推銷也可不卜而決.加之中國人最重感情,認人不認貨,故由親戚朋友等關係而成交易者,比比皆是.至工資方面,中國之大學畢業生月入不過七八十元,而洋人之薪水,幾無一在二百兩以下.假設上述二因,同時消滅,我知各洋行中之中國人,無一不飯碗打碎矣.

更有一言爲兄告者,則洋行中之經驗,到底能得若干?此非特爲兄所欲知,且亦爲我同志中之人人願聞者.弟服務不久,不敢狂言,但且妄言之,其相差或亦無幾耳.洋行之職務,什九皆機械的(Routine Work,)惟如裝置機器,修理機器,計算機件等,皆可得有良好經驗,確有相當代價.所惜者,其工作範圍太狹,機會太少,如"奇異""西屋"兩公司實習生,一年中之所得者,恐雖十年廿年,亦無其多也.

但是中國人只有一年一年的向洋行裏跑進去,卻很少出來的!一般爲經驗的,也變了爲金錢的;爲金錢的更捨不得這一塊好肉(那個知道肉裏是有砒霜的.)惰性旣深,便終身爲他作嫁,來發展他們的企業,使自已國內幼稚的機器製造事業,末由存在.我確不敢罵他們"爲虎作倀,"但是他們可曾想想"採得百花成蜜後,爲誰辛苦爲誰甜?"嗚呼,中國之工業敎育,中國之留學政策,化了無數金錢,原是爲外國製造人才的!(下略)

　　　　弟王崇植上　　　　　十三年十二月二十日

考察膠濟鐵路狀況工程委員之報告

顧烈斐士

下係滬甯滬杭甬兩路總工程司助理員顧烈斐士奉交通部命,考察膠濟鐵路工程狀況之報告.國內工程報紙,或已有登載.但該報告關於膠濟路工程之狀況,記載頗詳,想為工程界同人所願共覩而國內各種報紙,銷行不廣恐同人中尚多有未見者.茲逢工程學會會刊出版,特登刊之.　　編者識.

民國十三年夏季,顧烈斐士偕膠濟鐵路總工程司各正段及分段工程司,詳細考察該路幹線及支線,包括橋梁,軌道,車站,房屋,路員住所,工廠機車房,水量供給,以及青島擋浪隄等.茲謹將管見所及,歷陳於下.

膠濟鐵路最須注意者,為橋梁一項.該路現有橋梁之鋼料,均嫌過弱,不足應現在運輸量及車軸載重之需要.宜在最短期內,改建載重與古柏氏(COOPER) E50號相等之橋,方可合用.現聞該路建築新橋,擬採用古柏氏E35 號載重之計劃.如果屬實,顧烈斐士竊以為不可.數年前交通部舉行工程會議時,關於橋梁載重問題,曾經詳細討論,其結果決定:凡各幹線之橋梁,均採用古柏氏E50號之載重.如膠濟路新建之橋,用E35號之載重而計劃之,未免自招不幸,將來必須折毀重建,徒耗金錢.苟現在即採用 E50 號載重建築新橋,則此種後患,即可避免.況自該路現在情形及前途厚望測之,其橋梁載重,決不應輕於古柏氏 E50 號.蓋建設鐵路,對於將來之發展,必須注意而為之備也.

該路所有石拱橋,似尚堅固.惟應將其載重力分析計算,以便將來對於此項拱橋有所修理時,得以參考.

關於橋梁載重問題,滬杭甬鐵路現在修建新橋情形,可一言道及之該路新建鋼橋二座,其跨度之長,一為一百五十英尺,一為二百一十英尺均係白拉第氏桁梁式(Prott Truss) 此外又改建二十英尺長之通過式鋼橋 through

span七座,均用古柏氏 E50號載重而計劃之.蓋因原有二十英尺長之橋,均嫌
單弱,其載重祗等於 E27 號故也.膠濟路在新橋未建以前,現在所行之臨時
補救以免危險之方法,實為在此種情形之下,最完善之辦法.然而決不能以
此自滿.苟欲完全免去危險,非改建新橋不可.現在各橋已鬆或已損壞之帽
釘, (rivet) 正在更換.此項工程,必須繼續進行,直至所有損壞之帽釘,全數新
換為止,他如受壓力 (compression) 之繫杆,(lacing bar) 或蓋板,(cover plate) 以
及與縱樑(vertical post) 或上肢 (top cord) 相接處受拉力 (tension) 之鋼板及角
鋼(angle),亦須儘量修補.

　長跨度之橋下,可建木料机架(trestle) 者,均已建證,係防險之良法.惟雨季
大水暴發之時,此種机架,須派人看守.如被水冲去,應即報告.在工程處查察
及重建之時,應停止運輸.

　各大橋及較弱之小橋相近處,現設使車慢行或停車之信號.客貨各車,經
過此信號,均須慢行,或於過橋之前,完全停止.各車於經過橋前之車站時,站
長簽發停車證交司機人收執,此證交與看橋人後,方許列車以極緩速度過
橋.新橋未改建以前,為避免危險計,此實良策.然以時時停車及減少速率之
故,列車行程,費時增多,因而運輸上不能得最高之效率.此種延遲,以一年總
計之,為數匪細.耗費時間,毫無利益,實不經濟,其必須及早改建 E50 號載重
之新橋也明矣.

進而論之,此種單弱之橋梁,亦為該路營業收入不能增加之一因,且時有危
險發生之可虞.危險之結果,或成巨災,不惟危害旅客生命,損壞各種車輛已
也.此時鐵路所受損失之大,不待言矣.

該路現在各橋之計劃,實不能令人滿意,而以通過式橋為尤甚.此種橋梁,均
係華倫式 (Warren) 其上下肢(cord) 平行,大都以匚字鋼造成其必須用繫
杆及蓋板之處,均以窄板代之.帽釘亦有過微弱者,尤以在斜行拉力肢杆
(diagonal tension member) 及托軌樑(rail-beaver) 上者為尤甚.惟幸如上述,此種

弱點,業經該路工程司設法補救矣.

　　關於該路現在各橋原有之載重量,下舉二例,係得諸該路工程處之記錄.可引證之.

　　46公尺通過式橋(Through span)

　　帽釘原載重　　　　自E6.8至E25

　　肢杆(member)原載重　　　(估計)自E20至E40

　　修理以後載重如下:—

　　帽釘　　　最小E20　最大E25

其他過弱不能載重之肢杆,亦已增至E16.6,E18,E23,及E25等.

　　41.20公尺甲板式橋(Deck span)

　　帽釘原載重　　　　自E8至E13

　　肢杆原載重　　　　自E19至32

上橋修理之結果未經說明.

　　由上例觀之,現在橋梁,雖經修理增固之後,其載重仍不能遵平常安全之程度,且相去遠甚.因之運輸量受其限制,不能發達無已時也.據前德國橋梁工程師斯洛脫那倫(Slotnarin)所述,該路橋梁,除石拱橋外,自一至四十六公尺之跨度各橋,於一千九百年計畫時,均照該時德國政府之規定,採用車軸載重十三公噸.然照中華國有鐵路之規範書,此項之橋,祇能勝車軸載重九噸至十噸,甚至有數橋且不及此數.而該路現用最重四連一頭軸式(Consolidation type)機車,其車軸載重,多至十六.三公噸,幾二倍於現有橋梁原計畫之載重.其建築鋼料之異常受損,可想而知,雖經修理,隨時有坍倒之虞.苟不速行改建,該路之險甚矣.

歐戰之前,德國工程師,因該路漸用較重機車,已慮及橋梁力量之不足,本擬設法增固.不幸戰事發生,未能進行.日本管理時,更用較重之機車.惟祇將少數之橋,略事修理.又不注意加以應有之防護.其結果至一九二三年,中國接管時,詳細考查,發現無數裂縫,大半帽釘,均鬆動或扭損,多數受壓力之肢杆,多少灣曲,甚至有曲至距中線一英寸半之多者,多數石灰石及沙石之橫樑座,均裂開或壓碎.全路橋樑危險之狀況,於此畢露.現雖設法補救,只暫顧目前而已,非永久之計也.

　　該路橋樑之單弱及不適用,已如上述,不必多贅.惟鑑定橋梁之力量,應以其最弱點為標準.膠濟路橋之弱點,則帽釘是也.

　　以上所述,均為該路必須即行採用古柏氏 E50 號載重而改建橋梁之理由.至新橋宜採用之式,顧烈斐士對於該路工程處之計畫,甚表贊同.該路現已採用 E50 號載重之鐵筋混凝土樑,改建一公尺或二或三公尺長之橋,惟混凝土不能賴以載重,計畫時應令所有迫力(Stress,)均由鐵筋承受.建築時尤須有周密之監督,熟練之指導,以得適用可靠之工作.四公尺及五公尺之橋,則擬用工字鋼樑,以繫條連集之.自六至三十公尺之橋,橋下淨高不甚重要者,可用甲板式板樑.淨高必須注意,而板樑不適用者,則用通過式.三十公尺以上至四十六公尺,顧烈斐士以為用通過式白拉第氏桁樑橋, (Through Prott Truss)有曲線形上肢(Curved Top Cord)者,為最宜.至各橋載重,均應為 E50號,自無疑義.

　　在該路二五七公里處之長橋,係由四十公尺長之橋九座,及三十五公尺長之甲板式橋二座而成.甲板式橋,係採用華倫式軌下桁樑所構成.其橋礅(Pier)與橋之中線成斜角,而跟座 (abutment) 及樑,則成正角.此橋之樑,宜改用白拉第式或仍用現式,應詳細研究,以期合用.惟無論用何式之樑,新樑之座石,皆應用鐵筋混凝土,在每橋礅上全部一氣築成.即相鄰二樑之座石高度,不在同一之平面上,其建築亦須如此.

　　橋樑之外,次宜注意者,為舖路工程.

　　現時路線除三〇.九九公里至四.六.八三公里間一段,及德山鐵鑛六公里半之支線,均用七十五磅重軌條及木軌枕外,全線具用六十磅重軌條,敷在鋼軌枕上,上述三〇.九九公里至四六.八三公里間一段,屬用六十磅重軌條敷在鋼軌枕上.至一九一九年日人管理時,據稱因此項軌條折斷毒甚多,且該段屢遭大水之泛濫,路線安全,殊難保持,故採用截面較重之七十五磅重軌條而更代之.查該路記錄中,載有一九二三年一年間全路軌條之損裂達六十三次之多.此項損裂率之高,初無足奇,因該路軌枕之距離,尋常為三十四英寸,其在兩軌相接處,為二十二英寸故也.且鋼軌枕之座面,僅寬五英寸,用以支座六十磅重之軌條,在此距離遠大之軌枕上,可見其絕不適宜矣.顧欲改近其距離,重敷軌枕,費時既多,事亦非易.且當重敷之際,又須阻礙車務,殊非善策.惟於屢易破裂之兩軌相接處,可將現在之鋼軌枕,換以長八英尺闊九英寸高六英寸之木軌枕,則軌接之處,得較安妥,似屬利便可行也.

綜而言之,六十磅重軌條,對於現時車務之狀況,實嫌太輕,宜換用八十五磅重軌條,幷下敷每英里二千二百八十八根或每公里一千四百二十二根之木軌枕.

甲拉 Jarrah 硬木軌枕,長八英尺闊九英寸高五英寸,尤較合用,緣此項硬木,較易於損爛之日本橡樹,為經濟耐久故也.

至前述之三〇.九九公里至四六.八三公里間一段,俱敷七十五磅重軌條及木軌枕,自下敷年,可仍其舊,將來與八十五磅重軌條相接時,可用特製之魚尾板而相連之.

碴石分山河中取得之礫石及在石礦手打之碎石兩種.現時該路上各處所用之碎石碴石,俱嫌過大.其徑度之大,多數係自三英寸至五或六英寸.此項大碴石,在軌枕之下,不能舖實,於軌道無甚利益.凡各段之舖此大碴石之軌道,於行車不甚穩妥,其結果則軌條彎曲,高低不勻,致有出軌之虞.此項大碴石,宜搬置路基坡旁,在路基平面上,碎成二英寸徑度之大,然後再移至軌道上而舖墊之.礫石碴石之大者,宜換用二英寸徑度之小石.凡軌道之用大碴石者,欲保行車之穩妥,殊非易事.且甚費工.若用二英寸徑度之碴石,則養路之工費,可以輕減,軌上行車,易獲平穩,且因舖用大礎石致軌道不平,因而軌條損裂,幷有出軌之險等情,俱可減少.

凡離橋兩端各五十公尺之處,宜舖一英寸徑度內之小礎石一段,此節當於此一青道及之.凡列車由軌道至橋上,即由彈性建築,駛至剛實建築,斯時驟起衝擊,橋受震動,車輛彈簧,亦遭異常之壓迫.此種情形,雖未克悉行免除,但倘於橋端近處,用小礎石妥墊於軌枕下,則震動自可大減.現在各橋頗為單弱,尤宜詳加注意,務使鋼橋免於重大之震動.上述舖墊小礎石事,亟待實行,即日後改建新橋後,亦須繼續施行也.

該路全線礎床,兩邊整齊,頗覺可觀.

號誌　該路臂形號誌,非內外進站式,Inner, Outer, Home乃係進站及遠距號誌式,Home And Distance置於來方機車司機者之右側.全路各站,均設進站號誌,惟青島淄川明水三站,則進站遠距號誌兩種俱備.四方及坊子二站,雖亦俱備,惟單在向青島一方,設有此耳.淄川明水坊子三站,用電訊報告,Electric Repeater以代遠距號誌,幷用檢探器Detector與幹線諸軌尖互相聯鎖.若各站均置進站及遠距號誌幷出發號誌,互相聯鎖,則益當利便.至現時列車,均在各站暫停.

至於號誌線一節,其各站號誌柱之滑輪,大都失靈,乃用細線環以穿號誌線,此項線環,易於彎曲,有時誤纏號誌線,使其運用失度而遭危險之虞.此項線環,悉宜撤除,重易滑輪,方為安妥.

號誌宜改良之處頗多,俾全線得以劃一.其號誌之位置,亦宜設於來方機車司機者之左傍,以期與國有鐵路各線之慣列相合.

道夫房　昔時德人於沿路線約每隔三公里許,築一道夫房,以寓道夫.迨日人管理時,此項房屋,廢而不用,(在一九一四年)道夫移住車站內,以迄今日.此種辦法,殊不適宜.因此而道夫對於近站之軌道,特加注意,常獲保修.而於距站較遠之處,疏忽從事,此可於沿路考察時而明見之,現有道夫房,均無入居,且已嚴霜,殊失觀瞻.門戶窗扉,業已失靈.瓦屋頂亦將傾壞.此項舊體夫房,應卽拆除.宜於每約七公里處,建一設備周到之新屋以代之.建築時,可揀舊屋磚瓦之堅完者而利用之.

　　車站房屋及路員住所　　　　此項房屋,頗形整齊,僅需尋常之歲修而已.惟各站站台,俱未建設圍欄,爲普通防護及阻止閒人擅入起見,似宜增設.車站房屋之有簷沿及水管者,爲數甚少,各站似宜增設.

　　各站無旅客或行李之遮柵,聞因現時尚無此項設備之必要.但日後運輸增繁,必將需此,似宜早爲籌備,以便於預算書中,列有此項遮棚建築費.

　　車站之清潔及衞生狀況,以嚴格而言,原非此次考察之範圍內事.第念雇員健康,與工程處亦有關係,請得一言以及之.便器溺具,務令常合衞生之狀,消毒藥水,尤須足備,俾得時常灑用.

　　車站車塲　車塲打掃頗勤,甚形清潔.惟塲內避車軌道有過短者.須待延長.此項軌道,至少在兩衝突點 Fouling Point 間.須有五百五十公尺(一千八百英尺)以上之長.現時各叉道軌尖,俱甚清潔,黑鉛亦充分敷用,足見護持慎密.

　　濟南終站　旅客往來膠濟路及津浦路兩站間,每有迂道不便之感.良以現在通行道路,約有一千二百公尺(三千九百三十七英尺)之長,較兩站間直接距離二百五十公尺(八百二十英尺),幾長五倍焉.此種不便,應設法補濟之,兩站間可築直達之通道,越軌道處,可架跨橋而橫過之.如因難於購地,不能築此通道,則兩站間可築一隧道以連通之.且欲發展直達運輸,入津浦站處,尤須設法改良,俾鐵路得增一巨大進款之利源.惟車塲須審慎佈置,兩路聯接處亦當隨時改良.至車塲佈置,究須若何,未能於此報告中詳細陳述,當待他日直達運輸決行以後,隨其所需而計劃之.

　　秤橋,機車房應用品之添置,水料供給,新交叉站,轉車盤,工廠之擴充等,各有管轄專處而籌盡之.惟於此有一言陳述者,卽使用四十噸貨車時,新秤橋之容量較大者,必須設置.且為改良水料供給起見,沿綫諸站,本有添裝水櫃及軟水裝置之需要焉.

關於水料供給,尚有堪注意之點,并述及之.即客車之進水站取水者,每多遲延綫機車之停止地距水鶴太遠,機車取水時,必需往返二次互鉤coupling亦須卸裝二次,曠廢時間,累積計之,當非少數.且又空費煤量,此種耗費,於鐵路固毫無裨益也.欲補救此弊,宜於站台近端適當距離處,添置水鶴,俾機車取水時,得停靠其旁,毋容拆卸互鉤.又使上下旅客,不致因此而感不便.至若貨物列車,長者居多,現有各水鶴,可仍舊供給使用.蓋貨物列車,不必停靠站台,其機車可弗卸互鉤,將列車直拖至水鶴旁而取水也.

由此觀之,青島濟南間,除行車必須之時間外,須加此項配卸互鉤之延遲,并上述行經弱橋時之緩行或停滯合而計之,需時實多,無怪該路路務,不能得最高之效率,而營業費,反因之增加,應有進款,亦間接為之減少矣.

添築雙軌　該路現擬將全路或數段添築雙軌此項建議,是否必須進行,應詳加考慮.今試問該路所有機車及車輛,是否均經最高效率之利用?如其未也,原因是否基於單弱之橋樑及過輕之軌條苟最高效率,實為此種不完備之建築所阻礙,則試假定橋樑已經改建,軌條亦已更換,其結果如何?可詳論之於後.

列車次數如下

分段	青島至滄口	滄口至高密	高密至坊子	坊子至張店	張店至濟南
公里數	一七	八二	七一	一一四	一一〇
客車	六	六	六	六	六
客貨車	六	二	〇	二	二
貨車	一〇至一八	一〇至一八	一〇至一八	一〇至一四	五至七
總計	二二至三〇	一八至二六	一六至二四	一六至二二	一三至一五

由上表可知每日列車次數,在青島至滄口段為最多,滄口高密段次之,

今更舉滬寧鐵路之列車情形,以作比較.其每日客車經過各段之次數如下.

分　段	上海南翔	南翔常州	常州南京	客車總次數
公　里	一七	一五〇	一四三	
客　車	二四	一六	一二	五二

貨車每日次數,視運輸狀況而異,每日自四次至十二次不等.此項貨車之多數,均自上海直抵南京.間有專車自常州或無錫或蘇州開至上海茲假定每日平均貨車八次,其車務狀況,可以下表顯明之.

	上海蘇州南翔	常州	南京	
每日列車次數	三二	二四	二〇	共七六
現在每日最多次數	四〇	三二	二八	共一〇〇

滬寧鐵路車務之繁如此,尚以添築雙軌,需費頗鉅,爲不值得,祇擬增設列車交錯站或他種設備,以便運輸.非至必不得已,不築雙軌也.

由兩路每日列車次數比較之結果,吾人於此,必相問曰,膠濟路車務之現狀,是否已達最高之效率?若猶未也,則橋樑及軌條更換以後,此項效率,可得否乎?該路於數年以後,較長較重之列車或可駛行,機車及車輛,或須增加,以應運輸之所需.但無論如何,凡一鐵路,應先將機車及客貨車輛利用至最高效率,若仍不敷運輸之需要,方可不計鉅費添雙軌.膠濟路則數年之內,決不需此.

節省建築之鉅款,惟稍增營業用費,以求最高效率,證諸前列,實係完善良法.且車務若果改良,則添雙軌之需要,自可暫緩.至路線分段之長短,於路上之事務,亦大有關係.改築雙軌之前,宜將此項問題,先應注意.顧烈斐士鑒於上述各種理由,對於膠濟路全線或數段改築雙軌之議,實不敢妄加贊同.

關於預算一項,竊以爲應由該路工程處估計之,將來新橋之計劃決定後,視屆時鋼料價值,工人狀況,本地情形,以及軌條軌枕之價格等若何,自可估定.

(完)

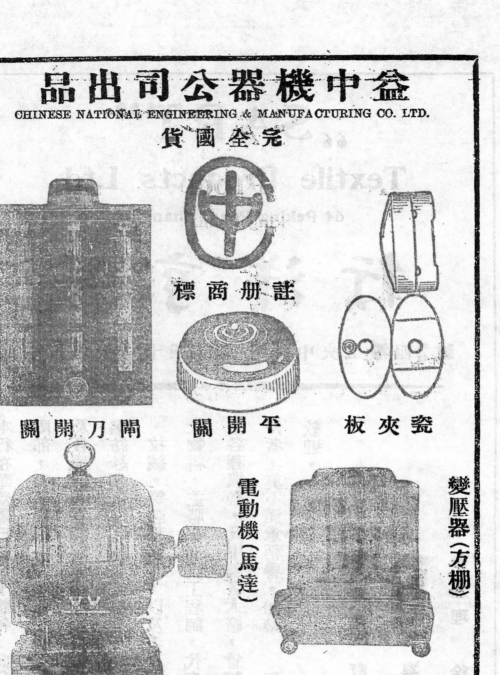

會刊辦事處： 上 海 江 西 路 四 十 三 B 號
出 版 期： 每 年 四 期,定 三•六•九•十 二 月 發 行
定 期： 每 期 大 洋 二 角,外 埠 另 加 郵 費。
分 售 處： 北 京 工 業 大 學 吳 承 洛 君。
天 津 津 浦 鐵 路 局 養 路 股 方 頣 棣 君。
青 島 山 東 路 156 號 大 昌 實 業 公 司 薛 紹 清 君。
美 國 S. T. Chen, c/o Westinghouse Club, 500 Rebecca
Avenue, Wilkinsburg, Pa., U. S. A.
廣告主任： 朱 樹 怡 君。

廣 告 價 目 表

地 位	全 頁	半 頁
底 頁 外 面	八 十 元	四 十 八 元
封 面 裏 面 及 底 頁 裏 面	六 十 元	三 十 六 元
封 面 底 頁 之 對 頁 或 照 片 對 頁	五 十 元	二 十 八 元
尋 常 地 位	四 十 元	二 十 四 元

RATES OF ADVERTISEMENTS

POSITION	FULL PAGE	HALF PAGE
Outside of back over	$ 80.00	$ 48.00
Inside of front or back cover	60.00	36.00
Opposite to inside cover, or-pictures	50.00	28.00
Ordinary page	40.00	24.00

1154

中國工程學會會刊

工程

THE JOURNAL OF
THE CHINESE ENGINEERING SOCIETY.

第一卷 第二號 ❋ 民國十四年六月

Vol 1, No.2   June. 1925

中國工程學會發行
辦事處上海江西路四十三B號

◁中華郵政特准掛號認爲新聞紙類▷

本會第八次年會

日　　期：　九月四日至七日

地　　點：　杭州省教育會

委員通信處：　杭州報國寺公立工業專門學校錢昌祚君

1155

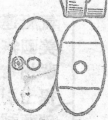 

裕昌營造廠啓事

本營造廠承造各種中西房屋，工廠，貨棧，水塔，橋樑，及一切水泥鋼骨建築，並屋內裝修，生財器具等工程，頗具經驗，如杭州浙江實業銀行，爲本地最大建築工程之一，亦由本營造廠承造取價從廉，工作認真，倘蒙賜顧，無任歡迎，如有詢問或估計價值等，請函至本營造廠，立即奉覆，

總廠設　杭州新市場泗水芳橋西塊

大興建築事務所

上海浙江路寧波路口六十五號
電話中央四一五五

本事務所集國內外大學畢業，并富有經驗之工程專家組織而成，以專門之技術，供社會之應求，用特將各種工程事業，分項開列於下，倘蒙　賜顧，無不竭誠辦理。

一、各種中西房屋工廠貨棧碼頭等建築工程之計劃，繪圖，估價，及規定說明書。

二、道路鐵路橋梁河工海港自來水等土木工程之計劃，繪圖，估價及定說明書。

三、上述各項工程之監工。

四、上述各項工程之調查或評價。

五、田地，道路鐵路河流，山林之測量。

中國水泥股份有限公司

國泰山水

質地堅
色澤美
扯力大
價值廉

貨
泰山牌
泥

附產
火磚紅　紅瓦
紅磚石　灰

商標

中國水泥股份有限公司
泰山水泥牌
THE CHINA PORTLAND CEMENT CO. LTD.

發行所
上海
江西
路第
六十
二號

製造廠
江蘇
句容
縣屬
龍潭
地方

工程第二號目錄
(民國十四年六月發行)

中國工程學會總會章程摘要

第二章　　　宗旨(一)聯絡我國工程各界人士提倡與趣交換學識(二)促進各項工程問題之研究(三)鼓吹工程要點以發展國內工業

第三章　　　會員(一)會員　凡工科大學及高等工業專門學校畢業生或從事工業有五年以上之經驗者均合本會會員資格入會法須填明履歷證審交與就地分會書記若無分會可交總會書記常會舉定後由書記通告該會員到會(二)仲會員凡工科大學及高等工業專門學校三年級以上之學生及從事工業有二年以上之經驗者均合本會仲會員資格入會法同前(三)名譽會員　凡捐助巨款或施特殊利益於本會者經分會或總會介紹並得董事部多數通過可被舉為本會名譽會員舉定後由董事部書記正式通告該會員入會

第六章　　　財政(一)會員會費每年三元入會費五元(二)仲會員會費每年一元入會費一元

民國十三年至十四年職員錄

● 總　　會 ●

董事部	徐佩璜	吳承洛	徐恩曾	羅英
執行部	(會長)	徐佩璜	(副會長)	淩鴻勛
	(記錄書記)	徐名材	(通信書記)	周琦
	(會計)	張延祥	(庶務)	方子衛

● 分　　會 ●

美國分部	(會長)	徐恩曾	(副會長)	曾昭掄
	(書記)	陳三才	(會計)	倪尙達
上海分部	(部長)	張貽志	(副部長)	方子衛
	(書記)	劉錫祺	(會計)	裘燮鈞
天津分部	(部長)	羅英	(副部長)	劉頤
	(書記)	方頤樸	(會計)	張自立
	(庶務)	張時行	(代表)	譚葆壽
北京分部	吳承洛	陳體誠　王季緒　時鳳書　張澤熙		
青島分部	楊毅			

● 編　輯　部 ●

總編輯　　王崇植

(甲)土木工程及建築　李屋身　　　(乙)機械工程　孫雲霄　錢昌祚
(丙)電機工程　裘維裕　　　　　　(丁)化學工程　徐名材
(戊)採礦工程及冶金工程　薛桂輪　(己)通俗之工程智識　錢昌祚　馮雄

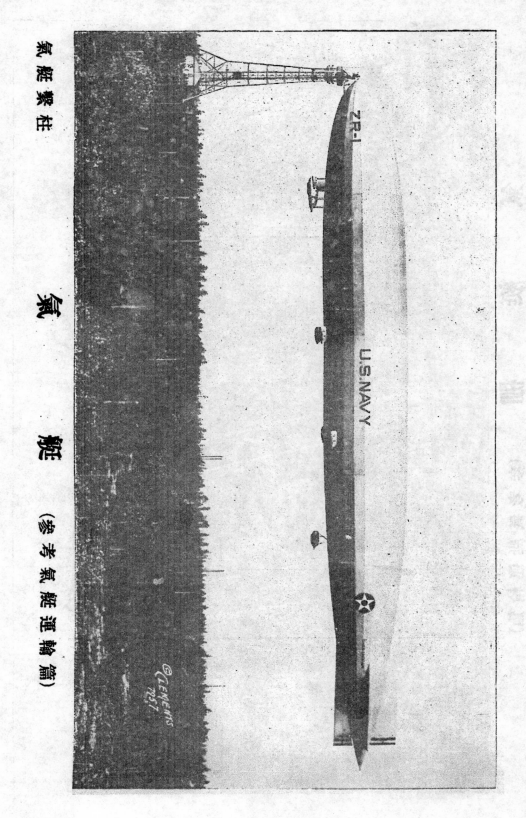

氣艇繋柱

氣　　艇（參考氣艇運輸篇）

氣　艇　棚　(參考氣艇運輸篇)

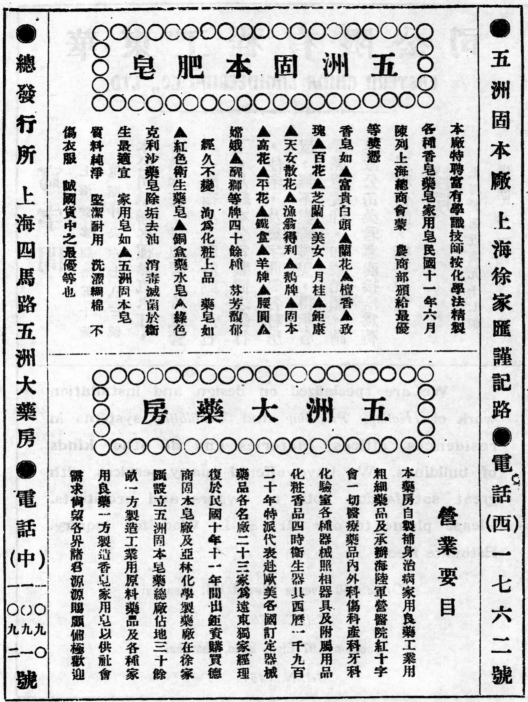

請聲明由中國工程學會『工程』介紹

（V）

1165

1166

南洋大學100,000磅材料試驗機圖

A＝秤桿　　　　E＝上壓砧
B＝秤錘　　　　F＝下壓砧
C＝平衡輪　　　G＝平臺
D＝壓蓋　　　　H＝加力輪

（參看磚頭試驗報告）

本届總會執行部全體攝影

記錄書記　庶　務　副會長　會　長　通信書記　會　計
徐名材　方子衛　逸鴻勛　徐佩璜　周　筠　張延祥

(VII)

1169

氣　艇　運　輸

錢　昌　祚

(一)　氣艇之發明

凡物在流體 Fluid 中所失重量,等於同體積流體之重,此乃亞幾默德氏 Archimedes 之原理.空氣爲流體之一種,氣艇升騰,賴乎空氣浮力,猶魚之泛水也.亞氏原理發明雖早,然輕於空氣之物,古人無從所獲,故未卽能應用於航空.西人遊記中有謂我國於十四世紀時,卽知氣球之用,於國家慶典時升之,此或卽殿燈之類,藉熱空氣而上浮者,若依是說,則氣球之應用,實以我國爲最早矣.

意人倫那(Francesco Lana 1631-1687)曾擬以薄銅片製巨球,用抽氣筒抽成眞空,使上浮空中,其事未見實行.百餘年後有好事者,本其意而試行之,則球爲外界空氣所壓癟而不可用.1757 年法人加林 Galien 議以高處空氣密度甚稀者實氣囊,但氣球未能上升時,何從至高處取氣,故其計不果.自開文迪許 Cavendish 於 1786 年發表氫氣重量以後,歐陸有志航空人士,思想一新.法人蒙高耳阜兄弟 Joseph and Stephen Mongolfier 始於 1783 年製熱氣球上升.同時物理家却而司 Charles 則用氫氣球.自此之後,試者紛起.然氣球隨風飄盪,行無定向,可以供娛樂而不可事運輸,至氣艇之成功,尚百餘年後事焉.

圓形之氣球方向不能自主,自氣囊改至臘腸形而後,始有首尾之分.更於尾端裝置水平舵方向舵,始可操縱俯仰偏倚之向.惟氣囊與其他氣艇各部,在空氣中俱有阻力,與氣艇行度速度之平方成比例,($F=kV^2$)駕駛氣艇之工率則與氣艇速度之立方成比例:

$$P=FV=kV^3$$

昔人有以人力駛動槳板以推行氣艇者,俱以功率太低而歸無效.極法特 Giffard 鐵生地 Tissandier 等先後用蒸氣機或用蓄電池與電動機轉動螺旋槳,以駛氣艇,略有成就,終以原動機功率小,重量巨,爲氣艇載重所限,不能發生巨量推力,致氣艇速度甚低,稍有微風即難航行.自內燃機發明,每一馬力所需機重,較蒸汽機大減.用諸氣艇,速度大增,如法國三多杜芒 Santos-Dumont 與德國徐柏林伯爵 Count Zeppelin 之成功,俱爲二三十年內事也.

（二）　氣艇之分類

氣艇之所異於氣球者,因其有原動力可以自由行駛.如原動機不用時,則其航行,無異氣球.氣艇因構造上之不同,可分軟式半硬式硬式三種.軟式之氣囊,除容納氣體保持形狀外,兼載垂艇所傳之扭力與剪力.(Bending Moment and Shear) 半硬式之氣艇,於氣囊之下,置龍骨 (Keel) 一道,以載垂艇之力.至硬式氣艇之形式,由多數縱橫骨架外糊綢布以支成之.此種骨架兼載垂艇所傳之力.氣囊則處骨架之中,僅用以容納氣體而已.三種氣艇之容量各殊,今之軟式者氣囊容量自六萬立方尺至四十萬立方尺,載重三千六百磅至十二噸.半硬式者容量自二十五萬立方尺至一百二十萬立方尺,載重七噸半至三十六噸.硬式者容量七十萬立方尺至二百餘萬立方尺,載重二十一噸至八十噸.近日英美各國,方擬造容量五百萬立方尺之硬式氣艇,較之三多杜芒氏初造之氣艇容量六千三百五十立方尺者,大小懸殊,日增月累,將來進化,未可限量也.

（三）　氣艇之成績

氣艇之速度與載重,俱以硬式者爲優.自徐柏林始創硬式氣艇以來,成敗迭見. 1910 年徐伯林組織德意志航空公司 (Deutsch Luftschiffahrt Gesellschaft) 以容積七十萬立方尺之氣艇四艘,載客於柏林漢堡與 Friedrichshaven 間,先後 1,588 次,航行 110,000 英里,載客 34,228 人,未有意外.歐戰時徐柏林式氣艇渡北海,轟擊英倫,先後數十次,使通都巨邑,入夜卽掩燈熄火,以避其鋒.其直接加害於英倫者雖微,而間接影響軍心與中立國政府之外交方針者頗鉅.故脫倫 Jutland 之海戰,寶定英德海上霸權是役也,德艦隊頗失利,幸賴氣艇之指導,得退至根據地.氣艇之有裨於商業軍用也如此.然總計德國所造成之硬式氣艇,其破舊作廢者三十三艘,為協約國勒繳或銷燬者十四艘,戰時擊燬者三十三艘,航行時遭暴風下降損壞者十六艘,地上或廠棚內因運用或火焚殘損者二十一艘.失敗之處,亦非少數.

1917 年十一月德艇L-59號,自保加利亞國載軍火糧食至東非洲德殖民地,未至而其地為協約國聯軍所陷.該艇聞訊駛回,合計航行 4,225 哩,在空中九十餘小時,深入敵境,而未受困.歐戰時英人擊落徐柏林艇 L-33 號,墜地時艇中人員自焚其艇,以圖滅跡,然骨架尚完整英人從事仿造,成氣艇二艘.於 1919 年五月以 R-34 號渡大西洋赴美,途中往返,迭遇風暴,而無所損,以 108 小時自英赴美,航行 3600 哩,載燃料八噸,乘客三十人,歸途則僅費七十五小時耳.其後美艇ZR-2 號,於英國定造工竣試行時,舵折艇墜,而毀於火.其購自意大利之半硬式氣艇Roma 號,又因行駛過低而遇險.一時航空界人士,頗有以氣艇為不可用者.1923年夏,美國自造氣艇ZR-1號落成,屢經試驗,航行全國重要都市,凡九千餘哩.曾於 1924 年正月遭每小時速度七十餘哩之颶風,吹斷繫纜,飄行終夜,卒安然駛回.法艇Dixmude 於 1923 年九月,曾航行撒哈拉沙漠凡4,400 哩,在空中 105 小時,為氣艇航空時間最久者.不幸於次年正月試航時,因燃料不足,陡遇風暴,不能駛回原地,致沉於地中海.同年十月美國在德國定購之 ZR-3 號落成,由德赴美,航程 5,006 哩,中途未經停落,為氣艇航行距離之最長者,航行時間為八十一小時餘,最高速度每小時七十六哩,此又最近氣艇成功之明證也.

總之,氣艇之遇險與成功,皆足與航空工程界以重要教訓,吾人經一次失敗,即多一番經驗,當究其失敗之因,以圖改良,而免蹈覆轍.故奎白克 Quebec 瓦橋之斷,未足以使後人棄橋樑而用渡舟,鉄呑尼 Titanic 海船之沉,不足以阻海運之發展,氣艇成績之進步與危險之減除,胥在吾人自為之耳.

(四) 氣艇之特長

氣艇之特長與飛機海舶相較而顯.飛機之最速者每小時可二百八十哩,似較氣艇之每小時七十餘里者高出甚多.但高速飛機僅載駕駛員一人及燃料供一二小時之用.可載客貨之商用飛機最速者不過每小時百二十哩者以全機重量分死載活載二部,以空機重量為死載,客貨燃料重量為活載,則飛機愈大,活載之百分比愈減,因全機重量與翼面面積成比例,而死載則與空機之體積成比例也.氣艇則不然,全艇載量與氣囊體積成比例.包布氣囊等死載與氣囊面積成比例,氣艇愈大全艇死載之增加,不若全艇載量之速,故活載之百分比愈高,速度亦愈增,愈適運輸之用,此其優於飛機者一.飛機升騰全賴空氣動力,如發動機一有損壞,即須墮地下降,時有遇險之虞,氣艇藉空氣浮力而上升,發動機即有損壞,可如氣球之隨風飄盪,不至下墜,儘可在空中安然修理機件.且氣艇大者多有發動機五六架,即有一二損壞,僅用其餘,減少速度,亦可行駛,此其優於飛機者二.飛機載客患在無臥處,不能作長途之飛行,氣艇客艙,可以裝飾華美,如海舶之頭等艙位,使乘客毫無所苦,此其優於飛機者三也.

海舶之巨者載重六萬噸,誠非氣艇可及,但水之密度八百倍於空氣,其阻力亦比較為大.設有同等重量之海舶與氣艇速度相同時,氣艇所須功率不過海舶十分之一.近日氣艇速度較尋常海舶高出三倍,英國 R-34 號氣艇艦長司各脫少校 Major Scott 曾估計載重一百五十噸之氣艇與著名商船阿奎德尼號 Aquitania 相較,而得結果如下:

	商船	氣艇
發動機馬力	60,000	3,600
載客人數	3,200	200
每客須用馬力	18.75	18
速度(每小時)	23 海里	70 海里

　　　　每客每英里所需燃料　　　　1.2磅　　　　　　0.9磅

　　　　每一航員照顧乘客人數　　　3.23　　　　　　5.7

　　又世界最巨商舶利萬生號Leviathan,每客分佔舟身死載26,000磅.如以氣艇運輸每客所需艇重不過1,000磅.僅就載客一事比較,則氣艇實大有勝於海舶者.

（五）　氣艇之構造

　　氣艇之搆造,軟式與硬式完全不同,半硬式則介乎二者之間.其運用方法則大同小異.茲以便於講解起見,將軟式氣艇之重要部份,分別詳言之,以明其功用.再及硬式氣艇構造諸特點,至半硬式則從略焉.

　　　　（甲）軟式氣艇之構造

　　（一）氣囊　氣囊以雙層或三層橡皮布爲之.逐層絲縷,相差四十五度,使各方面之韌力約略相等布闊三十六或四十英寸,以氣囊圓周分爲十二或十六瓣.自首至尾按圖計算各叚之闊狹,以橡皮布剪斷,逐輻並列縫好,成爲一瓣.再將同樣十二或十六瓣縫成一起,凡縱橫線縫合口之處,俱將布線雙摺外加橡皮膏帶,使成密縫,氣囊內層多貼有牛腸內之薄膜,此種薄膜質量甚輕,不易漏氣,用之可減少囊內氫氣之漏散.

　　（二）副囊　副囊有二種裝法,或以小氣囊用繩索懸空繫於大氣囊內部.或於大氣囊下部縫一夾層副囊,內可用氣筒打入空氣,且有氣門可隨意放氣以增減全艇重量.蓋空氣之密度壓力距地面愈遠而愈低,如氣囊在地面滿貯氫氣,則升至數千尺以上,因外界氣壓低弱而膨漲,有炸裂之虞.如在地面,不充滿氫氣時,則氣囊縐癟,阻力甚大,不便行駛,副囊之用在地面時,可充滿空氣以維持氣囊形狀.至氣艇升騰漸高,可將副囊內空氣逐漸放出,使氫氣能安然膨漲,至副囊空氣洩盡而後巳.副囊與氣囊容積之比例,實定氣艇上升之最高點,上升愈高氣壓愈低,氫氣容積放大愈多,故副囊容積須加大也.

　　除此之外,副囊之功用可使氣艇在空中下降時,不必放棄可貴之氫氣.舊式氣球之無副囊者,每次上升,必須擲去弔籃內之沙包水袋,或他種壓載.欲下降時,則開氣管以洩氫氣,故每次航行在空中升降多次之後,氫氣損失甚多.至壓載擲完,更無法再可上升.今用副囊可於下降時用風扇打氣使氣艇加重,可保存氫氣上升時放去副囊空氣,以減輕艇重,保存壓載,以待急需.新式氣艇多有副囊二個,分置全艇重心,前後可分別注入空氣,以操縱氣艇前後之平衡.

　　(三)壓載　新式氣艇之壓載物,多用皮袋鹽水,不用鉛塊沙包等重物,欲免其垂地時傷害地上人物也.水袋分佈全艇首尾各部,可由水管緩緩放水,危急時可使全袋落下,以猝減全艇重量,然可變動首尾平衡.

　　(四)氣門　氣囊與副囊各部俱有入口出口氣管,以帆布為之,質輕力強,如囊內氣壓太高,有破裂之虞時,氣門能自然開放洩氣,如蒸汽鍋之安全汽門然.其開放時之氣壓,俱經工程師計定裝就,其作用必須敏捷.

　　(五)撕瓣　氣囊全部必裝有撕瓣二三處,通有拉線,平時與氣囊黏附一起.於必要時抽動拉線,撕破數方尺之大洞,使氫氣洩去甚速,可便降落.

　　(六)垂艇　垂艇以木質或鋼管骨架外包布面或用度鋁 Durslumin 管片構成,內載發動機駕駛員乘客無線電信機及各種航空儀器.艇之下有氣墊,以高壓空氣充實皮袋,所以減少氣艇落地時之震動.所用汽油燃料,或分置數筒,以皮帶懸氣囊內外,或置垂艇中,須在全艇重心垂直線上,使氣艇歷久航行,燃料減少時,全艇重心,不致移動.

　　(七)垂艇繫索　氣艇之力載,必須傳佈於氣囊,以與浮力相消.但氣囊布面可受韌力,而不可受壓力,受壓則布面必至摺皺,布面所受之力來源有三:一為內部之氣壓,使氣囊全部俱受韌力.二為氣囊行動時四周空氣之氣壓,此種氣壓甚為複雜,使布面各部或受吸伸張而生韌力,或受壓內陷而生壓力.三為垂艇力載,如僅用一索繫垂艇於氣囊重心之下,則氣囊首尾氫氣之浮力向上,中部有垂艇重力向下,使氣囊力載如一橫樑(Beam,)上部受壓,下部受拉.如用二索分繫氣囊首尾,則力載作用恰反.故繫艇要點,在使垂艇所傳壓力,不過氣囊內氣壓所生之韌力.如垂艇所傳重力,逐叚與氣囊浮力相等,則氣囊各部橫斷面,俱無剪力.依橫樑理論,氣囊各部橫斷面,可毫無扭力.欲能如是,必須用無量數之繫索,以分佈垂艇重力.但實際上繫索過多,重量旣增,航空阻力亦加大.且氣囊尾端舵面之動力本無一定,剪力斷難全免.折衷之法,以繫索十餘根,分繫氣囊中部兩旁,使全艇俯仰傾側之時,垂艇與氣囊之地位,不相變動.

　　繫索多以鋼琴內之鋼絲爲之,重量不大而力甚強.外或繞以蔴絲,在空氣中之阻力甚小,其與氣囊連屬之處,則分爲多支,每支有掌形牛皮綴其端.縫諸氣囊以分佈力載.或於囊之外部縫有厚帶,內部架有支索者.總期使力載與浮力分配不相懸殊.以減少氣囊之扭力焉.

　　(八)首部撐架　　氣囊行過空中時首端所受壓力最大,可用公式表之:壓力＝½×空氣密度×(速度)² ($P=\frac{1}{2}CV^2$)自首至尾,壓力變動視氣囊形體而殊,有時反爲吸力.欲使首端不爲壓力壓陷,則氣囊內部氣壓必須甚高,他部或因之有炸裂之患.救濟之法於首端置有硬骨撐架,形如洋繖之骨架,使壓力分佈面積較大,氣囊內氣壓儘可減低,而首端不致壓陷.

　　(九)首尾垂索　　氣囊首尾俱有垂索,將近降落地面時,垂索放下,可便地上人夫之牽曳.

　　(十)舵　　舵在氣囊尾端,在平面者爲水平舵,直面者爲方向舵,各分爲二部.一部份爲固定者,如魚之鰭,所以保持氣艇平衡.蓋氣囊本爲一不穩固之動體,如重心後面無相當翼面時,則氣囊偶爲風吹,離去原行軌道,所生扭力將使氣囊離本道愈遠,永不能歸復原向.另一部份爲活動者,如舟之舵,可以操縱行動.水平舵所以管轄氣艇俯仰角度,用於上升下降.方向舵可轉動氣艇.方向舵上各有操縱索,通至垂艇以備駕駛員之牽制.舵之大者其活動部份之面積分配於鉸鍊兩旁,謂之曰均衡面積.駕駛員用力雖微,可使舵面轉捩自如云.

（十一）油漆　氣囊外面必須塗有油漆,以免雨水滲入.漆和鉛粉,色如銀白,可以反射日光.蓋囊中氫氣隨熱度高下而伸縮,如囊面無銀白色漆,則氣艇一入雲端,無陽光輻射,氫氣必收縮,而艇即下墜.出時氫氣驟受日光而膨漲,艇即上升,不易測取也.

　　　（乙）半硬式氣艇

　　軟式氣艇行動不能過速,因首端壓力太大,囊內氣壓不得不增加.現在軟式氣艇最高速度約每小時六十英哩.其載重亦有限制,因氣囊布面韌力有限,欲速度較高,載量較重,可用半硬式艇.此種氣艇始於法國,現以意大利構造最精,其氣囊較軟式者爲大,有內分數囊者.氣囊下部自首至尾有龍骨一道,用木質或金屬骨架爲之,以受垂艇之扭力剪力.至氣囊則僅供容納氫氣之用,不至受有垂艇傳佈之壓力,其餘構造則與軟式者大同小異.

　　　（丙）硬式氣艇

　　硬式氣艇由德國徐柏林伯爵始創,二十年來進步雖多,然大致結構仍不失徐氏本意也.其重部份,可分別如下:

　　（一）骨架　硬式氣艇有縱架十三至二十五條,各段俱成一內接等角多邊形,并有橫架三四十,分爲二種,一則各角俱有鋼絲聯屬,以受剪力,如美國ZR-1 號氣艇每橫架有對角鋼絲六十一根.一則無對角鋼絲,二者相間排列,每二架相連,置氣囊一個,全艇氣囊有十餘至二十之數,較他種氣艇爲多.骨架爲三角式,橫樑 (Triangular Girder) 用度鋁管片凹條構成.度鋁爲鋁銅鋅錫之合金,質量與鋁略等,而力量不減軟鋼.硬式氣艇骨架之建築,實爲世界工程界最輕且固者.計算方法非常複雜,德人藉二三年之經驗,對於此道,較有心得.

　　徐柏林式硬式氣艇之外,有德國許太倫茲式 Schutte-Lanz 其骨架用木質構成,惟出品較少,不若徐柏林式之重要.今英美法各國之硬式氣艇,皆仿徐柏林而造成者也.

構成骨架之法,先將橫架平置地面裝好,大者直徑可八十尺.再於廠棚內分構撐架高下不等,適合氣艇自首至尾曲線形狀,以縱架數條罩其上,後將橫架構上,再將骨架轉動,逐漸添置.其餘縱架,凡各部連接之處,俱用帽釘釘牢.一艇之成,所需帽釘無慮百萬,工程之鉅,可以想見.

(二)龍骨　骨架之最下部,自首至尾有三角式龍骨一道.上鋪木板,爲全艇交通孔道,且使骨架益形堅固.孔道兩旁分置燃料箭水袋等載.吾人苟身入硬式氣艇內部,所見骨架鋼絲,前後縱橫,與蛛網彷彿似焉.

(三)氣囊　氣囊分置骨架間,除容納氫氣外,不受外力,故質地可較軟式者爲輕.亦有副囊氣門等附件.平時氫氣多不充滿,氣囊下部皺縮,使氣艇升高時,氫氣儘有膨漲餘地,故硬式氣艇上升,高度較軟式及半硬式者爲高.且因氣囊甚多,即有一二破損,仍可無礙航行.

(四)線網　氣囊外骨架四周,俱有線網,所以傳氣囊浮力於骨架,兼免囊上有骨架印痕也.

(五)包布　骨架外面全部圍有包布,外塗銀色油漆,使成一光滑物體,行動時阻力甚低.且因內有骨架支持,故速率雖高,仍可維持其形狀.包布與氣囊之間,爲空氣,不易傳熱,艇身日光輻射之有無,不致使氣囊猝然伸縮.

(六)舵　艇身首尾尖端,俱用度鋁薄片,包裹甚爲堅固.所用舵面,與軟式者無大異,惟骨架堅固,舵可直接連屬釘牢,不若軟式者之另用支架鋼絲緊住,多生阻力也.

(七)垂艇　垂艇分五六座,首尾分列連接龍骨之下,行動時阻力甚低.且力載分配亦較軟式者爲均.最大垂艇在前部裝璜最爲華美,內載艦長乘客無線電及各種航空儀器.其餘各艇分置發動機舵工海員機匠等.客艙離發動機既遠,不至感受發動機之聲響,各艇俱有信號相通,艦長得以操縱指揮.

（八）發動機　氣艇所用發動機,俱爲高壓內燃機,用汽油 (Gasolene) 爲燃料,其構造與飛機之發動機略異,因飛機速度高,載重少,在空中時間短促,燃料重量不若發動重量爲要,其發動機以輕爲主.至省料與否,猶其餘事.氣艇在空中時久,燃料重量較發動機重量爲要,故發動機儘可稍重,而效率必須甚高,以圖燃料之減省.

（九）螺旋槳　螺旋槳之功用,在於化發動機旋轉之扭力爲前進推力,以與氣艇行動時空氣阻力相抵消.槳板以片層木製成,最近有用度鋁鍛成或鋼管壓成者.或直接裝置發動機之軸上,因旋轉太速效率不能甚高;或用減速齒輪,以減槳板旋轉速率而增加效率.然多增齒輪重量.新式之氣艇,所用發動機旋轉方向及螺旋槳推力方向,可以變換,可使全艇前進倒退,於氣艇落地後退入庫棚時,效用甚大.

　　附錄二圖:一爲軟式氣艇,一爲硬式氣艇,觀之可明乎二者構造之異點.卷首插圖二幅:一爲ZR-1號,爲一新式之硬式氣艇;一爲J-1號,爲軟式氣艇.

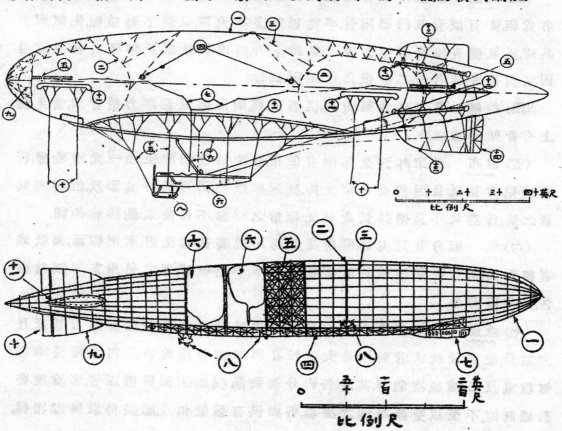

第一圖爲軟式氣艇,(Blimp 式)可分以下各部:

(一)氣囊　　　　　　　　　　(二)副囊

(三)副囊繫索　　　　　　　　(四)氫氣管

(五)撕瓣　　　　　　　　　　(六)垂艇

(七)撕瓣拉索　　　　　　　　(八)氣墊

(九)首端撑架　　　　　　　　(十)首尾垂索

(十一)氣囊加厚皮布　　　　　(十二)水平舵

(十三)方向舵固定部份　　　　(十四)方向舵活動部份

(十五)垂艇繫索　　　　　　　(十六)空氣輸管

第二圖爲硬式氣艇(ZR-3號.)

(一)縱骨架　　　　　　　　　(二)有對角線之橫骨架

(三)無對角線之橫骨架　　　　(四)龍骨與甬道

(五)線網(僅繪全艇之一部份)　(六)氣囊(僅繪全艇之一部份)

(七)有客艙之垂艇　　　　　　(八)載發動機之垂艇

(九)方向舵固定部份　　　　　(十)方向舵活動部份

(十一)水平舵固定與活動部份

(六)　氣艇之貯藏及地上運用方法

氣艇不航行時,須貯藏妥善之處,如舟之泊港,故貯藏方法,亦爲航空工程上之重要問題.軟式氣艇之氣囊,可以洩去氫氣,摺疊置放,不佔地位,硬式則不能.通常貯藏硬式氣艇之法有二:一用庫棚,一用繫桅.

(一)庫棚　當徐柏林氏初次試驗硬式氣艇時,造庫棚於康司登湖 Lake Constance 畔,因湖面空氣反射上升,且湖旁無喬木高屋,頗利航空.庫棚以木板鋼架或鋼筋三合土構之,內部可容一艇或二艇而有餘,故不能有柱障礙.現在庫棚之大者,如美國雷克罕司 Lake Hurst 鎮所建長有八百尺闊二百五十尺高二百尺.建築所費不貲,卷首插圖即爲該庫棚與地上人夫汽車相較其大可以概見.庫棚之內有材料房機器間工程處等,可以修理全艇.氣艇進出廠棚時,最忌橫風,昔英國政府初造硬式氣艇時,運用不得其法,致新艇落成駛出廠棚時,猝遭橫風,艇身擺撞庫棚門上,爲之中斷.徐柏林氏曾於湖面置巨筏上蓋庫棚,筏隨風轉,使氣艇出入,俱逆風而駛,不致受損.後有於地上製可以旋轉之大圓盤,上蓋庫棚,於氣艇進出時,用機器旋轉圓盤,以隨風向者.歐戰時德國用徐柏林氣艇襲擊倫敦,於沿海建築庫棚多所,有用水力升降機,使庫棚於用時升至地面,不用時降至地下,以避敵人攻擊者.工程之鉅,可想而知.德人於地面運用硬式氣艇之法最善,法以有軌電車上繫牽索連結艇身各部,沿軌開駛,穿過庫棚,氣艇即隨之而進出矣.英人有於氣艇進出庫棚時,在門旁出路架風簾以避橫風者.然大風穿過風簾孔隙,著地反射上升,亦甚危險.故每小時速度十五英哩以上之橫風,即不利於氣艇進出庫棚也.凡氣艇將近落地時,艇上航員自氣艇首尾各部擲下牽索,由地上人夫接住,漸漸拉下,再拖入庫棚.硬式氣艇之大者,須用受有訓練之夫役三四百名.即如卷首插圖中之軟式氣艇J.1號進庫時,亦須夫役四五十名.此惟軍用氣艇,可得軍隊效力,至商辦氣艇運輸,斷不能耗費鉅大資本,於各站建設鉅大廠棚,及雇用多數夫役也.

(二)繫桅　繫桅發明於英國,不過三四年內事,美國亦巳仿用,法以鋼架構高塔,高約氣艇長度四分之一,塔頂可自由旋轉,且有彈性,可以任向何方偏倚.自塔底至頂有升降機,備客貨上落,有氫氣空氣汽油自來水各輸管.氣艇停止航行時,於艇端擲下繫纜,塔頂人員接得後,繫於桅端繫軸,用電動機轉動繫軸,漸漸將繫纜收短,至氣艇首端與繫軸合樺而後巳.觀卷首插圖,可知氣艇連接繫桅時之情狀.

繫桅之發明大有裨於商用航空,因其建築費甚省,且須用夫役不過數人.桅頂既可旋轉,則氣艇爲風吹動,自能以首向風,不受橫風之害.即有逆風,因桅身可以隨風擺動,受力不至甚大.且氣艇簡單修理,亦可在桅上舉行,實較庫棚便利多多.故商用氣艇運輸,儘可於航線兩端終點,建造庫棚,以便重要修理,於中途各站用繫梳泊艇,以省費用.去年美國海軍大操,巳能使氣艇安然駛至軍艦上所置繫梳,將來氣艇於海戰功用,當益顯著.

去年正月美國 ZR-1 號氣艇,曾因颶風吹斷繫纜與氣艇首部接處,致首部氣囊破碎,幸能安然駛回.最近本年四月英國 R-33 號,亦經同樣遭遇,此不足爲繫梳過.其弊實在繫梳接處太牢,不易活動,如將繫纜減細,接處放鬆,則雖有颶風以斷繫纜,不致損及氣艇與繫梳矣.

(七)　氣艇之駕駛方法

氣艇最安全之位置,庫棚之外,其惟在空中乎.蓋,氣艇苟燃料豐富,駕駛得人,則雖有疾風暴雨,儘可在空中行駛自如,較之海舶遭浪反屬安全.氣艇之利在乎高速,設以每小時速度七十五哩之氣艇,遇每小時速度七十英哩之颶風,則開足發動機仍可逆風前進.氣艇速度愈高,愈屬安全,因其不爲風力所制也.昔之氣艇當試驗時代因風遇險者,徒以發動機工率不足,速度太低耳.且風暴區域有限,時間甚暫,氣艇苟順風行駛,則頃刻之間可避出風暴區域.長途航行者,可用無線電與地上氣象台通消息,預知前途氣象之變化,可改換航向,以趨避危險.艇上裝有各種艇空儀器,爲艦長者,須明乎天文,地理,氣象,理化,機械諸學,推而及全艇構造,各部功用,及艇行時動靜各力,瞭若指掌,始可勝任.即在歐美各國,此種人才,亦不易得也.

氣艇航行有水平舵方向舵以定航向,有副囊空氣以限制航行高度,可擲去水袋壓載以猝減重量而上升,可放去氫氣減少浮力而下降,此外又可利用空氣動力以保存氫氣與壓載.譬如氣艇在一定高度航行時,氫氣或受熱膨漲,浮力增加時,可操縱水平舵使艇首稍俯,以空氣間下動力與過多浮力相抵消.氫氣遇冷收縮時,將艇首向上,利用空氣向上動力以維持重量.不若氫氣球之在一定高度航行時,遇熱必須洩去氫氣,遇冷必須擲去壓載也.

氣囊浮力有定,歷久航行,因橡皮布漏氣,或稍有減少,相差甚微,然其載重,每因燃料消耗減輕甚多,故氣艇離地時重力與浮力相等者,航行之後重力必小於浮力,欲復歸地面,必須洩去氫氣,使浮力與重力相等.此種方法甚不經濟,最好能設法使重力增加以補燃料之重.氣艇航行時,遇有雨雪,重量可增,但此非吾人所欲,且非可預期而得,欲於航行之後,恢復重力浮力之平衡,而不空費可貴之氫氣者,有下列各法:

(一)拖纜　若在沙漠或平坦之地航行時,可於艇上垂下拖纜,一端着地.至氣艇因燃料減輕上升時,拖纜着地部份愈少,氣艇載重可增.在海面航行時,可垂錨索於海中,其作用與拖纜相同,或可隨時放下皮帶,抽水上艇,以增重量,此法甚屬簡陋.且拖纜皮帶甚重,攜之適足以減少可載客貨燃料之重,故不足取.

(二)凝氣　或有用高壓壓氣器,于航行時收取外界空氣,壓成液體,以增艇重.或壓取囊中氫氣,以減浮力.但高壓氣體必須貯于鋼罏,甚屬笨重,加諸壓氣器重量,用之不便.

(三)凝水　氣艇所用燃料,每汽油一磅,約須空氣十五磅.燃料成分有氫炭各原素,氫氣與空氣中之氧氣混合,成爲水蒸氣,每磅燃料可成水蒸氣一磅半.與炭氧化合物 CO 及 CO_2 同在發動機廢氣中排出,若將此種排出之氣,通過多數金屬管,在空氣中冷至水之沸點以下,則一部份之水蒸氣,可以凝聚收集,以補燃料之減重.此種方法已沿用有效,其弊在凝聚器重量頗大,約合發動機重量三分之一.

(四)用氫氣爲燃料　每磅氫氣燃燒時發生之熱爲 62,000 英國熱單位 (B. t. u.) 每磅汽油之熱爲 19,000 B. t. u. 今之著名內燃機工程師利家多 Ricardo 氏,擬合用氫氣與汽油爲燃料,使氣艇浮力與燃料重量同時減少.如用此法則發動機每一馬力每小時僅需汽油.35磅,較之不用氫氣時用汽油.55磅者,所省甚多.現正在從事試驗,改良內燃機之構造,使氫氣燃燒爆發時,不至損害機件,將來見諸實行,亦意中事也.

關于上述各項相當設備之外,徐柏林式氣艇有用鋼罐貯氫氣以補充氣囊之漏氣者.有用發動機排出之廢氣以暖氣囊而增浮力者,各有利弊,茲不另贅.

(八) 氫氣 (Hydrogen) 與氦氣 (Helium) 之比較

氫氣爲世界最輕之原素,用以實氣囊,浮力最大.氫氣自身,不易燃燒惟與空氣混合,極易炸裂,昔之氣艇因發動機火星燒着氫氣墜地炸燬者顏多.歐戰時徐柏林氣艇爲敵入射出帶有燐火之彈所命中,而燬于火者亦不鮮.軍用氣艇之不宜用氫氣,此論由來有素.氫氣之外,原素中次輕者爲氦氣,不易起化學作用,不能燃燒,用之甚屬安全.從前採取氦氣之法,係將空氣用高壓壓成液體,其中氦氣沸點甚低,不易凝聚.可以分出.空氣中含氦極微,如用此法,成本甚鉅.近年來美國政府在境內油區發現許多天然氣,含氦頗多.意大利亦稍有發見.該國人士,號以爲天賦之寶,亟求利用,頗從事鼓吹用氦氣代氫氣以實氣囊,如美之ZR-1與ZR-3二艇,已見實行.英法各國無此天產,俱側目而視,詆氦氣之短以自慰.一時聚訟紛紜,莫衷一是,今將二種氣體之利害,分別詳言之:

(一) 火災　氣艇之在空中着火者絕鮮.歐戰時英國氣艇之用氫氣者航行2,500,000英哩,祇一新艇試演時被焚.德國之徐柏林艇除遭敵彈著火者外,在空中起火者亦祇一艘.吾人常聞氣艇著火者,乃因他種原因,墜地時燃料著火,燒及氣囊,氫氣因而炸燬耳.今之氣艇防險方法,應有儘有,如氣囊之氣管通至艇身上部外洩,與發動機隔離甚遠.又汽油輸管接口處俱甚縝密,不至化爲氣質,留存甬道,與氫氣混合,易致燃燒.汽油箭俱用繩索皮帶懸空,可用鋼刀割斷,於最短時間,擲諸艇外,不使延燒艇身.龍骨甬道俱有風扇通風,易燒之氣,不能存積.發動機垂艇俱與氣囊隔離甚遠.又近日航空界有議用較重流質燃料以代汽油,使其燃燒增高,不致一有火星,卽兆焚如,由是以觀,氣艇之用氫氣者,火患亦少,用氦氣者更無論矣.

（二）成本　氫氣成本每千立方英尺,價自美金二元至三元.氦氣於歐戰初,每千立方尺價約千七百元,歐戰終時已減至百四十六元,今則約值四十元,較之氫氣高出仍多.除軍事上有特用外,商用氣艇而用氦氣誠非儉省之道也.

（三）漏氣　最密之橡皮布氣囊內襯牛腸膜者,每年漏氣有全囊容量百分之四.硬式氣艇所載燃料約合全艇重量四分之一,軟式者約十之一.如無他種加重方法,則每次氣艇航行之後,必須放棄相當容積之氣以保持浮力動力之平衡.以容積二百萬立方尺之硬式氣艇計,則每次須放氣五十萬立方尺.用氫值美金千元,用氦值二萬元,每次航行損失甚大,前文曾述以氫氣充燃料方法,如用氦氣,此法不行,此又氫優於氦之處也.氫氣如不純潔,雜有空氣,不特浮力減輕,且易着火.故氣囊內之氫氣,須不時提煉,使所含空氣,無過百分之五,每次提煉時氫氣總有損失,不易恢復.氦氣之化合性甚薄弱,提煉時帶出者,可設法恢復,且可變動氣囊溫度,以減少漏氣,此又氦優於氫之處.但氦氣損失之代價,終較氫氣為大.

（四）載重　常人每誤以為氣艇載重與氣囊所含氣體比重成反比例,以為氦氣重量倍於氫氣,故同體積氦氣囊之浮力僅及氫氣囊之半,其實不然.氣艇浮力由於氣囊內氣重與同體積空氣重量之差,如氫氣比重為空氣百分之6.96,氦氣比重為百分之13.7,同體積二氣囊浮力之比較當為93.04與86.3之比.約計之則氦氣囊浮力僅較氫氣囊少百分之七.即使氣囊可用真空,所增浮力亦有限.由是以觀,氦氣載重與氫氣無甚相殊,但氣艇重量之分配骨架氣囊包布等死載佔十分之三,加之垂艇發動機重量全艇死載約佔浮力十分之六七,其餘可載客貨燃料之重不過全艇載重十分之三四耳.設以燃料重量為艇重百分之十五計,則全艇少去百分之七之浮力,燃料不得不減少一半至三分之一.氣艇可以航行之距離及時間亦相比而少,其影響於氣艇應用者甚大,不論軍用商用,皆不可忽視也.

（九）　氣艇構造進步之可能

氣艇構造之進步方與未艾．現在正當研究中者，或研究有效未經通用者，有以下數端：

（一）用金屬包皮　氣艇各部之最不耐久用者爲氣囊與包布．如以金屬薄片代橡皮布，可較爲耐久，向之不能應用者，徒以金屬包皮重量太大耳．美人曷柏生Ralph Upson正從事研究此問題，擬以金屬包皮爲全艇骨架之一部份，除包含氫氣之外，棄載一部份之剪力與扭力．如是則骨架可以減輕，線網氣囊包布三者皆可廢去，全艇重量亦不至過增．氣艇愈大者，包皮愈厚．製造上困難愈少．金屬包皮之利甚多：一則耐久，無須時時更換．二則漏氣之量，不及牛腸膜十之一，橡皮布百之一，可省去氣質耗費．三則全艇爲金屬包裹成罩籠式，囊內氫氣不易觸電．四則空氣不致漏入氣囊，氫氣不易燃燒．五則發勳機之火星，不致燒着包皮．六則包皮傳熱極易，囊內氣溫與囊外空氣溫度，不致過差．

（二）用柴油洋油爲燃料　柴油（Crude Oil）洋油（Kerosene）質較汽油爲重，燃燒點溫度較高，用之氣艇可減少火患．且用較重油類之內燃機，每馬力所需燃料較汽油機爲省，所患在機身太重耳．將來構造進步，機重可以減輕，且氣艇愈大發勳機重量之百分比愈小．此種內燃機之應用，爲期當不遠也．

（三）材料應用之進步　航空器（合飛機氣艇而言）骨架所用材料，不外乎木鋼度鋁三者：木力最弱而質最輕．鋼最強而最重．度鋁介乎其間．三者各有所長，製造者就原料取材之易，崇攻一端，以圖進步．如英國產鋼則飛機骨架多用特製鋼管片者．法國多含鋁鑛物，故致力於度鋁之應用．美國多材木，論者頗有以爲美國不應盲從英法之多用金屬者．但木質骨架，不能耐久，氣艇構造，自以金屬爲佳自徐伯林首創硬式氣艇以來，骨架構造俱用度鋁，後人亦從事沿用．度鋁力載每方寸應有五萬五千磅，今之氣艇所用度鋁骨架之受壓力者，每方寸僅能受二萬磅，是則物料之力，尙有未盡．當設法更換製造手續,或合金成分,以盡其力.又氣艇骨架各片連屬之處,俱用帽釘釘牢;全艇所用帽釘,過百萬之數,所費人工甚多,如能改用銲接方法,當可減輕成本,且使骨架益形堅固.又鋼之含有鎳鈷鉬等合金者,力載極高,每方寸可及二十萬磅.向之未及應用者,因依力載計算所用鋼片必至過薄,不易製造,厚薄不勻,強弱即有不均之弊.將來氣艇容積加大,儘可用稍厚合金鋼片,重量不至過大.

(四)模型試驗結果之應用　　氣艇模型試驗,英法德美各國省有科學專家主其事.日本亦有航空實驗室,地震之後,不知仍否完好.氣艇模型試驗之最要者,為艇身在空氣中之阻力.如同一容積之物體阻力愈小,則航空時在同一速度進行所需發動機馬力愈小,此之謂空氣動力效率.此種效率據二十年來構造結果,已能逐漸增加,將來或可益善.二為艇身氣壓之分配.蓋艇身氣壓各部不同,模型試驗結果,苟能完備,可用為依據於建造氣艇之時.就各部力載大小而分配材料強弱,使氣艇重量可以減省,安全因數趨於一律.又空氣動力之大小,於配置舵面時甚有關係,能用最省之舵面,使全艇操縱自如,安然行駛,不為疾風所困,斯為盡善.三為骨架力載之計算.氣艇骨架構造複雜,非可以簡單之靜力學公式計算,一般航空工程師不過賴其經驗與判斷力而設計,未足云精確完美也.自照像韌彈力學(Photo-Elasticity)發明,迄今不過數年,美國建造ZR-1號時,曾用明角骨架模型,在麻省理工大學試驗,以照像方法,定各部份力載之大小,此法若能通用,氣艇骨架構造當益進步.

(五)氫氣成本之減省　　氫氣製造成本十年來巳減至三十分之一,將來或可再減,雖不能廉於氫氣,或亦可應用於商用航空.

(六)氣艇載量之增加　　氣艇愈大則連度愈快,效率愈高,前文巳詳言之矣.茲將英國政府擬造之艇二艘及美國巳成之艇成績相較,可知巨艇之利.所云擬造各艇之成績,乃工程師預計者,現在航空工程進步程度,巳可使設計者,預估出品之成績,錯誤不及百分之二三,並非空言欺人者也.表中氣艇航程與所載客貨重量不甚準確,因多載客貨則燃料不能多帶,航程因之減少.且航程最遠者並非以最高速度達到,蓋速度高則需燃料多,在空中之時間短,反不若略減速度反可及遠也.

氣艇名稱	Socialist	Capitalist	Los Angeles	Shenandoah
	社會黨	資本家	即ZR-3	即ZR-1
屬於何國	英	英	美	美
何年造成	1927	1927	1924	1923
承造者	Cardington 國立氣艇廠	Vickers廠	德國徐柏林廠	美國海軍部
艇長(英尺)	720	695	660.2	681
最大直徑(英尺)	130	132	90.7	78
容量(立方尺)	5,000,000	5,000,000	2,400,000	2,150,000
浮力(噸)	155	152	76.5	65
用何氣	氫	氫	氫	氦
發動機架數	7	5		5
每架馬力		550	400	300
共馬力		3850	2000	1500
每小時速度(英哩)		80	76	70
巡行航程(英哩)		3750	4000	3000
可載客貨	20噸	120人 10噸郵件 共20噸	30人 及貨	31人 及貨

此外美國海軍部有建造六百萬立方尺氣艇之計劃.古德異橡皮公司 Goodyear Rubber Co. 已購得徐伯林廠之專利權,幷聘有該廠著明各工程師三四人襄助,正擬建造一五百萬立方尺之硬式氣艇.意大利向注意於半硬式氣艇之構造,其容積不大.現亦擬造將近二百萬立方尺之半硬式氣艇,其

著名工程師克羅哥上校 Col. Crocco 曾預計云,氣艇愈大,載重與馬力之比例愈小,至容積較一千萬立方尺大時,利害相抵,不直再行加大.若依其言,則五百萬立方尺之氣艇,尚不足限氣艇載量之增加也.

(七)轉動螺旋槳 如裝螺旋槳於圓錐形齒輪上,使其軸心俯仰角度可以轉動,則可利用其推進之力之一部與浮力相加或相消,以維持全艇平衡.此種裝置在軟式氣艇上,已行之有效,用之硬式氣艇不無利益.

(八)航空法之安全 航空方法現尚未能十分安全,將來儀器益精,於航線各處多設氣象臺,航行當更容易.現在研究中各問題,如藉回聲而確定氣艇高度,用自動迴轉儀使氣艇不藉人力向直線進行,以及氣艇俯仰角度速度等精確之儀器皆是.

(九)成本之減省 氣艇構造成本之所以大者,因每次設計造成祇有一艇.許多專家工程師之時間及廠中特製之工具,用諸一艇,負擔自高.美國 ZR-1 號製造時約每容積一立方尺費美金一元.ZR-3 成於德國,每立方尺費美金五角.二艇容積見前表,俱在二百萬立方尺之外.聞英國擬造五百萬立方尺之巨艇,預計費用三十五萬磅,每立方尺約費美金三角,雖未足云為定數,而大氣艇成本之減輕,可見一斑.如依同一式樣建造數艘,則每艇平均計算,成本當益減輕.

總之氣艇構造之進步,在成本之減省,載量之增加,效速度之增高,駕駛及運用貯藏之省事,與夫災害之免除.各方並進,數年之後,成績必大有勝於今日者.

(十) 氣艇運輸之豫期

英美各國之建造巨艇計劃,已如前述.英國郵政總監惠林生將軍(Brig. Gen F. H. Williamson) 曾云:將來航海郵便,以氣艇運輸為最適當,又 R-34 號艦長司各脫少校擬自倫敦歷埃及印度馬來至澳大利洲之 Perth,用氣艇載客貨,十一天可運.較之海程二十八天,可省去五分之三之時間.盤乃中校 Com.

Burney 擬由倫敦至孟買用氣艇六艘運輸.美國海軍部航空署長莫法脫少將 (Moffett) 預計以 ZR-3 號載客紐約倫敦間,每人售票一千元,載客二十人,郵貨2.4噸,每年來回五十二次,可獲利百分之五.又曷柏生氏預計以氣艇載客倫敦紐約間,僅需二日半,如用最速之海船,需時五日半,如造成巨艇每次載客二百人,每客票價六百元,即可獲利.此外自紐約至古巴巴拿馬航線,自舊金山至新西蘭,自法京巴黎至其非洲殖民地,自西班牙之 Serville 至南美阿根廷國都,又自葡萄牙京城里司本至巴西京城 Rio de Janeri, 各航線皆在計劃之中.德國徐柏林公司於歐戰後仍用數十萬立方尺之氣艇載客於德國各重要都會間,成績頗佳.日本東京至倫敦間,最近之途程爲用氣艇歷北極航行.去年美國海軍部議用氣艇探險北極未果,今又有繼續進行之說,他日北極航路成功,歐亞交通,當益便捷.

　　氣艇運輸之未能速成者,一由於羣衆心理,以爲航空常有生命危險,不敢嘗試.二由於資本家對於新企業,不願投資,保險公司亦不爲保險,此種見解,大抵由於報紙之消極宣傳,每於氣艇遇險即張大其詞,以聳聽聞,而於平時數千百次安然航行之成績,絕不道及,昔之火車汽車初行時,亦感此阻礙,歷久試用,始克變更常人觀念,今之用汽車乘火車者固明知其亦有遇險之時,但取其便捷,且遇險機會絕少,故樂用之.氣艇運輸之前途,亦猶如是.

　　方今歐美各國,莫不以交通便捷爲擴張聲勢之要素,社會人士心理,亦惟圖交通之速.對於氣艇漸見信仰.如英法則竭力連絡其殖民地,以固國本.西葡則與南美同文諸國互通聲氣,以作政治商業上之臂助.美國則圖太平洋大西洋兩岸之最速運輸,且注意於巴拿馬運河之交通.其餘日俄德意諸國,亦競整航空設備,互相角逐,將來世界交通益便,我國與外人接觸機會更多,受人魚肉也益易.蓋自海運開通,而我國國情,數十年來經一番大變,將來空中航運通行,對於我國影響,當非淺鮮.有志之士,當早圖應付之策,未可漠視也.

美國無線電事業概況

陳　章

(一)緒言

(二)無線電發明及進化略史

(三)美國無線電站統計

(四)美國無線電界實況

(五)美國無線電律例摘要

(六)美國無線電製造業概況

(七)美國民間對於無線電之興趣

(八)今後趨勢之預測

(一)緒言

自西歷一九〇二年意人馬可尼（G. Marconi）成功舉世第一次無線電之交通,萬國人士莫不震駭,嘆爲人功戰勝天然之偉業.孰知二十餘年來,各國學者及工程專家,研究之猛,供獻之豐;此仆彼起,精進不懈;至於今日無線電三字,在歐美各國已成爲家喻戶曉,婦孺咸知之名詞.其應用大至於國際交通,海陸空之戰備;小至學校演講,家庭娛樂,社交節目.其進步之速,實爲各種科學工程之冠.然環觀各國,當以美國對於無線電事業,發展尤廣而衆.全國電站,共四千餘站之多.每年製造估價,至三萬萬美金之巨,可爲驚嘆.故欲知近年無線電事業發展之情況,不可不先察美國近年來對於該事業之概況.用敢將所知,編述於後,爲國人告.

(二)無線電發明及進化略史

自無線電交通第一次成功,迄於今日,到此大盛時期,爲時不過二十餘年.對於此項研究及促進成功偉人,不下百數十人.此外潛心研求,不爲人知者,又何啻千人.日進月異,極科學界工程界之偉觀若將其詳細進化步驟瑣述之,勢有不能.惟以作者之意,擬其進化之程序,約可分爲四時期.略述如下:

第一時期爲無線電交通萌芽時期.　美人慕思(S. Morse)於一八三七年,發明有線電報後,尙不自滿,廣續試驗,因聯想及不用電線交通之意.於一八四七年不用電線,通信越八十呎遠之河道.實爲無線傳電之先進.自一八五〇年至一八六五年科學家如不列斯(Sir W. H. Preece)倍爾(G. Bell)林特賽(Lindsay)等,研搜不已.其視線俱注重於利用水質爲傳電導體.最後成績,僅及十哩而止.是故第一時期,雖爲無線電發軔之初,徒以其應用水質爲導體,與後代應用以太爲導體之原理相異.故此時期對於後代之發達,影響殊微.慕思氏雖爲首先試驗無線電之交通,而無線電之最初發明,不歸功焉.

第二時期爲電磁浪理論發明時期.　一八六五年英人麥克斯威爾(Maxwell)以數學及電學原理,發表其證明電磁浪(Electromagnetic Waves)存在之理論.其大意謂凡一導體,傳一變量之電流,同時發出似光之電磁浪於周圍之空間.此理論實爲近世全部無線電工程之基本,其重要蓋可想見.若以理論言之,無線電之發明,當歸功於麥氏.此理論之以試驗證實,麥氏未及爲之而卒.至一八八八年,始有德人漢子(Hertz)出而以實驗證明麥氏理論之正確.漢氏不特證麥氏電磁浪子存在;並以種種實驗發出及偵察其浪;表現與光浪(Light Waves)相同之點;量浪之長度.近今最重要應用測浪長之公式,亦因以成立.

第三時期爲無線電交通實施時期.　其功績最著者,厥爲意人馬可尼氏.自漢子證實電磁浪後,用此浪爲無線傳電之媒介,漸爲當時科學界所公認.一八九〇年法人勃蘭(Branly)發明偵電浪器,(Coherer)以偵察電磁浪之存在.而馬氏復完美之,合以己所計劃之天線,卒於一八九五年在其本鄉波浪乃城,(Bologna)試驗其首次之成功,至一九〇二年之越大西洋無線電試驗告成,始引起世人之注意.不數年間,經馬氏及各國學者之研進,而無線電漸成

國際及商業之利器.其堅固之基礎,因以固定.是以若以實施言之,無線電發明之功,舍馬氏外,又誰能當之,

第四時期爲無線電交通將屆之全盛時期.　以迄於今日.在此時期中,最著之發明爲一九〇三年丹人波爽(Poulsen)之弧光發電浪機;(Poulsen's Arc)一九一五年美人亞力山大孫(Alexanderson)之高波週率發電浪機;(High Frequency Generator)一九〇四英人佛來民(Fleming)之二極眞空管;(Two-Electrode Vacuum Tube)一九〇八年美人特福蘭脫 (De Forest) 之三極眞空管, (Three-Electrode Vacuum Tube) 美人安姆司朗(Armstrong)之 Feed Back Circuit 等.內中尤以三極眞空管爲最重要.無此發明,今日之無線電話,播送電音,幾成絕不可能之事.其應用爲偵電器,(Detector)放大器,(Amplifier)及發電浪器,(Oscillator) 幾將昔日各式之偵電,放大發電器,起而化之.誠爲無線電史上空前之改進.眞空管雖發現於本世紀之初,顧其應用於實施電站,乃倡始於歐洲大戰是時協約聯盟各國,爲戰守計,無不殫精竭慮,注力於無線電交通之術.而三極眞空管之輕便靈驗,尤合於飛機潛艇及臨時軍用電站,故成效大著.四年大戰,百業大創.獨無線電一道,驟現生氣,故進殊巨.若無此大戰,今日歐美各國無線電事業,萬無如是發達之速.是故今日無線電事業之昌盛,實受大戰之賜,豈虛語哉.

(三) 美國無線電站之統計

美國無線電事業,肇始於一九〇二年馬可尼越洋試驗之成功.前於此雖早有先進研究試驗,然效驗既微,不爲人所注意.最初建立永久正式電站乃在太平洋沿岸.第一公衆應用之無線電站,爲一九〇二年美國合衆電報公司(Federal Telegraph Co.) 所建立之阿佛朗站, (Avalon) 在沿加立屬尼州之小島上,(Santa Catalina Island) 第一越洋大站,爲一九一二年該公司建立之加州與檀香山交通之二大站.第一陸地交通之電站,爲一九一一年建立之聯接老斯恩及爾 (Los Angels) 及舊金山之二站.是以無線電事業之發達,係自西至

東.適與其他美國文化及拓植相反,是堪注意者.至於美國電站增添之速,可於第一圖見之.電站係指正式永久電報站而言,其他試驗站及播送站不在

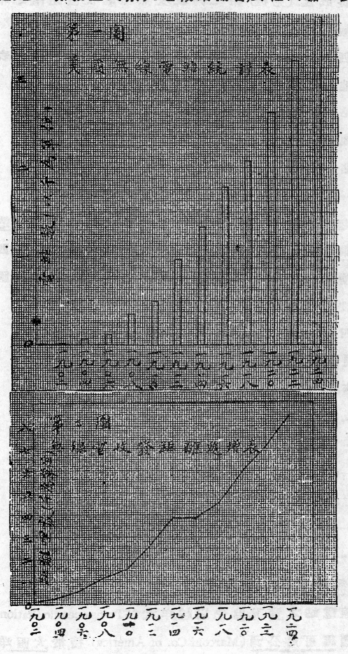

其內.觀上圖可見電站之增進,逐年頗均.而其增進之速,要以一九一二年之無線電條例促成之.(見後)第二圖表現無線電收發距離之增加.觀之對於美國無線電發達之程序,可以思過半矣.

若以一九二四年之三七六一站中,以性質分列之,則有如下表:

(一)國立陸地站…………………三〇三

(二)國立船站………………三二四

(三)商用陸地站……………二五二

(四)商用船站…………………二八八二

(五)特別站 ………………六三四

播送事業之起,乃在戰後三極真空管大進之後.西屋電機製造公司一九二〇年建造於畢士堡城(Pittsburgh)之KDKA站,實爲嚆矢.然不四年間,播送發電站,風起雲湧.據一九二四年調查,已建成之播送電音站,全國共有五四四站.其他在建設計議中者,不下百餘.其盛況概可想見.

若以一九二四年之五四四播送電音站分析之,則如下列:

(一)無線電機器製造廠家及公司…一九六

(二)百貨商店…………………三九

(三)出版家及報館………………四一

(四)學校……………………八五

(五)教堂……………………三五

(六)州及城市機關……………一二

(七)俱樂部…………………一二

(八)其他……………………一二四

（四）美國無線電界之實況

欲論美國無線電站之實況,自先以越洋大站Trans oceanic Stations始,自馬可尼在美組織美國馬可尼公司(Marconi Co. of America)後,於大西洋兩岸,設有强力火花式電站,以備歐美兩洲之交通.然因火花式機器效率甚低,電力雖高,能達彼岸與否,常不可恃.且因專利之衝突,該公司祇能應用二極眞空管,而不能用較靈敏之三極眞空管,以偵察或放大電信.是以大西洋兩岸,迄未有可恃之無線電交通.一九一四年,大戰爆發,歐美交通日益繁多.海線不敷應用,無線電交通,須要日大.研究無線電事業者,羣注意於新機之建造,以代火花式之發電浪機.一九一五年始有奇異公司之亞力山大孫,首先發明高波週波之發電機,其效率之高,偵察之易,週非火花式可比.於一九一七年建站於牛勃斯基.(New Brunswick N.J.) 一九一八年三月起,該電站起始發電收發異常滿意,迨至美國加入大戰,交通大繁,該站實有力焉.

今日美國共有六大無線電站,爲越大西洋之用.除上述之牛勃斯基外,爲屬利翁站(Marion, Mass) 脫干登 (Tukerton, N.J.) 二站,落機邦站(Rocky Point, Long Island,) 及立浮海 (Riverhead, Long Island) 之中央大電站. (Radio Central) 上述各站之收發機關,均用電線通至紐約城百老匯路.凡發報收報,均在紐約處理.且各站又與郵政電報公司 (Postal Telegraph Co.) 訂立合同.凡遠處各城之欲逕越大洋無線電報者,可交該公司各城之分公司.該分公司代爲轉遞紐約無線電收發處.在顧客無多費陸電之費,收敏捷之效.在公司得電報公司之助,擴營業於全國各地.一舉兩得,此之謂也.有越太平洋無線電站兩:一一在波立乃斯(Bolinas, Calif) 一在夏威夷 (Hawaii),其第一站收發機關在舊金山.顧客收發情形,與前相仿,茲不具論.

凡美國越洋大無線電站八處,均爲美國無線電公司 (Radio Corporation of American) 獨家經營.該公司對於全國越洋無線電交通,享有專利.其組織情形,另詳下節.

應用上述之八電站,美國可與下列各國直接交通,如歐洲之英法德意那威波蘭荷蘭瑞典,南美之巴西阿更廷,亞洲之日本.他日中國上海電站告成,中美交通,益形便捷矣.

據統計今日歐美間電報之往還,百分之三十,用無線電.百分之七十,用海線電.太平洋間,無線電與海線電各佔百分之五十.觀此可見無線電在交通界地位之重要矣.

上述八電站中,要以立浮海之中央大電站,爲最大共佔面積四四五〇英畝.其發電制係應用方向效驗(Directional Effect)之複式發電機.(Multiplex Transmitting Equipment)共有天線十二排,置如車輪之鋼絲然.電站則處於車輪之中央其方向效力,簡言之,爲天線所發電力所及最遠之方向,乃在與天線相並行而合之地.如欲發電往某處,即可擇十二天線中之一線.此線能發最強之電力於某處.且可以同時用十二線,發電及收電及十二處,不相妨礙,而能收最大之效率.此站現方在建設中,已成者爲十二天線中之二,與歐洲直接通電.將來全站告成,可與全球各處,同時通信.此其所以名爲無線電中央站也.

無線電中央站所用十二天線,每線長七五〇〇尺.每一二五〇尺有四百十尺高之鋼塔支持之天線中共有十六根三分直徑之電纜 (Silicon Bronze Cable)其發電機爲二百基羅瓦特之亞力山大孫高波週率發電浪機各十變.合二千基羅瓦特.基地線(Ground System)共埋四五〇哩之銅線鋼塔之建築及地基,須鋼九〇〇噸,三和土四一〇〇噸.規模之宏偉,蓋可想見矣.

欲察越洋無線電交通與海線競爭之劇,可於其價格之互相遞減略見得之.一九一四年美國馬可尼公司,第一次在太平洋中與夏威夷羣島通信,其價格爲每字二角五分.而海電則爲三角五分.未幾,海電減至二角五分,以相角逐.一九一六年,無線電交通,擴至日本.當時海電價格,自舊金山至日本,每字爲一元二角一分,無線電定價爲八角.今日則海電價爲每字九角六分,無線電爲七角二分.一九二〇年,商用無線電始通於英美間,海電價格三十年來爲每字二角五分,無線電定價爲二角.海電交通,大受影響至一九二三年,減至每字二角.其餘美法那威之海電無線電競爭之情形,大概相類.茲不贅述.

美政府除極端獎勵及鼓助各種科學研究及發明外,尚自設機關爲科學及工程上研究之用.其關於無線電學之研究,亦不遺餘力.最重要者厥爲標準局.(The Bureau of Standards) 之無線電試驗所.該局係屬國立,受商部管轄,地處美京華盛頓,其主要事務,關於無線電者爲:(一) 維持各種無線電量之標準.如容量,(Capacity) 感應,(Inductance) 電浪長度(Wave length)高波週率電流,(High Frequency Current)以及各種關於無線電之數量.此種標準,構造原理及方法,至爲精細美備.雖經天然氣候寒暖乾濕之不同,不致有絲毫之變移.(二) 代各機關及廠家爲材料及器械之試驗.例如測浪長表,(Wave meters)感應圈,(Coils) 及電阻(Resistance) 等,皆應用其所維持之標準,以比較之而定其數量.(三) 代政府設計無線電站,發電機,及各種關於軍用無線電之事業.(四) 搜求關於無線電學理及實驗上之進步.其所供獻,尤屬繁富.(五) 編述關於無線電學之叢書,由國立印刷局發行.此種叢書,講解明瞭,取價甚廉,正以使其普及也.

此外關於無線電事業爲美政府所建立者,尚有美合衆海軍無線電試驗處(United States Naval Radio telegraphic Laboratory) 及陸軍無線電試驗處.(United States Signal Corps Radio Laboratory) 前者係海軍部管轄,其主要任務爲代政府所設海軍站,計畫及協助關於電站一切建設及收發諸問題.對於無線電原理上搜求甚豐,主其事者爲奧斯丁氏,(L. W. Austin) 美國當代有數之無線專家也.後者係陸軍部設立,用以訓練陸軍士校,應用無線電報電話於軍事,規模無前二處之大.

政府設立無線電站,遍滿全國.尤以沿二大洋及大湖爲夥.其所司職責,約分爲五種:(一) 時間報告.(二) 水面情形報告.(三) 氣候報告.(四) 國際海面探冰山報告.(International Ice Observation and Ice Patrol Service) (五) 指點海船經緯度.(Compass Stations)

美國之以無線電報告時間自一九〇五年始.至今擴充巳至於全國.沿海各

站,更用以報告時間於船隻.現在大西洋邊岸,發時間報告者,計四大站.爲華盛頓站,安乃浦立勘站(Annapdis),克韋斯站(Key West),及紐蘭西站.(New Orleans)每日正午十一時五十五分至十二時,發出信號.至正午一秒,則用極長一聲,(dash)以賽鑒別.各站發出時間報告,係由華盛頓海軍天文臺(U.S. Naval Observatory)用西方聯合公司(Western Union Telegraph)電線通信而至.其電線一端接於天文臺之標準鐘,(Standard clock)一端接於無線電站發報機.故其時間之準確,絲毫不爽.太平洋海岸報告時間者,共五站.計舊金山站,(San Francisco),有立加站,(Eureka),邦阿求洛站(Point Auguello),生的郭站(San Diego),及拿司海站(North Head).其傳信號之天文臺,係麥拉島(Mare Island Naval Yard)之海軍天文臺.在大湖(Great Lakes)沿岸發時間報告者爲意利諾愛州之大湖站.(Great Lakes)

水面情形報告之用無線電,肇始於一九二一年.其宗旨爲搜集附近海面情形之報告,而復用無線電散佈之,以警告沿海船隻之進止.其有益於航行界者,殊非淺鮮.各船在航行時期中,須將每日海面情形,報告與附近海軍站,海軍站搜集各船報告後,復發出報告.以爲他船告.現在全美國專管此事者,分佈海岸,共有十七站.

氣候報告,係從華盛頓氣候局(Weather Bureau)發出.各海軍無線電站再爲散佈全國普遍之.氣候報告,發自安乃浦站.且今全國無線電站之每日報告氣候者,共二十七站.其名恕不備載.

萬國無線電會議於一九一三年,在倫敦開會.爲維護海行生命財產起見,曾訂定海行安全條約.(International Regulations on Safety at sea)其主要事務,爲各沿海國家應有巡洋艦巡覦附近洋面.特別注意於冰山之位置及行勤.然後用無線電散佈其報告,以警航行界.美國現有兩大巡洋艦,專司其事.每年四五六月之際,爲冰山遊移海面最多之時,巡視尤勤.發電警告,庶各船之航行北部大洋者知所趨避.年來航行界之因觸冰山遇禍者,幾已絕跡.其功有如此者.除上述各站外,美政府尚建立無線電站多處於大洋兩岸.其名為(Radio Compass Stations) 職責為指示附近船隻經緯度之位置,原理應用無線電方向標準.(Radio Direction Finders) 如是航海船隻,隨時隨地,可以用無線電詢問及知悉該船之地位.此等電站在太平洋者共十八站.在大西洋者共二十八站.

美國航海及大湖船隻莫不裝有無線電站.此乃受一九一二年兩院所通過之『五十旅客』條例.("Yo-Passenger" Law).即凡船隻滿乘客五十人地位者,必須裝有適當無線電收發機,以保行旅之安全,船上所用發報機,大概用火花式.惟自三極真空管進步後,漸行改建,目下美國來往大西洋世界最大郵船五萬噸之蘭非信號,(S. S. Leviathan) 裝有最完備之無線電收發機.計有火花式及三極真空管式二付發報機,及複式無線電話收發機,(Duplex Rodio Telephone Set) 一座.航行時旅客與大洋兩岸之戚友,有完全無缺之交通.其舒適誠有出人意料者矣.

國中研究無線電之學會,不勝枚舉,要以美國無線電工程學會 (American Institute of Radio Engineers) 為最著.該會成立於一九〇八年.總會設在紐約城.分會凡四處,設在西雅圖舊金山華盛頓波斯頓城.各分會每二月開會一次.會員將心得發表,作文字上及口頭上之討論.每二月將會中論文發刊.該刊名 Proceedings of Institute of Radio Engineers 年來各重要發明及改良,大多先在該誌登載.在全美國無線電出版界中,當推為牛耳.惟其文中原理深奧,數學尤重,非初學者所能領會也.其次為美國電工學會 (American Institute of Electrical Engineers) 範圍較廣.因無線電亦為電學一門,而無線學會會員,大都亦為電工學會會員,故無線電問題,亦常在討論研究之列.其論文則登載該會月刊.(Journal of A. I. E. E.) 此外各地方,無線電學者及非專家而喜學無線電者,組織研究會者各大城無不有之.紐約無線電研究會,(Radio Research Club of New York) 聖堡爾無線電學會,(St. Paul Radio Club) 即其例也.

無線電事業之至此,尚未述及者,當爲飛機應用.無線電之應用於飛機者,共分兩種,一爲軍用,一爲郵用.前者屬於陸軍部,(War Department) 後者屬於郵政部. (Post Office Department).凡軍用及郵用飛機,均設有無線電話以與陸上交通.各飛行場亦裝無線電站.一九二二年全美航空政策中,曾建議在全國建立九所大陸地無線電站,分佈各州,現已陸續落成.此種電站,裨益於航空者,共分三點.(一)各站得附近天文臺之氣象報告,分發與空中飛機,使知附近天空之氣象,以定進退之方向.(二)與各飛機交換消息.(三)飛機按照電浪之方向,可不藉其他之標準而飛達目的地.其在戰時之重要,尤不待言矣.郵政部爲設飛郵起見,一九一九年,卽已起始研究無線電之應用於飛機.現在紐約與舊金山之越洲飛機郵政,沿路均有電站,以相協助.他日飛郵擴充,無線電站,應用更廣,可斷言也.

(五)美國無線電律例摘要

美政府關於無線電事業之有法律,自一九一〇年始.是年兩院訂定控制全國無線電事業之法律.一九一二年復行修訂.至今日無線電發達如是之盛,其細則已太多改變;而其本意,則固未嘗更動也.

一九一二年無線電約章中,最要之規定,卽爲船隻滿五十人旅客者,須備相當之無線電收發機,所以保護旅客於危殆之中,此約之定,實爲前一年大西洋巨船鐵道尼 (Titania) 號遇冰山沉沒所促成.從此約實行以後,美國船隻之來往大洋大湖者,幾莫不設有電站,生命財產,得以免於危難者,每年不知若干.國家良法律之保護人民之安全,有如是者.

全國無線事業均受商部航政司 (Bureau of Navigation) 之管轄.爲易於控制起見,該部將全國分爲九無線電區域. (Radio District) 每區域中,設一無線電稽查員. (Radio Inspector) 駐在其區域中最適當之城,其職責爲根據政府所定無線電條例及國際無線電條約, (Regulations of International Radio Telegraphic Convention)稽查及監察其區域內之電站,其九區域,分割如下:第一麻省等六

州,第二紐約等二州,第三紐求賽等二州,第四佛洛立達等四州,第五魯以新
內等八州,第六加立福尼等四州,第七華盛頓等六州,第八密歇根等四州,第
九意利諾等十二州.

凡發電站於未成立之前,必須向本區域中無線電稽查員,請求發給執照,方
得發電.至於電站之專意收電者,則無須執照.惟收電人,有將收得他人電信
保守祕密之義務.如有故意宣佈者,科以應得之罪.

按諸法律,全國電站以其性質,共分爲七類如下:(一) 公共站 (Public Service
Stations.) (二) 商用站 (Commercial Stations.) (三) 試驗站 (Experimental Stations.)
(四) 工業學校站(Technical & Training School Stations.)(五) 特別業餘站(Special
Amateur Stations.) (六) 普通業餘站 (General Amateur Stations.) (七) 限制業　站
(Restricted Amateur Stations.)

美政府限制電站之須持有執照者,正所以使無線電收發上不發生阻礙或
衝突,而妨其重要之電信.故其商部航政司發給執照時,並不收費.衹須由其
區域稽查員檢查該站之合符定章,核定後,即可發給.一方以獎勵研究無線
電學者之進行,一方不致發生電站收發上之阻礙其法至善,絕無藉以欲錢
之弊例,誠可法也.

關於無線電收發員 (Radio Operators) 美政府法例上亦有相當之規定.其用
意與上述電站者大致相同.根據於其收發之才能,共分收發員爲八級. (一)
商用優等(Commercial Extra First Grade.)(二) 商用頭等 (Commercial First Grade.)
(三) 商用貳等 (Commercial Second Grade.) (四) 貨船用頭等 (Commercial Cargo
Grade.) (五) 商用臨時等 (Commercial Temporary Permit.) (六) 試驗及訓　等
(Experimental & Instructional Grade.) (七) 業餘頭等(Amateur First Grade.) (八) 業
餘貳等(Amateur Second Grade.)

以上各級收發員,在實行服務之前,必須經政府試驗合格.此種試驗,在全國
重要城市舉行之.凡美國人民,俱有應選之權,其考試重要科目,自以收發國

際莫斯號碼 (International Morse Code) 爲主其標準爲能收發每分鐘十字爲最少限度此外所試驗者爲無線電工程上智識及國際與美國無線電條約試驗錄取後發給執照然後可以出而服務

除上述外無線電條例中對於船隻上所設之無線電收發機器之完美收發員之服務規則限制荼嚴務使船隻能與陸地及海面之他船維持其繼續不斷收發之可能而處乘客於最安全之地位

其關於無線電工程方面者約言之如下

(甲) 電浪長度限定爲

　　(一)強力電站⋯⋯⋯⋯一千六百密達以上

　　(二)海軍站⋯⋯⋯⋯一千六百及六百密達之間

　　(三)船站⋯⋯⋯⋯六百,三百,四百五十密達

　　(四)業餘站⋯⋯⋯⋯二百密達以下

(乙) 純粹電浪之規定 (Pure Wave Regulation) 爲免除各站互相擾亂 (Interference) 起見發電站同時只准發單電浪 (Single Wave length) 不得已時其弱浪之電力不得過強浪之百分之十又各站發電機之 Decrement 不能逾百分之二十關於此原理具載在基本無線電學書不及詳解

至於電站電力之強度法律上並無限制但因習慣上各種電站電力幾有分界其電站與電力之關係大概如下

　　業餘站及飛機站⋯⋯⋯⋯二分之一至四分之一基羅瓦特

　　船站⋯⋯⋯⋯一至十基羅瓦特

　　中等陸地站⋯⋯⋯⋯五至二十基羅瓦特

　　最大陸地站⋯⋯⋯⋯二十至一百基羅瓦特

按照萬國無線電會議規定,各國無線電站呼號, (Call letters) 均有一定字母爲首.美國電站所標之呼號爲N,及W及KDA至KZZ.故美國電站呼號不出N, W及K三字.其餘各國均有規定.繁覆不及備載.我國無線電站呼號字母爲XNA至XSZ.

無線電發明專利權之規程,與其他各業同.其期限爲十七年.在期限未滿以前,享有該權之所有人或公司,有製造經售之特權.他人不得摹仿影射.每年爲專利局所批准不下數千.單就美國無線電公司計之,約二千餘種,發達情形於此可見一斑.

(六) 美國無線電製造業之概況

在美境第一成立之經營無線電公司,爲美國馬可尼無線電公司.(Marconi Wireless Telegraph Co. of America)該公司成立於一八九九年.其資本金爲一千萬美金.其百分之五十爲英國馬可尼公司所有,餘則爲美國資本.此公司在美境得有應用及出賣英國馬可尼公司之專利品.最重要者厥爲佛來民氏 (Fleming Tube patent) 之二極眞空管.在美境所建高力電站,凡八處及海岸與船隻交通之小站六十.其在愛爾丁 (Aldene, N. J.) 有製造無線電應用品工廠,規模尙不甚大.

此外繼此而成立者,有合衆菓食公司 (United Fruit Co.) 及合衆電報公司.(Federal Telegraph Co.)前者係經營熱帶菓食商務,爲運輸應用起見,設有一隊商艦.艦上皆設有無線電站.後者專經營太平洋沿海陸地與船隻之交通.是時無線電播送事業,尙未萌芽,製造業未臻發達.所有製造關於無線電應用機件者,爲美國馬可尼公司合衆電報公司特福蘭脫無線電報電話公司 (De Forest Roadio Telephone & Telegraph Co.) 及無線電專家公司. (Wireless Specialty Co.) 收電之偵電器,均用結晶體.(Crystal detectors) 長距離之電音,至不可恃.美國馬可尼公司雖享有二極眞空管之專利,然其應用之利益與結晶偵電器不相上下.特福蘭脫雖爲發明三極眞空管之人,然法庭認爲影射二極眞空管,在美國馬可尼公司專利滿期以前,不准製造.無線電事業,因專利之衝突,遂大受挫折.幸有識者,即見及之,而有美國無線電公司之組織. (Radio Corporation of America)

欲明美國無線電公司組織成立之經過,宜將其合組之分子略述之.奇異電

機公司 (General Electric Co.) 設立至今三十餘年.其主要出品,大概屬於電力工程之機器.然對於無線電事業,早生無限之興趣.其研究試驗室,(Research Laboratory)在無線電學理上,曾有極多之供獻.亞力山大孫氏之高週波率發電機之發明,即其一例.用此機以建造第一商用可恃之越大西洋電站等情,已如上節所述.自此電站成功以後,奇異公司對於無線電製造事業,積極奮進.至今日逐稱最大製造家之一.西屋電機製造公司(Westinghouse Electric & Manufacturing Co.) 與奇異公司在電力機器製造業中,久為競爭之主角.自奇異公司加入無線電界後,西屋公司,急步後塵.逐與國際無線電公司 (International Radio Telegraph Co.)合作.該公司原有關於無線電發明專利多件.西屋公司藉是而與奇異爭雄.尚有西方電機公司(Western Electric Co.)關於無線電之改進,又不可沒.其於歐戰時,美軍應用之無線電用品,皆屬該公司之成績.無線電機器之各部,皆為各發明家陸續發明.故其專利享有權皆為各公司所分有.不能絲毫相侵,為國法所限定.然欲得一完備無缺效驗宏大之發電具或收電具,非將各公司所分享之專利綜合之無由成功.而各公司利益所關,各不相容.是以無線電界逐生一麻木之狀態.一時未得與海電相爭勝,此為其重要肌因.是以自美國至各國之十七條海線久佔其國際交通之第一位置.美國之有識者,因見合組一總公司,包含各無線電製造家之利益之需要,日見嚴重.由奇異公司發起,逐於一九一九年十月,成立美國無線電公司,其資本金為二千五百萬美金.股東為奇異公司,西屋公司,合眾菓食公司,及美國馬可尼公司.

美國無線電公司最重要之任務,為與各製造家,商洽各專利之應用.除其股東奇異等三公司外,該公司尚與下列各公司立有應用各家專利之契約:英國馬可尼公司,西方電機公司,美國電話電報公司, (American Telephone & Telegraph Co.) 紐約無線電工程公司. (Radio Engineering Co. of New York) 在合同廢止之前,該公司有製造及出售各公司所有專利機械.其合同之時期雖有限,而其繼續之趨向,固甚強也.

除關於國內各公司之專利權外,美國無線電公司,又得政府特許經營國際無線電事業之唯一永久專利權.其所建立在美境之八大電站,已如前述.此外爲各國政府及商民建造電台,亦爲該公司營業之事務.

近今無線電製造業之重心,全在三極眞空管.美國無線電公司,關於該管製造之專利,從美國馬可尼公司合併而得.其專利期限至一九二二年而滿.目今三極管之製造除該公司而外,尚有特福蘭公司.(按該公司並未與美國無線電公司合組.)至一九二五年以後,關於三極眞空管之專利,完全無效,各公司始有自由競爭之機,而其價格,亦將大賤矣.

三極眞空管在無線電製造業,漸趨重大,可於美國無線電公司歷年出售之管數,而得其大較.計:一

一九二一年……………………………一一二,五〇〇箇

一九二二年……………………………一,五八三,〇二一箇

一九二三年迄九月止…………………二,九三一,二六二箇

除上述之無線電製造大公司外,全國尚有二百小公司製造全副收音機.(三極眞空管在外.)五千小公司製造零星部份.

據統美計國全境,每年關於無線電機械出品之估價如下:一

一九二〇年　　　　　二,〇〇〇,〇〇〇美金元

一九二一年　　　　　五,〇〇〇,〇〇〇美金元

一九二二年　　　　　六〇,〇〇〇,〇〇〇美金元

一九二三年　　　　　一二〇,〇〇〇,〇〇〇美金元

一九二四年　　　　　二九〇,〇〇〇,〇〇〇美金元

若以圖表計之,有如第三圖.其進步之驟,更爲顯著.至於其所以於最近四五年內驟進之故,則由於播送電音之發達,無線電收音機漸成爲家庭娛樂品之一種也.

至於無線電收音機,在家庭娛樂品之地位,可以第四圖鑒證之,全美國二千四百萬家庭中,有無線電收音機者至三百萬家.若比之九百萬家之留聲機,

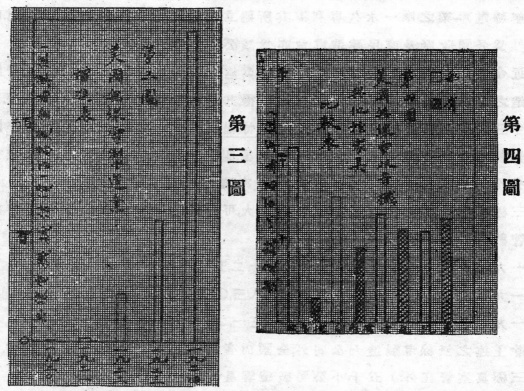

一千一百萬家之電燈電灶,一千二百八十萬家之汽車,相去尚遠.然若以四年之時間論之,則其驟興,遠非他項娛樂品可比.是故將已往之陳跡,現今之盛行,測將來之發達,則無線電事業之方興未艾,彰彰可見矣.

　(七)美國民間對於無線電之興趣

自無線電交通克賽成功後,舉世認為文明利器,無可諱言.顧以其應用,限於軍事及商業,民衆對之,殊鮮興趣.一九二〇年美國第一播送站西屋公司(KDKA)成立後,所播音樂演說,清晰異常,頓引起全美人民之注意.製造家研究家,復力求改進,一時全美人民,風起雲湧,不數年間,無線電播送之電站,何啻數百,可謂盛矣.

今日美國無線電播送事業之盛況可以觀最近美國商部總長霍佛氏，在全國無線電播送站聯合會之報告得之．茲將摘錄如下：

全國收音機……………………………三百萬具

聽播送站電音者………………………一千萬人

經營無線電事業者……………………二十五萬人

製造無線電料者………………………三千家

批發及另售無線電料者………二萬六千家

觀上述統計，無線電播送事業之發達，殊足驚人，而其能於四年之間，一一躍如是，不得不嘆美人民經營事業魄力之雄偉矣．

無線電播送之應用，不勝枚舉．其最初係傳佈音樂；即在站中聚音樂家於一室，向無線電發音機奏樂．舉凡管絃笙簫，合唱獨奏，均可由無線電磁浪而發至空間遠處．人民具有相當收音機，即可收得．其音樂之抑揚頓挫，絲毫不爽，如親置己身於歌舞場中．物質文明所給人類之幸福，蓋至斯而極矣．

播送電音之重要應用，厥惟演說．政府每逢政事慶賀佳節，或發表政見，俱用無線電播送．從華盛頓演說，中間電站復為之放大及接力，可以散佈全國．例如前威爾遜總統之自由公償演說，哈定總統之就任辭，最近柯立枝總統及民主黨候選總統台維思，皆用以向全國人民發表政見．遠至太平洋中檀香山羣島，亦得聞之．

應用播送站以演說者，除政事外，有教堂之講經，以便不赴教堂者之聽聞．有商店之用以發表廣告，招徠顧客，學者之演講科學，衛生，及各種有益民眾之智識．報館之發表重要消息於未付刊之前，以資宣傳而推銷路．天文臺之報告天時預測．其他種種，不勝枚舉．凡有事實或議論，欲傳達於公眾之前，無不可藉無線電播送．不特費用簡省，時間迅速，亦且傳佈廣遠，收效宏大．洵非他項交通，所可比擬也．

今日美國各重要城市，幾無一不有播送站宣傳消息，供給娛樂．每日報紙列有近處各站發電節目.排定時間,無有失時.民衆有收音機者,即可於該時,開機擇所欲聽電站之電浪,即能聽得.如箇人則以聽筒按住耳際,如令全室聽聞,則接以放大機及響話機,即能如願以償矣.

採用無線電收音機以供娛樂者尚有醫院中用以娛病人,藉減痛苦.牢獄中用以娛囚犯,消其永晝.輪船上用以娛乘客,乘客可減行旅寂寞之苦,家庭箇人,設一機於家中,足不出戶,可以聞四方之名人演說,戲院劇場之節奏,市面物價之漲落,以及種種消息.雖遠處鄉村,高山大湖之中,無赫電阻礙.美人士家給人足,尤尚娛樂,其能於數年之中,風行若是,蓋由於此.

至於無線電敎育事業,各大學及工科學校俱敎授此項工程.類皆設有試驗電站,自不待言.其對於普通人民,有每日報紙,特闢無線電欄.內容除關於全球無線電事業消息外,並載有淺顯易曉之無線電學講義,以備羣衆悟解.計全美國報紙中,有無線電欄者,共一千種.此外尚有專講無線電雜誌三十種;普通雜誌中,有無線電欄者,五十種;淺顯易曉之無線電學之單行本,二百五十種.各大公司之批發無線電具者,又復設試驗室,雇用專家,指授顧客以原理及用法.是以美國人民,不論老幼婦孺,市民農夫,莫不具相當之無線電智識.無線電播送之可以達今日之佳境,其出版家宣傳講解之功,亦不在小.

無線電播送之應用日益繁多,自一九二四年十一月三十日播送照相之畢成功後,不啻另闢一新境地.無線電播送照相之畢,二三年前已有人擬議.惟迄至是日,方稱成功.是次試驗係美國無線電公司雷求氏 (R. H. Ranger) 發明.在英京倫敦發送,在紐約接收.共送照十二幀皆係美總統柯立芝,英太子韋爾思,英皇后曼麗及各名人等之小影.所接照片,清晰可觀.雖無原照之佳,然不需二年之進步,即可完美無疵.準此以推,將來無線電播送影戲之成功,亦意中事也.

尚有一事,應用無線電於慈善事業者.最近支加哥日報 (Chicago Tribune) 無線電欄,發起贈送盲人無線電收音機募捐運動.其意因憫盲人無視覺生趣索然.其運動目的以募款至全美國盲人均得有無線電收音機爲止.慈善家體恤盲人之周全,於此可見,而無線電應用之繁多,盆形顯著矣.

(八) 今後趨勢之預測

無線電事業,在美國已入全盛時期;然其進步雖速,尙未至完美之止境,爲公認之事實.其設施,其組織,尙有極廣邃搜求之餘地.十年二十年後,回視今日,有如今日之回視一九〇二年,最初無線電成功時期也.基於過去進化之步驟,默測將來之趨勢,有如下述者.

全球無線電交通事業,歐美間,已臻發達,旣如前述.南美非澳,雖無强力電站,然局部交通,亦有相當設備.惟有太平洋西岸尙無强力電站以與美亞直接發電,爲全球交通之阻.將來世界商業市塲,首在我國,則其交通勢不能獨恃今日之海線明甚.是以上海之强力無線電站,以爲世界進化不可免之事實.有此電站,然後歐亞美聯接一起.外國商務,自盆發達,然裨盆於我國者,更不在小.四年前,我交通當局,與美國合衆公司訂立合同,設一千基瓦脫大電站於上海,爲全球交通之樞紐其合同權利損盆如何,茲不具論.然以大勢論之,若我國能於電站成立後,勉駌從事,十年後卽可收回（按該合同大意爲創辦時,中美合資,十年後,中國贖還其半,卽可完全脫離美國關係.）自辦,確爲難得之機會,不可諱言顧自合同簽字後,以日本之抗議,以致合同迄未履行,深可嘆惜.但上海强力電站,爲全世界無線電交通事業進化最重要之一.我不自建,他人將起而代之.孰得孰失,明眼人自能見之.此則吾國人有不可不注意者.

至於無線電工程本身言之,則最重要之趨勢,爲三極眞空管應用之普遍,必將所有弧光式及火花式站淘汰之,及今已有顯著之預兆.在三極眞空管未發明之前,無線電之發電,最初爲火花式,船上皆用之較强之電站則用弧光式或高波率發電機式.三極眞空管,最初發明時止能用以偵察電磁浪,以代收音機中之鑛質結晶偵電器.及其發電浪作用發見後,因有將各種發電浪

1211

機起而代之之勢.今日漸見其端.比之弧光及火花式之發電磁浪機,其利益有如下述:—

（一）三極眞空管之發電磁浪機,製造簡單,配置容易,價格較賤.

（二）三極眞空管可發半密達至數萬密達長之電磁浪,只用極簡單器械之變換便可.

（三）三極眞空管重量甚輕,應用便利,尤便於飛機潛艇及種種移動之應用.

（四）三極眞空管爲無線電話成功之原素.其在試驗室中,及實業界中,尚有無數之利用.

由上觀之,三極眞空管之在無線電界中,無有能與爭勝者,彰彰明甚.其能用於收收音器,(Receivers) 放大器,(Amplifiers) 及發電浪器,(Transmitters) 尤爲特色.目今力量最大之三極眞空管,有二百基羅瓦特之巨.三極管在今日無線電界中已佔有可驚之位置.播送站固無論矣,即海船陸地各站之次大者,漸在改換之中.是以不及數年,火花式之電站,將漸淘汰,可以無疑.來日眞空管,製造益精,電力益強,則今日恃爲惟一通越大洋交通之高波週率發電浪機,亦在淘汰之列.蓋純屬時間問題耳.

在無線電工程上言之,尚於一可以預料之趨向.即短電磁浪之將代長電浪也.無線電音之有長短浪,有如人聲之有尖銳低高之別.無線電之浪長,現所通用者,自三百密達至萬餘密達.所傳之距離愈遠,則浪長宜愈長.但近今試驗結果,長浪不如短浪.因空中電氣震動,(Atmospheric Electric Disturbances)在收電用長浪爲劇.是以短浪之強處,漸爲學者所見及.現在播送電站浪長甚短,約在三百密達以下.至於長距離之宜否短浪,尚在搜求之中.且用短浪,則發電及收電器械較爲簡單,尤屬經濟要題.短浪之勝長浪,此亦其要點之一.至於電浪長短,於工程上利害之學理,至爲繁深,非本文所能及.上所述者,僅其大槩耳.

蘇州電氣廠工程狀況

陸　法　曾

曾於民國十二年夏,受蘇州電氣廠之聘,任該廠技師之職,爲時十有五月,其經過情形,大槪可分爲三期,茲別述之如下:

第一期約三月,可謂之檢查時期,在此時期中,先行調查各部工作及需要狀况,復以科學的方法,編製各種裝式,分部記錄.現狀及需要既明,乃從而研究其應付方法,其有錯誤之工作,則隨時校正之,危險之設備,則事前防護之.三月以後,形式上雖無所表現,而實際上危險去其大半.

蘇廠創辦時,工程方面之情形,亦與其他內地各工廠無異.全部工程,均憑匠目之局部設施,故無統系之可言.當初雖有簡易之計劃,但因需要急增,致佈置未畢,已不足應付需要,嗣後因陋就簡,尤未通盤籌劃,致成得過且過之局,積習已深,從事補救,殊感困難.

蘇廠發電所,在胥門外棗市橋舊銅元局內.離城約二華里.始創之時,僅租用一百啓羅瓦特(K. W.)之引擎發電機一座.未幾,因需要急增,即不敷應用,於是乃購置三百基羅華脫單相交流機一座,歷時未久,又因需要增加,不能應付,乃於十一年冬,購置一千六百基羅華脫三相透平變流機(TURBO-ALTERNATOR) 一座.此時單相機已不適用,故總電量僅有一千六百基羅華脫.烟囱亦是舊物,廠屋之位置,因就此烟囱,致離水源太遠,故取水顏多週折,工作不克經濟.鍋爐現有六座,因係逐漸添置,形式容量,不能一律.汽管灣曲甚多,廢熱不少.凡此種種,皆因當初無遠大計劃,擴充時又未圖及補救,但求敷衍從事所致.內地工廠,大都如此,廠之小者,固可勉強支持,但蘇廠自合併振興公司以來,供電量已增至二千三百基羅華脫以上,苟以同一之方法,應付需要,恐難永久維持也.

蘇地街道狹小,且多涼棚招牌等障礙,架線顏多危險.且當時振興尚未歸併,二家桿綫交錯,危險益多,故熱鬧市街,實不宜有高壓電綫,城內尤當特別注意.

綜上所述,蘇廠情形,已可略窺一斑.國內資本家,往往無工程知識,而少遠大目光,正當計劃,每難得其同意.技術人員,對此頗感困難,欲副資本家之意,惟有承旨行事,而代負其責.規模小者,猶可從中調度,若規模稍大者,兩方意旨相差更遠,工程失敗,往往基此,爲之計劃者,不可不留意也.

第二期亦歷三月之久,可謂之計劃時代,由前期研究所得,擬定計劃.惟當時合併振興公司之議,已將成熟,故需要方面,以合併後情形爲標準.所擬計劃之理由,略述如下:

棗市電廠,離城約有二華里之遙,若仍沿用原有之二千三百伏而脫(VOLT)電壓,線路損失太甚.且當時合併振興公司之議,已將成熟,苦用其南濠電廠,則傳電損失可以減輕,惟因貼近鬧市,地位旣難擴充,且與城市衞生,尤非所宜.將來蘇地工業發展,以地勢論,當在胥盤一帶,滸墅關橫涇光福等鄉鎮,均有通電之機.長途電車,亦在需要之列,棗市實爲集中地點.至於傳電損失,則不難以改高電壓以救濟之.故電廠之地點,以棗市爲宜.但該廠內部佈置如上述狀況,難於收拾,故擬重建四千開維愛(K.V.A.)新廠於河邊,並備九千六百開維愛之擴充地位.在過渡時期中,則以原有電廠維持之.

傳電工程,仍沿用架空式.惟城內街道狹小,若增高電壓,頗多危險,故仍用原有電壓.惟叉枝式之線路,萬難應付日後之需要,且路線發生障礙時,補救不易,今擬改設一高壓圈.(High Tension Loop)圈內另設高壓線一路,橫貫東西,使全部成一『日』字形之傳佈式.若是則高壓方面,至少有兩路來源,可無斷電之虞,而電壓亦不致高下太甚矣.線路均擇荒靜街道通行,故熱鬧市街之障礙,均可避去,以免危險.城外各處則一律改用特別高壓,較爲經濟,低壓方面,仍用三相四線制,俾可以三百八十伏而脫,供電力之用,電光則仍用二百二十伏而脫.至於佈置,須求改良,以均電壓.

由以上研究所得,今擬定下列全部計劃,以爲工程一切進行之標準,至工程之進行方法,隨時以環境之狀況而定之.茲將擬定計劃,略述如下:

發電系　電廠地點,由上所述理由,假定於棗市橋舊銅元局內近河處,建造新廠.

十二年夏,棗市電廠最高電量爲六百基羅華脫(K. W.),同時振興南潯電廠,最高電量爲一千二百基羅華脫.因電力營業,正在發展,多令之照例增加,及振興電壓之不足,自在意中,合併振興後之需要,當在三千基羅華脫左右.今假定以四千開維愛(K. V. A.)爲單位,着手籌備,但以蘇地現狀而論,若時局平靖,紗,布,絲,綢,粉,紙,等廠,均有創設之機,市街及郊外電車,均可建造,耗電量至少可增一倍,故廠屋擬爲四千開維愛透平電機三座,又六百開維愛者二座 (其四千開維愛者兩座應用,餘一座備用,至於六百開維愛者,專爲廠內自用電力或工廠停工日之日間需要.)

全廠佈置分爲三部,沿河並列,鍋爐部在西,發電部在中,配電部在東.每機一座爲一組,與其他各組分隔,但總汽管及配電部份均有連接之設備.至其詳細情形,當俟購機時方能定奪.但最注意者,爲鍋爐一部,蓋鑒於國內工廠之鍋爐房工程,幾爲一二洋行把持,不使進步,較之歐美各國,相差有十餘年之程度,故極須補救,務使燃煤可有把握,而謀經濟之方.

傳電系　蘇州市外,雖有用電之機會,但現時此部計劃,僅計及市內之用.電壓定爲三級: (甲)特別高壓,(乙)高壓,(丙)低壓.

(甲)特別高壓級爲六千六百伏而脫.傳電系均在城外,共計單式供給線三路.　第一路自廠後經朱家莊至閶齊門之四擺渡,入一號特別方棚間.　第二路由廠前過河東行直達齊門洋橋入二號特別方棚間.　第三路由廠前過河至盤門沿馬路東行至洋關過河沿城北行至葑門,入三號特別方棚間.再沿城向北至婁門外,入四號特別方棚間.　以上四方棚間.均供給城內二千三百伏而脫高壓系.至城外各處,均用特別高壓,直　接變壓至三百八

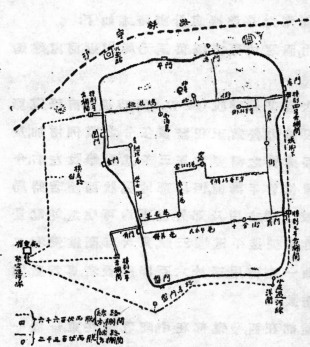

蘇州電氣廠高壓線圖

二百二十伏而脫,以資應用.但近城熱鬧區域,不便通行六千六百伏而脫者,亦由城內高壓系供給.(乙)高壓級為二千三百伏而脫傳電系大部均在城內.全系成一『日』字形,使成一複式變圈.所有桿綫經過之處,均在空靜街道,對於城市安全,可告無虞.變圈四角,均皆割斷,每一斷處之兩端,均直接通至就近特別方棚間之二千三百伏而脫供給線兩路全系,共有供給線八路.於必要時,可由此逐段分隔于特別方棚間中.普通方棚間,均擬築於變圈線中,俾於必要時,變圈亦可於此開斷.但為環境所不能者,則亦非必需.全市擬築大規模之普通方棚間七八所,簡小者三四處.其地點雖已擬定,但事實上須俟着手時方可定奪.大規模者,大概在西南一所,西北一所,城中一所,城西一所,城東一所,城北一所,東北及東南各一所;其簡小者,則俟大規模者確定後,再酌設以補助其不及.變圈之建築,須為永久之用,即使需要增高,亦無須重建.但添加供給線及特別方棚間可矣.設如城北北寺後現均空荒,一旦該處開作市場,或興小工業,用電增加,現定設備,恐難應付,補救之法,現在之傳導法,將來可以不必改建變圈,但於該處將變圈開斷,于車站附近添設特別方棚間一所,以線兩路供給之.至於特別高壓則可由一號或四號特別方棚間通去,或兩處均通,使特別高壓即成一變圈.蘇城街道狹小,桿線工作不易,此種設備頗為合宜.

(丙)低壓級為三百八十伏而脫以下之傳電系,亦與高壓系取同一宗旨,架空設備,務使永久適用.但須添築地下供給線及擴充方棚間,即可應付無量之普通需要.

城內街道整齊,頗宜作網形佈置;故擬以東西橫行幹線六路,與南北直行幹線八路交接,為一網系.每一方棚間,均備四路供給線,直接於此網系.但幹線經過方棚間者,均使穿過銅板.假使供給線將來需要增高,則添築地下供給線至需要處,與網系連接至城外部份,因街道不齊,故用交圈方法較爲合宜.
於虎邱婁齊門外等處,用電少而路線長,均宜用單路供給線.若離城太遠,難
以應付者,酌通特別高壓或高壓線,隨處添設方棚間以應需要.以上均屬大
體計劃.各部詳細佈置,當依工程之程序,環境之狀況,確實籌劃.惟此大體計
劃,爲一切之標準.

第三期自十三年正月起,爲改建時代.預計約須五年,但以環境之變化,恐難
確定.

改造程序,以高壓線爲入手.所有特別高壓,大都爲經濟所限,未能即行增設.
現今電廠容量,亦祇二千K.V.A.,故先將城內高壓交圈,照計劃進行.惟其供
給,則以胥門之兩路,直接通至胥廠.四擺渡之供給線,併爲一路,直接於原定
特別高壓第一路線,暫作該處高壓供給.其他各路供給,暫緩進行.如此辦法,
旣不背大體計劃,於經濟方面,亦可輕減.環境所迫,亦不得不如此矣.

低壓部份,大體亦未能如計劃之互接網系.(Net work) 但能分部爲之,就近歸
併.所有網系,即分區建造,暫不互接.惟幹線均照計劃進行,俾各區完成時,即
可通連一起.傳電工程,大槪如此.但進行未久,即收併振興公司,全城幹線交
叉.且振興原有燈光不足,旣歸一家售電,新舊用戶,未便久使不平.合併線路,
實不容緩,改造工程,乃受停頓.幸高壓交圈,已告成一部,本廠供給,雖增至一
千四百餘 K.W.,而全市燈光尚見進步.但西北一部,及圈外各處,約一千餘
W.K.,因本廠機力不足,就近由圈廠(振興電廠)供給.

兩廠機力,應付全市,尚能有餘.但兩廠發電,管理及經濟,均不完善.即以用煤
而論,現今兩廠平均,每電能在五磅半以上.若建新廠,至少每度可省煤二磅,
每日平均一萬七千五百度,可省煤約十五噸半;全年計之,所省之費當在七
萬元左右.且電壓增高,電線耗電所省之費,當亦有萬元以上.建造之費,約需
五十萬元,以全年所省而論,理當從速着手.但公司經濟方以巨價收買振興
公司,重建新廠,實無此力.故不得不設法調度,以省經費.幸胥廠鍋爐充足.該

廠共有鍋爐六座,熟面積共計一千一百八十三方米突,但以風力不足,致未能如量蒸發.若添設引風機一座,則不難供給四千 K.V.A. 透平之用.故擬將計劃之第二座發電機,先行賺辦,裝於原廠內.原有一切附屬機件,略加添改.省煤機等大件,雖不易加入,但預計亦能設法,每年可減省開支及消耗洋四萬餘元.將來新廠成立,第一號發電機使用後,再將現購之機遷入新廠,爲第二號發電機.手續上雖未免多一番週折,而於大體計劃,尙屬不背.且環境所迫,非取此紆緩辦法,更難着手矣.

今茲機巳向新通公司訂購,但所用電壓仍爲二千三百,其他條件亦未能與計劃相符.會深懼將來捕救之方,更難着手,故不得巳而辭職.該廠目下已在建設中,其詳細情形,或可由該廠新工程師再行報告.上所述者,不過余個人經驗及其計劃,記之以告學會諸君.

提士循環之理論及其引擎在工業上之應用　　　王　崇　植

　　近二十年來,蒸汽輪進步甚速,其最大者已加至六萬啓羅瓦特,有獨霸原動機界之趨勢;但同期間因內燃引擎之發明,各種連帶科學之進步,迄於今日有所謂提士引擎 (Diesel Engine) 之成功,其効能其經濟大可同蒸汽機『分庭抗禮.』用特參考各書,編爲此文,或足爲研究者之一助.至引擎各部構造,實非此短文能及,故略之.

　(一) 提士循環之理論

依熱動學第一第二定律,在內燃機中,我人可有三種之理想循環,第一曰等溫循環,第二曰等容循環,第三曰等壓循環.等溫循環又名嘉諾德循環.等容循環又曰亞德循環.等壓循環者,卽我人欲加研究之提士循環也.今試依次而論之,以證提士循環之優點.

（一）嘉諾德循環.　如第一圖:工作媒介物之原有情形,見於 D 點. DA 是等溫壓線,其關係爲 $P_D V_D = P_A V_A = RT_2$. AB 是等能壓線（Adiabatic Compression,）其關係爲 $P_A V_A{}^r = P_B V_B{}^r$,熱度則由 T_1 加 T_2. BC—如DA線,其關係爲 $P_B V_B = P_C V_C = RT_1$,惟變壓爲漲. CD是等能漲線,熱度由 T_1 低至 T_2,其關係爲 $P_C V_C{}^r = P_D P_D{}^r$. 是故在BC線所吸之熱爲 $H_I = RT \log \dfrac{Vc}{Vb}$, DA線上所放之熱爲 $RT_2 \log \dfrac{Vc}{Va}$ 依熱

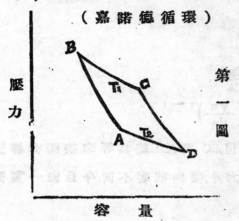

（嘉諾德循環）

第一圖

壓力

容量

效之定義爲 $\dfrac{H_I - H_2}{H_1}$ 故加代數之變化後,我人可得:

$$熱效 = \frac{T_I - T_2}{T_1} = 1 - \left(\frac{V_B}{V_A}\right)^{r-1}$$

換言之,設我人能以BA或 CD 線無限延長,則熱效愈大,是則即無限加高 T_1 而同時又復無限減低 T_2 也.

今且舉一實例,以見此種循環之無用於內燃引擎.設 T_2 爲二百九十絕對溫度, T_1 爲八百〇六絕對溫度,則熱效爲百分之六十四,但 V_B 與 V_A 之比,高至十二.二四,其最高壓力爲每方吋五百磅,而其平均有效壓力,不過六磅而已.我人若從機械建築方面設想,則此種引擎之不切實用,彰彰明矣.

（二）亞德循環　如第二圖:BC線爲一等容之線,故又名等容循環. AB 線爲等能壓線,故其關係爲 $P_A V_A{}^r = P_B V_B{}^r$. BC線卽燃燒線,在此線上,氣之容積未變,而溫度與壓力則加均加高.CD 是等能漲線,其關係爲 $P_C V_C{}^r = P_D V_D{}^r$.

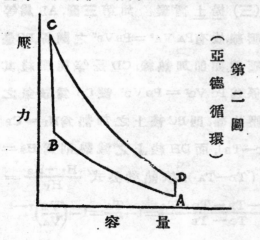

（亞德循環）

第二圖

壓力

容量

DA 是放熱線,容積不變,惟壓力與溫度,則均減低.設 Cv 是該處之等容比熱,則 BC 線上之加熱爲 Cv (Tc—TB)＝HI, DA 線上之減熱爲 Cv(TD—TA). 依熱效公式而求,則得

$$熱効＝\frac{H_1-H_2}{H_I}＝1-\frac{T_D-T_A}{T_C-T_B}$$

但 $\dfrac{T_B}{T_A}＝\dfrac{T_C}{T_D}$　　故 $\dfrac{T_C-T_B}{T_D-T_A}＝\dfrac{T_B}{T_A}$

$$熱効＝1-\frac{T_A}{T_B}＝1-\left(\frac{V_B}{V_A}\right)^{r-1}$$

此熱効之公式與前所得者絕無少異,但 BC 與 AD 線爲等容線而非等溫線,故 VB 與 VA 之比雖與前等,而引擎之大小,便與前者不同.今且舉一實例以明之:

TA＝290° 絕對溫度　　　　TB＝559° 絕對溫度

Tc＝1973° 絕對溫度　　　　TD＝1023 絕對溫度

其最高之壓力亦爲每方时五百磅,而其平均壓力爲每方时一百四十一磅,其熱効能爲百分之四十八,VB 與 VA 之比,不過五倍而已.惟我人有一點宜注意者,則熱効之高低,全視 B 點之壓力而定,A 點壓力雖可減至空氣壓,但結果引擎長大難造,得不償失.故 B 點之壓力愈高,而熱効之成績亦愈高,C 點燃燒後之壓力,初與此熱効無關焉.

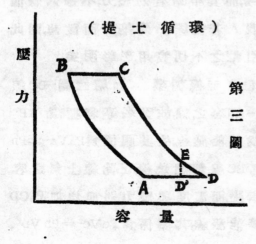

（提 士 循 環）

壓力

第三圖

容 量

（三）提士循環　　如第三圖,AB 爲等能壓線,故有 $P_A V_A{}^r＝P_B V_B{}^r$ 之關係.BC 是等壓線,亦即加熱線.CD 是等能漲綫,其關係爲 $P_C V_C{}^r＝P_D V_D{}^r$ 設 Cp 爲該氣之等壓比熱,則 BC 綫上之加熱爲 H₁＝Cp (Tc—TB),而 DH 綫上之減熱,則爲 H₂＝Cp (TD—TA). 依熱效公式 $\dfrac{H_1-H_2}{H_1}＝$

$$\frac{T_C-T_B-T_D+T_A}{T_C-T_B}＝1-\frac{T_A}{T_B}＝1-\left(\frac{V_B}{V_A}\right)^{r-1}$$

是故熱効之在提士循環,一如其在亞德循環,其重要之點,仍在 B 之熱度或壓力.今且舉一實例,而後作綜合之討論.

$T_A = 290°$ 絕對溫度　　　　　$T_B = 806°$ 絕對溫度

$T_C = 1973°$ 絕對溫度　　　　　$T_D = 1023°$ 絕對溫度

最高壓力為每方寸五百磅,至等能漲線末端之壓力則為每方寸五十一·八磅. V_A 與 V_B 之比為五倍,平均有效壓力為每方寸一百十七磅,熱効為百分之五十六.照此循環,其理論上熱効應為百分之六十四,因等能綫未漲至氣壓而中斷,其所以不願至氣壓之故,則欲減小引擎尺寸耳.第三圖之虛綫,即表現實用之提士循環者.

如上所述,提士引擎之優點已大見.除嘉諾德循環絕對不合用於內燃引擎之外(其理由已詳前,)今且再一作亞德循環與提士循環之比較.就熱効而言,則等能壓力末端之壓力,實為熱効之高低所係,故我人為節省燃料起見,不得不用最大限之壓力.但此壓力,與引擎中之最高壓力與最高溫度,有密切之關係,故我人於另一方面又不得不顧全引擎內壓力及溫度之最高限度.

在溫度與壓力之中,壓力尤居重要.在引擎中,設我人欲以溫度加至拂氏三千度,尚非不可能之事,因為時甚短,可無大礙.惟壓力一層,則時間之久暫,無大關係,引擎之各部分,設非先事設計至此壓力者,必有炸裂之虞.每方寸六百磅以上之壓力(近有用高至八百餘磅者,)目今尚少敢用之者.由此觀之,則提士引擎之最高壓力,即為等能綫末端之壓力,而亞德循環中之等能壓力,類非低於最高壓力二三倍不可,以同一最高可能之壓力言,則提士循環尚矣.

更有甚焉,我人於亞德循環設若等能綫末之壓力太高,則難免有『先燒』

*等壓循環之首創者為英人白雷登(Braton,)當時雖明知其熱効甚高,但引擎尺寸太大,不切實用,遂廢置焉.

（Pre-ignition）之弊,例如氣油（gasolene）引擎,此壓力不能過九十磅者是.加之理論上之熱效能,雖因 VA 與 VB 之比而變,但據 Guldner 言,在亞德循環中,此比數如大於六,實際之效能反因之而減.單就燃料而言,提士循環之較優於亞德循環,可以絕無疑慮矣.

惟有一言爲讀者告,則燃料之節省,非我人要求之惟一條件.如重量如地位,有時亦大關重要,我人未可輕視亞德循環之引擎類皆輕小,用之於汽車,飛機等等,實非提士引擎所能企望者.

但爲中央機力室用,提士引擎實爲內燃引擎中之最有勢力者.除特殊情形外,例如柴油（fuel oil）之無從運輸,引擎馬工率之太小,自然瓦斯（及別種氣體燃料）之足供利用,煤氣（Producer Gas）之特別價廉等等,鮮有不採取此種提士引擎者.今且略述此提士引擎之歷史及現狀,以證我言之不謬.

（二）提士引擎之歷史

德人提士（Dr. R. Diesel）於1892年得一等溫循環引擎之專利,其原理一如嘉諾德循環.原擬以煤屑爲燃料,後改液體燃料.等溫壓線之成功,則射水於氣缸（Cylinder）中以得之.其開機之法,則利用炸藥（Explosive,）但其第一引擎之試驗,竟大失所望,蓋因炸藥太猛,陷全機於爆裂.幸MAN廠（Mashinenfabrik of Augsburg）及克虜伯廠願出資相助,提士博士與其友人謵奇爾（Vogel）得以逐漸改良.其重要之點,則在舍等溫循環而取等壓循環,取白雷登之原意而改良之.迨1898年 Munich 博覽會時,MAN 廠克虜伯廠及陶斯廠（Deutz）均有二十五馬工率之提士引擎,出而問世.

當時提士之專利,雖幾無國無之,但至1904年而中止.歐洲各國如德如荷如瑞士如英國,曾感燃料價格日高,力求節省,故不惜重資,以備研究改良之用.在英尤甚,雖當提士引擎在德失敗時,英國提士公司,仍復力求不息,今日

◉Machinenfabrik of Augsburg 爲德國著名之機器製造廠.國內所用之德國蒸汽輪,幾無一非其出品,上海西門子洋行所經理者,即是.

之成功,類皆歸功於德,實則英倫亦有足多者.以二十五馬工率開始之引擎,不數年間,而商用之引擎馬工率,共有數千之多;成功之速可見一斑矣.

　　提士引擎在美之歷史,第一時期幾至完全失望.至1898年一六十馬工率之引擎成功,略有生氣.其所以致此之故,則因美國製造廠家,類皆因陋就簡,欲於煤氣引擎之建築上,略加改良,卒至失敗.1913年為提士專利權在美終止之年,當時因該引擎之成績已屬斐然可觀,故一時營此製造提士引擎者,風起雲湧.統計至1922年至,其總有之馬工率已在五十萬以上,實足驚人.美國每年製造之提士引擎,日就加增,至1922年,有七萬匹馬工率之多.逐年出品多少,茲特列表如第四圖.全世界之出數,因一時無從參考,暫付缺如.第四圖中有一令人注意之點,則在此五十萬馬工率中,祇有八千馬工率左右之引擎,已不復應用,其壽命之長,諒足與蒸氣引

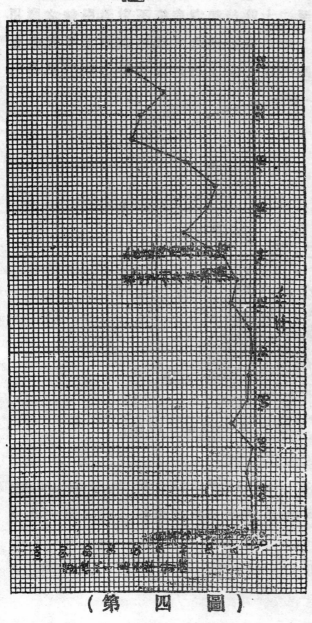

（第　四　圖）

鑿相比.昔日之治原動機學者,類以壽命短促,爲提士引鑿短處之一,非確論也.

(三) 提士引鑿在工業上之應用

美國今日製造此引鑿之廠多至二十餘,後起者尚復不計焉.引鑿之應用,大別有二:一曰陸上應用,一曰海上應用.其製造之方法,因應用之不同,略有差別.第五圖中乃提士引鑿在美國各種工業上應用之百份分配

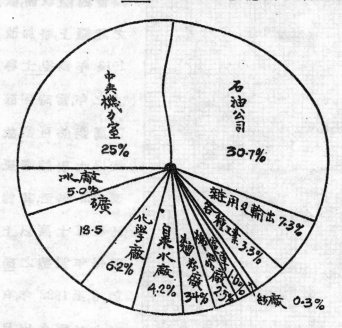

石油公司
30·7%

中央機力室
25%

冰廠
5·0%

礦
18·5

化學廠
6·2%

自來水廠
4·2%

麵粉廠
3%

機器廠 2·5%

雜用及輸出 7·3%

各種工業 3·3%

製造業 1·6%

紗廠 0·3%

第五圖—美國工業界提士引鑿分配圖

*美國著名之提士引鑿製造者,有 Nordberg, McIntosh & Seymour, Fulton, Worthington, Busch-Sulzer (Adolphus Busch 爲介紹提士引鑿入美之第一人,) Standard, Pacific, New London, Snow, Craig, Cramps, Winton, Dow, New York Shipbuilding, American Diesel, Allis-Chalmers, McEwen, De La Vergne, Otto, & National Transit.

應用最多,其原因全於燃料之價廉而易得.第二位便爲中央機力室,佔四分之一.此種中央機力室,類省在二千啓羅華瓦之下.在此種小規模之機力室中,實難用蒸汽原動機而使其効能一如提士引擎者.下面述經濟狀況時,當再詳及之.

我人類知工業革命肇始於蒸汽引擎之發明.結果因能力集中（Centralization of Power,)新式機器効用大著,生產之効日增月盛,家庭工業立行破產.及至今日,工廠爲能力問題不得不集中城市,否則自備機力站,能力之價或將倍蓰.推原其故實由於小規模並汽機力室効能之低微.故其結果,工人亦不得不住居城市以謀工作,『生活高』『生活高』之呼聲,幾無處無之.換言之,今日之工業狀況,其在生產方面,効能甚高,所惜者乃分配問題,生產之地,非即消費之地,結果雖一物之生產費用甚低,而加之以運費,便不能供無產階級之用.更有甚者,如工資,如原料,均受其影響而增價,因果相乘,如環無已.英美各國今日所感之痛苦,莫此爲甚.故工業領袖,都主張將工廠四佈（Decentralization of factory system）以救其弊.蓋此舉若行,利益無限,擇其著者言之:一曰運費之減低,生產地即消費地,無甚運費可言.二曰工資之低廉,城市中之生活費常較鄉間爲低,工資以生活費高低而上下.（照經濟學原理,此語殊不盡確,因工人所得之酬報實因生產率而定.但生活標準亦爲工資高低之大因.）三曰罷工風潮之減少,大城市中工潮較易鼓動,蓋羣衆心理使然也.緣此三因,美國之工廠已有散置四鄉者.例如製造皮鞋事業,前此都集中東部,今則已漸漸分散矣.

雖然,能力價值之問題將如何解決?大城市雖有種種不利,但能力低廉,所得足償所失.設將來鄉間之能力,其價不和城市中者相仿,則工廠四散之計劃,難見實行,生活高貴之聲,或且日甚一日.充其極量亦不過分散部分工廠,其能力費用在生產費用項下,本佔據甚小部分者.美國本薛佛尼州州長Pinchot故有Giant Power Plan之議,及各州電氣公司有Superpower Plan之想,其主要目的,不過欲輸送低廉之電能於城鄉小鎮,藉爲製造事業之用耳.但電能之價,依輸送距離而增,因路綫需鐵,耗損需錢,距離較遠則費用亦因之較大也.

依據前說:則欲求分配費用之減少,非四散工廠不爲功.而工廠之四散,其首要條件,便爲低廉之能力.小規模之蒸氣機力廠,不能應其需要,大規模之Superpower Plan,其電價亦因距離而加增.且也此種大計劃雖在美國亦難卽時實現故能補此缺恨者,舍提士引擎其誰屬?提士引擎之熱效能有百分之三十四,雖在三十馬工率者,其效能亦相差無幾.--百馬工率之引擎和三千馬工率之引擎,耗油相等.且引擎之小者不過三十匹馬工率,而最大者已有一萬六千馬工率之多,六千馬工率之提士引擎已有多家可以承造.在此三十至一萬六千馬工率之中間,可斷其足供任何工廠之選擇,決不有太大太小之苦.準此立論,提士引擎之前途,正未可限量也.

若言我國情形,更有應用提士引擎之必要,請得一申其說.歐美工廠設因需用能力甚小,若自置蒸汽機力室,則所費太甚,不如購用電能之爲合算.至於中國,除大城市如上海廣州等外,幾無購用電力之可能.卽能買到,其所貸亦巨,恐非每啓羅瓦特規元五六分不可,較之歐美,所費約爲五倍.換言之,中國之各種工廠,幾非自辦機力室不可.故提士引擎之所爭者,非復偉大之電站,不過小規模之蒸汽引擎或蒸汽輪,其問題甚簡單,其利益亦易見.至提士引擎利便使用,小規模之工業得因而創辦.江浙二省年來電燈廠碾米廠及屈水站之設立,更足爲我說之左證.

但我國非採油之國,據某學者言,其總數不過全世界百分之三.目今所用之石油,點滴來自歐美.舍自有之煤而用他人之油,恐非計之得者.且卽以產油最多之美國而言,彼政府亦日有警告,謂石油將於數十年內告竭.但目下石油之浪費,確一不可諱言之事實,然世界無一地質學者,敢斷言地下藏油

*歐洲有一只 16,000 H. P. 9-Cylinder 引擎,刻在製造中.

之量.就我人所知,則柴油之量足供提士引擎之用者尚久且長.中國之無石油,尚無英國之甚.英倫是世界著名燃煤之國,但英國應用此種引擎未常因而稍減,一則因柏油 (Coal Tar) 爲焦煤之副產,可供提士引擎之用;二則因利用提士引擎,煤之浪費可大減,煤與石油同爲國際間之重要物品,我人未可軒輕其間.目下柴油在中國之市價每噸不過規元三十餘兩,以熱單位計價雖較煤價爲昂,但設以引擎之熱効計之,則反低廉.煤與柴油各就其最經濟之範圍而用之,實爲上策.且遠在一千九百年巴黎博覽會中,法政府曾用植物油名 Arachide oil,試於用於亞德公司之提士引擎,成績甚佳.石油在中國卽成問題,亦有用植物油之可能,我國產油甚豐,如花生油等,亦未始不可應用也.我國將來之油源,卽除此百分之三之天產,亦有柏油植物油可用.卽使歐美石油告竭,亦有殼油起而代之,外洋來源除在戰爭期中之特殊情形外,可無問題.我人觀於英國之過去,當可知提士引擎之在中國,當決不因此油源問題而不合實用也.

　　(四)提士引擎之分類

　　至提士引擎之分類有直式橫式者;有海用陸用者;有單作用者, (Single Acting) 有雙作用者;有兩循環四循環者;有空氣注射,液體注射者.在原理上直式無異於橫式海用無異於陸用, (海用引擎年來日趨重要.其建築上相異之點,一可反轉,二須較輕,三則飛輪宜小,四則附有較多之連帶機件如抽水機等.) 惟兩循環之與四循環,其舌門支配完全不同.液體注射與空氣注射,注油舌門之構造因之大異.以一四循引擎與兩循引擎比,卽以舌門機件簡單問題與容量効率(Volumetric Efficiency)問題比.二者不可兼得,故在大引擎中,容量効率爲要,故多用四循環者.反是,則用二循環者.但其分界如何,著者殊不敢武斷.雖在三百馬工率下之引擎類以用二循環爲是,但去夏余在水牛城時,曾在 Snow-Holly 廠中親見一具一千馬工率之雙作用二循環引擎; (I—Cylinder, Double Acting, Two Cycle Diesel) 在米密根湖中福特貨客,見有單作用之四百五十馬工率之同樣引擎,其界限之難分,於此可見.

至液體注射與空氣注射,其共有之首要條件.則一為量油機件 (Metering Device,)一為射油時間 (Timing.) 至射油之速度,油粒之分細,更宜研究,否則燃燒不靈,便無提士引擎存在之可能矣.在液體射油式中,其打油機實為一量油式而兼受時間支配者 (a timed pump of metering type.) 當油直進時.過射油舌門 (Spray Valve) 為油壓所開,油乃自行噴入,而在氣缸頭起燃燒作用.射油法之簡單,以此為最.至空氣注射式中,則打油機戢為量油式者,先將需用量之油打入油袋 (Housing),油袋中有一射油舌門,以備射油之用.外則有一三級壓氣機,在油袋中壓有每方吋千磅之高壓空氣當射油時間之際,射油舌門為 Cam 所開,油被高壓空氣所噴,射入氣缸頭中而燃燒其機械之複雜,實難和液體注射式相比.但言乎射油時間之正確,射油速度之合式,油粒空氣混全之完美,則液體注射又復相形見絀.故兩式之選擇,不過一機件簡單與效率高低之問題耳.

(五)提士引擎之經濟紀載

我人為討論便利起見,特將各種費用分析之,而與蒸汽機力再作一公平之比較,其項目如下:

(a)資本　如第六圖,根據於 L. H. Morrison 及 C. E. Lacke 著,提士引擎之價（附有一切附件,）實較高於蒸汽機力室,但相差甚微,未足為左右組也.且上述價值乃根據美國情形.國內尚無此種統計,未能以此為憑.據作者私意,則汽鍋等之運費,汽鍋室之設備,煤堆之地位等等,皆應加入.而運費一項,殊堪注意在中國提士引擎之是否較貴於蒸汽機力室,鄙意尚有詳查之必要焉.

(b)工資　提士引擎之在三千啓羅華瓦特以下者,工匠二人得能管理.蒸汽機力室之同樣大小者,非四五人不可.但管理提士引擎之工匠,工資較高,然相差甚少,在工資項下無大關係.故在三千 Kw 以下之機力室,提士引擎

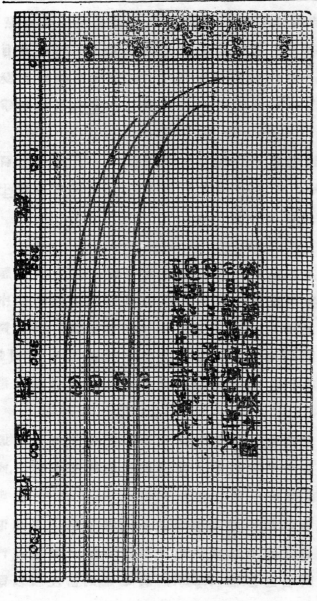

（第 六 圖）

方面之工資,恒較小於蒸汽機力室,但在五千 Kw 以上者.則未可以此爲據也.

（c）燃料費用　提士引擎每馬工率小時之耗油量大約自0.37磅至.50磅.以石油每磅值洋二分計:則每馬工率小時之所費不過大洋一分,較諸蒸汽站相差甚多.以一千馬工率小時耗潤油一加倫計,其影響於羅啓瓦特小時之價,甚鮮且微也.

（d）管理及折舊　照尋常流行之意見,幾無不承認提士引擎之壽命較短於蒸汽原動機.但經細察,實亦不然.引擎之裝置在十五年前者,今日尙復完好,管理者之留心與否,實爲重大原因.提士引擎之可靠,已不在蒸汽原動機之下,故管理項下之費用,二者當無大別也.

統計上述諸項用費,加利息,冷水,雜費等,在五百啓羅華瓦之廠每度電能不難以二分錢得之*（在半荷重時約三分半,在四分之一荷

*L. H. Morrision's Diesel Engine　P. 77.

重時約六分,在四分之三荷重時,約二分半.) 以大中華紡織公司比,其電廠電量爲二千Kw, 每度電能（Kw-hr）之價,最便宜時爲規元.019, 相差尙有百分之三十,至當一九二二年一月之時,其價更高,爲.043規元,更無從比擬.以此言之,則五百啓羅瓦特之蒸汽電機廠,更難在經濟上和提士引擎相爭矣.

讀者如對此題,尙不深信,即請參看 Chalkley's Diesel Engine 一百三十七頁至一百四十五頁, Morrison's Diesel Engine 六十三頁至八十九頁,當知提士引擎在英在美之經濟狀況,或足以舉一反三也.

（六）提士引擎之將來

提士引擎之概要已分章述及.在較小之機力室中,此引擎之選擇,其問題已甚簡單.本篇專述工業上之應用,未嘗一及海式.但船用引擎,在潛水艇中共有十四萬馬工率,在尋常船舶中有十萬馬工率 （1923 年統計,）其數實已不少.中國長江上流之船,如駛行自重慶以上者之淺水輪,裝置此種引擎者亦復不少,（就作者所見皆爲半提士式,用熱球開機者.）讀者若注意造船工程,幸注意焉.

至提士引擎之應用,在各種工業中,幾無業無之.十年後之應用,定更普遍.但據 Chalkley 氏之意見,則其最大之發展,除工業應用船舶應用不計外,或在鐵路上之機車及城市之客車.蘇爾士兄弟公司 （Sulzer Bros. Co.） 已製有機車一架,供普魯士國有鐵路之用.至城市客車及長途客車,目下多用電能或汽油,浪費殊大.（電車之費在高架導綫或地中導綫,客車之費則在汽油.） 若將來能用提士引擎,則所省必多.惟 Chalkley 氏之意,則甚注視以電能爲過渡物.換言之彼所希冀者,乃提士電機車 （Diesel Electric Locomotive） 及提士電客車也.其所以借重於電之故,則因機械傳力頗不便於引擎,設用發電機及電動機等,則其弊自免.在海舶中提士電能駕駛(Diesel Electric Drive)已著有成効,準此立論,則提士引擎在陸上駕車之成功,或尙可立待.至氣艇

上之應用,亦非絕不可能,但著者則尙不敢預測耳　　　　　(完)

著者在杭州工業專門學校,曾以此題爲機力室計劃敎材之一小部分.全講會及引擎指示圖與理論之差異,引擎各部之構造,冷水之流通,潤油方法,高壓空氣及石油性質等等,類皆爲初學者取材,不敢公世.特將理論及應用二項,於講畢後自記.刊諸工程,以應前期之約耳.　　　　著者附

通　俗　工　程

機　器　淺　談　　　　孫雲霄

作者宗旨,在與讀者諸君稍談機器大意,以鼓動其對于機器工程之興趣,內中所言,極其普通,稍難之專門名辭,不敢取用,讀者諸君,原諒指正是幸.

(一)機器之用途

方今以機器代人工,其對于發達實業之重要,可無待言.普通人莫不欲稍知其大槪,每以爲甚難,其實不然.機器之構造與動作,均甚易明.世界最有趣而最複雜之機器,乃爲人身之構造與動作.如人之手,各種工作,皆能爲之,較之機器只能有一二種動作,其靈巧奚止百倍.人之腦,運用心思之妙,機器則無也.機器者,人所計畫造成用以爲一定之工作也,旣不能思想,又不能改其一定之工作,換而言之,機器乃死物也,不會變化,例如耕田機不能使織布,織布機不能使鋸木,鋸木機不能使磨粉者是.然而耕田機可以耕旱田,亦可以耕水田.織布機可以織粗布,亦可以織細布,鋸木機可以鋸細木,亦可以鋸巨木.磨粉機可以磨麵粉,亦可以磨米粉,大槪動作相同,同一機器,可有數用.至於應用合宜與否,全視乎當初造機器者之用意.比如一茶杯,當初造者,本爲品茗而製,用以盛飯,固無不可,不過其容積太小,屢次添飯不便,用以注酒.又覺其容量太大,一鍾卽可醉人.機器用途亦然,故欲機器適用效多.一機器只

有一種專門動作,是爲最善,若欲其能兼各種事,則其工作每不能十分精確,此造機器者對於用途問題解決之大意也.

(二) 機器之計畫:

(甲) 分析機器代人工之動作與選擇機關

既定機器之用途,其如何動作,必須詳細分析.然後方可設定機關,以得其動作.譬如今欲計畫一機器,用紙條包烟葉,而成一枝一枝之香烟,其主要動作,可分析如下:

必有一機關,取包烟葉之紙條拖入機器.

必有一機關,將已細碎之烟葉放於紙條上.

必有一機關,俟烟葉放下後,將紙條捲起.

必有一機關,將紙捲接頭處,用膠水糊起.

必有一機關,將烟捲用刀切斷.使成一枝一枝香烟.

以上之主要動作,不可缺一,其次序之先後,亦不可顛倒.舉一反三,推而至於他種機器.其分析動作,選擇機關之必需,亦莫不然.每每同一動作,可用各種不同之機關作成之,比如今欲運物上樓,其動作乃由下而上.其物可用升降梯運上,或用繩及滑車繫上.如其物不重,用繩繫上可矣,若用升降梯,目的雖可達到,未免太覺費力.如其物甚重,用繩繫而不能,則用升降梯可矣.故選擇機關,以得一種動作,其中大有考究.大概機關愈簡單,愈易製造,顧有時簡單之機關,不能達其目的,不得不採用複雜機關耳.

(乙) 機器各部分傳力之研究:

機器自身不動,賴外界原動力以動之,其能力或所用之力,尋常與馬之力相較,機器之力能抵一馬之力者,曰有一馬力,能抵十馬之力者.曰十馬力.譬如一馬,用繩拖動一車,馬爲原動,力所由來.車爲被動,力所用去.繩爲中間傳力之用.必須結實,不結實則斷,機器亦然.比如一發動機以皮帶拖動一鋸木機,發動機爲原動,力所由來,木頭爲被動,力所用去.皮帶及鋸木機各部機關在中間傳力,如前所言之繩,亦不可不結實,若不結實,則亦斷矣.故計畫機器,其各部分之傳力,不可不詳細研究也.

（丙）配置各部機關之大小:

夫以馬用繩拖車,欲繩結實,能傳若干之力,有數法可行,（一）取結實之材料,譬如鐵繩與粗蔴繩當較草繩為結實.（二）用大繩,繩之大者當比小者為結實.（三）如恐一繩不足以傳力,可用數繩以分其力,則結實.機器亦猶是,欲其各部能傳力結實,亦有數法可行:（一）其機關各部,用堅固材料作成,或以鋼,或以鐵,或以他料,視傳力之大小而異,（二）式樣尺寸大小,可照力而定,同一材料,需傳力大者其尺寸亦當大,傳力小者其尺寸亦當小,（三）如用一機關以傳全力,慮其尺寸太大不便,可分數小機關以分其力焉.

（丁）繪圖與定料:

機器各部之圖樣,必先詳細繪明,尺寸大小,以及用何種材料以造之.其製造工作,應如何精準,均須計畫者決定,載在圖樣.其受摩擦之各部分,必有方法,使其磨耗之處,易於補救,如將各部集合成一完全機器,其各部分接頭之處,尺寸應相符合,否則格格不能相入.計畫機器者,須富於想像,雖將來之新機器,尚未造成,但其理想中當早明見其如何構造與動作矣.

（三）機器各部分之製造法;

（甲）造模與鑄型:

製造機器各部,或以鋼,或以鐵或以其他五金,首先按照計畫之詳細圖樣,造各部之木模.木模既成,則將木模四週用微溼之砂土堆成,然後將木模取出,留一木模之空位,再將溶化之鋼鐵注入其中.於是液體之鋼鐵,充滿木模所留之空位,俟鋼鐵冷而成固體,則成鑄型矣.鑄型之表面,每不光平,須用各種工具以修平之,故造木模之時,必須將圖樣上之尺寸,放大幾分,使鑄型受各種工具修平之後,其尺寸適合於圖樣上之尺寸焉.

（乙）修平鑄型所用之工具:

工廠所用以修平鑄型之工具,小則有銼鋸等,大則有各種特別機器,如車床以修圓形,鉋床以修平面,鑽床以鑽孔,其他此類機器甚多,各有異點,但不外修削鑄型,使其合用而已.此類機器,尋常以發動機之馬力拖帶使動,因修削堅強之鋼鐵,必須大力,非若修削木料然.使用此類機器之工匠,必須細心,使鑄型受修正之後,其尺寸大小適合於計畫者之圖樣,如尺寸不對準,則恐後來難於集合各部分使成一機器也.

(丙) 集合各部分成一完全機器:

如上所述,各部分之尺寸,造成之後,必須適合於圖樣上之尺寸,然實際上欲其絲毫不差,甚非易事,有時亦無須過於準確,致太費工夫.故各部分,俟集合之後,其正誤相差究竟多少,方可實現.譬如有一工廠,專造一種磨麵粉機,每月可造出此種同樣機器共十架.其一架內各部分,應可與他一架內各部分互相調用.如不能互相調用,則其各部分之不準,昭昭明矣.故於集合各部分成一機器時,其工匠作工之不準確處,須臨時再稍為修改,其錯誤太多.不容修改者,須另用一鑄型,重行做過.有時原來圖樣中之尺寸,有所錯誤,至集合時,則易明瞭矣.

(四) 新機器之試用:

一機器必有其一定之能力,如一蒸水汽機有三百馬力,一發電機有五百啓羅瓦脫,一打米機每一小時可出米八石,一抽水機每分鐘能抽水二十立方尺至十尺之高,一鑽床機能鑽二寸大之孔,其餘類推.故造一新機器,造成後,應先在原廠試用,以定其實在之能力,果能符合於當初之計畫,誠為一問題也.製造原廠,照例擔保其機器,能力有若干,材料之良善,工作之精細,購用機器者,如發現有不符合處,其損失可向原廠要求賠償.大概平常小機器,總賴原廠所定之能力為準.遇大機器,須俟購用機器者將機器裝置後,實行試用,其能力方可定奪.但裝置之法,細微末節,原廠每供給圖樣及說明書,若購用機器者,不按照其法,原廠每不肯負責擔保也.

（五）機器之使用及保管：

（甲）使用機器,當按照其實在能力：

機器有一定之能力,已如上所述矣,使用之者,當不加勉強.比如一發電機,其實在能力,爲供給十六枝燭光電燈三千盞,倘今忽欲其供給四千盞,則機器必受傷,一時雖難察見,積久則顯,猶人因勉強積勞而受傷然.

（乙）機器開工與停工：

機器於開停時,必須和緩,如忽然由靜而動,或由動而靜,則機器各部,恐有破裂之虞.

（丙）機器上油：

機器摩擦之處,必須上油,有油則摩耗力減少,機器不易損壞,如不上油,則摩耗力大,其受摩擦之處,熱度增高,各部受傷,全機亦因而停頓矣.故上油爲使用與保管機器惟一之要務.如無油,則機器不可開工,否則機器必毀壞無疑.油有各種,厚薄不同,用處亦各異.大概摩擦處於上油後,其熱度之增高,當有限制,於當初計畫時,即宜預定用何種油.用油過薄,則油易於被擠出或蒸發而脫離摩擦處,過厚則摩耗力又增多.故用油必須有一定厚薄與其他特性,機器原廠,當知何處宜用何種油,購用機器者,如有疑處,函問之可也.

（丁）修理破壞部分：

機器部分,一有破壞,即須修理,內地修理機器廠少,或竟無之,則破壞之部分,須送外埠修理,機器停工,費時實甚.故購用機器者,最好向原廠購辦其易於毀壞之各部分,以爲備貨,如有破壞,即易以一新者,如是則機器停工之時間縮短矣.

（戊）機器之壽命：

各種機器之壽命,有長有短,從數年起至數十年不等.亦因使用與保管之善良與否而異.而機器之式樣,又復日新月異.十年前之式樣,今則稱爲老式,今之所謂新式,十年後亦將爲老式矣.然而機器貴乎有用.老式機器,果於應用無妨,雖不及新式之靈巧,亦不當厭棄.有時因價值便宜,購用亦有合算者.

重要房屋建築應否採用石灰三和土(Lime Concrete)基礎之商榷

施 孔 懷

房屋建築術,不特有關房屋之外觀,抑且影響及於居者之安甯,曁房屋之壽命.惟其然也,對於所用材料之應行研究,無待贅言.

夫石灰之所以有建築價值者,因其所含之水份,能逐漸蒸發,幷吸收空氣中之炭養二(CO_2)變成鈣炭養三($CaCO_3$)耳.如將甚厚之石灰三和土,盦之地下,不特蒸發費時,抑且空氣無從得入,致難凝結.縱能凝成鈣炭養三,須時長久,實可斷言.而用者輒謂石灰三和土較水泥三和土價廉倍蓰,且其抵抗力較泥土爲強,以故用石灰三和土爲房屋基礎者甚多.以經濟爲應用之主因,雖未可厚非,然欲應用於重要房屋建築,則似不妥,請申其說:

重要房屋,如貨棧工廠等等,載多大重量,房屋各部分之建築,比例寬大,本重(Dead Load)亦因而增加.採用石灰三和土爲基礎,如待其凝結而築垣建柱,則虛費時日,如不待凝結而即行築垣建柱,或甚至工程已竣,而基礎尚未凝結,則是基礎無載重之能力,而甚大之本重與活載重(Live Load)相繼壓著,基礎難免不因而受損.此石灰三和土基礎之應否採用,有待商榷者一也.

考石灰三和土之成份,爲石灰,磚塊,及沙.石灰及磚塊遠不及水泥及石子之堅強.且石灰之性質,磚塊之大小,沙之粗細,及各成份之比例無一定標準.其抵抗力之薄弱,蓋可想見.(1:2:4之石灰三和土圓柱體二月期擠壓試驗平均每方寸35磅爲1:2:4水泥三和土七十分之一)用以建築重要房屋基礎,能否抵抗甚大之本重曁活載重之剪力及壓力是一疑問.此石灰三和土基礎之應否採用,有待商榷著二也.

　　嘗見數尺厚之石灰三和土基礎,下打木樁,以增強泥土之抵抗力,上用半尺厚之水泥三和土,使本重及活載重,由水泥三和土傳至石灰三和土,再由石灰三和土傳至木樁.觀附圖,可知石灰三和土須凝結成片(Slab),然後能將重量,傳至木樁,否則石灰三和土,將被重量壓至木樁中間,基礎毀傷,房屋壽命不長.此石灰三和

土基礎之應否採用,有待商榷者,又其一也.

　　總之石灰三和土基礎,凝結費時,抵抗力不強,應用於不載多大重量之房屋,如住宅等則可.如應用於重要房屋建築,則名為經濟,實則適得其反.因石灰三和土雖較水泥三和土賤四五倍,然水泥三和土抵抗力較石灰三和土為強,如用水泥三和土,則用量可減少.反是雖房屋其他部份,如垣柱地板屋頂等建築甚固,若基礎受損,則房屋傾毀,是用石灰三和土為基礎,所省者有限,所失者甚多,得不償失,非計之得.故鄙意重要房屋基礎,宜摒除石灰三和土,而用水泥三和土,未識治此學者以為如何?

天津會員伍竹村君逝世

伍竹村君年三十二,廣西人,畢業於南洋大學土木工科,曾充廣西市政工程師,美商亞洲機器公司衛生工程師,廣西省長公署交涉股主任,廣西省立第三師學校校長,及津浦鐵路工程股工務員,於今年四月間染春瘟而亡,才長命短,同人等不勝哀悼之至.

報　告

磚　頭　試　驗

材料試驗委員會第一次報告

淩鴻勛　楊培琫　施孔懷

會員大鑒: 本委員會自十三年十月二十八日,將討辦試驗材料議決各案報告後,卽假上海南洋大學試驗室,着手試驗磚類,並請本會會員楊君培琫,施君孔懷,為試驗員,茲將試驗磚類五種結果錄呈,請爲察核公布爲荷.

　　　　試驗材料委員會委員長　淩鴻勛. 五月十一.

尋常建築所用之磚頭,應注意之點有五:一曰形式,二曰質地,三曰吸水量,四曰強弱力,五曰堅久.

形式 上等磚頭其大小須一律,各面須平,各邊須直,兩面所成之角須為直角,任何一面須與其相對之一面平行.磚頭各面之所以凹凸不平者,因磚坯製就後,在空氣中晒乾時,受過強之日光,及在窰燒時爲上層磚之重量所壓.吾國機製及手製磚多有此病,而以手製磚爲尤甚.

質地 上等磚頭其質地須細結均勻,無沙眼氣眼等弊,扣之應發鏗然之響.以上二者,稍爲留心觀察,自能得之.惟吸水量,強弱力及堅久,非經試驗,無由知其梗概.

試驗種類 欲知磚之強弱力,吸水量,及堅久,須經五種試驗:一曰橫撓試驗(Bending Test,)二曰擠壓試驗(Compression Test,)三曰吸水試驗(Absorption Test,)四曰磨擦抵抗試驗(Abrasion Test,)五曰冷熱試驗(Freezing and Thawing Test,)第四第五兩種,因試驗場設備未周,姑付闕如.

試驗手續　先將各種磚頭,隨意選取五塊,（能多試更佳,惟本會以時間及經濟關係祇取五塊）而每塊與以號數,如所取之第一塊,則名之爲一號,第二塊則爲二號等是.繼將一號磚受橫撓試驗,斷而爲二,其一半則名之爲一號甲,餘一半則名之爲一號乙,如斷處參差不平,則先用鑿子切成長方形,然後再在磨刀石上磨平.磨平後,將一號甲受擠壓試驗,一號乙受吸水試驗.吸水試驗後,復將一號乙受擠壓試驗,以便與一號甲比較,藉知磚頭吸水後,與壓力有無關係.其餘二,三,四,五號磚,皆受同樣之試驗.

說明一　所試驗之磚,除利農,倫興及瑞和廠各將所製之磚送本會外,餘均係營造廠褚掄記贈送.

說明二　所試驗之磚,其製造廠名,暫不宣布,祇以 A, B, C, 等字代之.如廠家欲將其名宣布者,本刊當於下次出版時宣布之.現所試驗之磚,有泰山,倫興,利農,華大,義品,瑞和,及嘉興洪家灘七家.

橫撓試驗法　先將三角形鋼枕 A, 置在試驗機平台上,三角形鋼枕 B, 裝在試驗機壓蓋下.移配鋼枕,使兩鋼枕 A 之對中距離等於七寸;鋼枕 A 至鋼枕 B 之距離等於三寸半.然後將所試之磚,平放於鋼枕 A 之上,如附圖所示.圖中 C 爲橡皮布,D 爲小鋼板,置在鋼枕與磚頭之間,以免局部犖烈.如橡皮布與磚面接觸處,高低凹凸,可用紙筋石灰搨平.試驗時,將

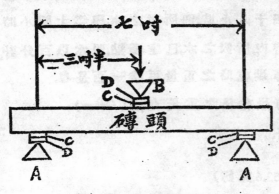

橫壓試驗圖

加力輪轉勳,使壓荃徐徐下移,同時旋轉平衡輪,使秤桿平衡,磚斷後,記秤桿上所記之壓力.計算橫撓力之公式爲 $S = \dfrac{3PL}{2bd^2}$, S ＝ 橫撓力以每方吋若干磅計, P ＝ 秤桿上所記之壓力以磅計, L ＝ 平台上兩鋼枕中之對中距離以吋計, b 及 d ＝ 磚之闊及厚,均以吋計.

擠壓試驗法　先將擠壓砧 A, 置在試驗機平台上, 擠壓砧 B, 裝在試驗壓機

```
┌─────────┐
│    B    │
├─────────┤
│ 磚頭 │ 草紙
├─────────┤
│    A    │
└─────────┘
```

直壓試驗圖

蓋下. 後將所試之磚, 平置於壓砧 A 之上, 并放在壓砧之中, 使所受壓力, 各處相同. 草紙置在壓砧與磚頭之間, 以免局部烈隙. 如磚面凹凸, 亦用紙筋石灰揞平. 試驗時, 轉勳加力輪, 使壓蓋徐徐下移, 同時旋轉平衡輪, 使秤桿平衡. 磚破碎後, 記秤桿上所記之力, 計算擠壓力之公式為 $S = \dfrac{P}{A}$; $S =$ 擠壓力以每方吋若干磅計, $P =$ 秤桿上所呢之壓力以磅計, $A =$ 磚之面積以方吋計.

吸水試驗法　從橫撓試驗所得之半磚, 磨平後, 先秤之, 後置於熱氣箱內, 使磚中所含之水份蒸發. 箱內熱度, 自華氏表二百度熱至二百五十度. 不時將磚取出秤之. 至磚重不變時, 取出平放於有蓋之白鐡箱內. 放水入箱, 至水高一吋為止. 半小時後, 將磚取出, 以乾布揞乾, 秤之, 而呢其重量. 再浸水中, 二十四小時後, 取出如法秤之; 四十八小時後, 再取出如法秤之. 磚浸水後, 半小時與二十四小時所吸之水量相仿; 至四十八小時, 則所吸之水, 與二十四小時所吸之水, 相差無幾, 足徵四十八小時內, 所吸之水, 已達極點. 吸水以百分計算, 即四十八小時內所吸之磚重, 比磚烘乾時之重量, 再乘一百是也.

每立方呎重量計算法　假定 G ＝磚烘乾後之重量克姆（Gram）

　　　l, b, d ＝磚之長, 闊, 厚均以吋計.

　　　$\dfrac{G}{453.6}$ ＝磚重, 磅數.（一磅＝453.6克姆）

　　　$\dfrac{l \times b \times d}{12^3}$ ＝磚之體積, 立方呎.

　　　$\dfrac{G \times 12^3}{453.6 \times l \times b \times d}$ ＝磚之每立方呎重量, 磅數.

以上各種試驗之記錄及結果列表如下:

橫撓試驗記錄一

磚頭種類——機製造房紅磚　　　　　磚廠名字… …… ………A

試驗日期——十三年十一月二十五日　　鋼枕對中距離… ……七吋

試驗號數	磚頭大小吋數	最大橫撓力磅數	最大橫撓力每方吋磅數
一　號	$4\frac{1}{4} \times 8\frac{5}{8} \times 2\frac{1}{2}$	815	288
二　號	”	1,395	493
三　號	”	1,280	452
四　號	”	1,135	401
五　號	”	805	284

最大橫撓力平均每方吋384磅.

橫撓試驗記錄二

磚頭種類——製造房紅磚　　　　　　磚廠名字…… …… …… B

試驗日期——十三年十一月二十五日　　枕鋼對中距離………七吋

試驗號數	磚頭大小吋數	最大橫撓力磅數	最大橫撓力每方吋磅數
一　號	$4\frac{7}{8} \times 10 \times 2$	960	516
二　號	”	1,685	906
三　號	”	2,310	1,243
四　號	”	1,590	855
五　號	”	1,265	681

最大橫撓力平均每方吋840磅,

橫撓試驗記錄三

磚頭種類——機製造房紅磚　　　　　磚廠名字…… …… …… C

試驗日期——十三年十二月二十六日　　鋼枕對中距離………七吋

試驗號數	磚頭大小吋數	最大橫撓力磅數	最大橫撓力每方吋磅數
一 號	4¼ x 8⅝ x 2¾	1,110	361
二 號	"	1,065	346
三 號	"	1,490	482
四 號	"	2,440	793
五 號	"	2,095	680
六 號	4¼ x 8½ x 2¾	1,145	372
七 號	4¼ x 8 9/16 x 2 11/16	1,925	656
八 號	4 3/16 x 8 7/16 x 2¾	855	282
九 號	4¼ x 8 9/16 x 2⅝	1,935	689
十 號	4⅛ x 8 5/16 x 2 11/16	2,475	870

最大橫撓力平均每方吋553磅.

橫 撓 試 驗 記 錄 四

磚頭種類——手製造房青磚　　磚廠名字……………………D

試驗日期——十三年十二月二十六日　　鋼枕對中距離…………七吋

試驗號數	磚頭大小吋數	最大橫撓力磅數	最大橫撓力每方吋磅數
一 號	4 1/16 x 8¼ x 1 7/16	765	955
二 號	4 1/16 x 8¼ x 1 7/16	905	1,130
三 號	4⅛ x 8 7/16 x 1 7/16	375	462
四 號	4 1/16 x 8 1/4 x 1½	205	235
五 號	4 x 8¼ x 1¼	225	377
六 號	4⅛ x 8⅜ x 1⅜	380	509

最大橫撓力平均每方吋611磅.

橫撓試驗記錄五

磚頭種類——機製造房紅磚　　　　　　磚廠名字……………………E

試驗日期——十四年一月九日　　　　　鋼枕對中距離……………七吋

試驗號數	磚頭大小吋數	最大橫撓力磅數	最大橫撓力每方吋磅數
一　號	4 x 8 x 2 7/16	2,230	986
二　號	3 15/16x8 1/16x2 7/16	2,380	1,070
三　號	4　1/16x 8 x 2 ½	2,220	914
四．號	4 x 8 x 2 ⅜	1,590	739
五　號	4⅛ x 8 x 2 ⅝	3,060	1,125

最大橫撓力平均每方吋967磅.

橫撓試驗記錄六

磚頭種類——製造房紅磚　　　　　　　磚廠名字…………………………F

試驗日期——十四年四月二十四日　　　鋼枕對中距離……………七吋

試驗號數	磚頭大小吋數	最大橫撓力磅數	最大橫撓力每方吋磅數
一　號	4 ½ x 9 ¼ x 1 ¾	850	645
二　號	4 9/16 x 9 ¼ x 1 ¾	700	525
三　號	4 ½ x 9 ¼ x 1 ¾	680	517
四　號	4 9/16x 9 ⅜ x 1 ¾	620	465
五　號	4 9/16x 9 5/16x 1 ¾	820	614
六　號	4 9/16x 9 5/16x 1 ¾	800	599

最大橫撓力平均每方吋561磅.

擠壓試驗記錄一

磚頭種類——機製造房紅磚　　　　　　　磚頭名字…… …………A

試驗日期——十三年十二月十九日　　　　磚頭放法……… ………平放

試驗號數	直壓面積方吋	最大壓力磅數	最大壓力每方吋磅數
一號甲	4 1/8 x 2 1/8	19,310	1,628
二號甲	4 1/8 x 4 1/16	20,080	1,198
三號甲	4 1/8 x 4 1/8	17,930	1,054
四號甲	4 1/4 x 4 1/16	27,410	1,588
五號甲	4 1/4 x 3 5/8	15,750	1,020

最大壓力平均每方吋1,298磅.

擠壓試驗記錄二

磚頭種類——機製房紅磚　　　　　　　　磚頭名字……………A

試驗日期——十四年五月二日　　　　　　磚頭放法……… ………平放

（此種磚頭已受吸水試驗）

試驗號數	直壓面積方吋	最大壓力磅數	最大壓力每方吋磅數
一號乙	4 1/8 x 4 1/2	42,970	2,308
二號乙	4 1/8 x 4 1/4	28,230	1,610
三號乙	4 1/8 x 3 7/16	36,070	2,530
四號乙	4 1/4 x 4 1/4	41,050	2,270
五號乙	4 1/4 x 4	24,060	1,415

最大壓力平均每方吋2,027磅.

擠壓試驗記錄三

砖頭種類——製造房紅磚　　　　　　磚廠名字…………B

試驗日期——十三年十二月十九日　　　砖頭放法…………平放

試驗號數	直壓面積方吋	最大壓力磅數	最大壓力每方吋磅數
一號甲	4 3/4 x 4 3/4	66,760	2,959
二號甲	5 11/16 x 4 7/8	90,070	3,249
三號甲	4 x 4 5/8	29,080	1,572
四號甲	5 1/4 x 4 13/16	47,550	1,880
五號甲	4 9/16 x 4 7/8	29,840	1,345

最大壓力平均每方吋2,201磅.

擠壓試驗記錄四

砖頭種類——製造房屋紅磚　　　　　　磚廠名字…………B

試驗日期——十四年四月二十四日　　　砖頭放法…………平放

（此種磚頭已受吸水試驗）

試驗號數	直壓面積方吋	最大壓力磅數	最大壓力每方吋磅數
一號乙	4 1/2 x 4 3/4	53,340	2,490
二號乙	2 5/16 x 4 13/16	27,430	2,440
三號乙	4 3/4 x 4 5/8	78,420	3,560
四號乙	4 3/16 x 7/8	91,340	4,460
五號乙	4 9/16 x 4 13/16	61,280	2,778

最大壓力平均每方吋3,146磅.

擠壓試驗記錄五

磚頭種類——機製造房紅磚　　　　磚廠名字……………C

試驗日期——十四年二月二十八日　　磚頭放法…………平放

試驗號數	直壓面積方时	最大壓力磅數	最大壓力每方时磅數
一號甲	3 1/16 x 4 5/16	20,130	1,524
二號甲	2 7/8 x 4 5/16	25,300	2,873
三號甲	4 5/16 x 4 1/4	44,840	2,447
四號甲	3 15/16 x 4 3/8	45,010	2,704
五號甲	3 13/16 x 4 3/16	39,000	2,443
六號甲	4 3/4 x 4 1/4	33,710	1,670
七號甲	3 3/4 4 1/4	32,840	2,061
八號甲	3 1/4 x 4 3/16	11,220	824
九號甲	3 13/16 x 4 3/16	32,140	2,010
十號甲	4 9/16 x 4 1/16	46,830	2,520

最大壓力平均每方时 2,108 磅.

擠壓試驗記錄六

磚頭種類——機製造房紅磚　　　　磚廠名字…………C

試驗日期——十四年五月二日　　　磚頭放法…………平放

（此磚已受吸水試驗）

試驗號數	直壓面積方时	最大壓力磅數	最大壓力每方时磅數
一號乙	4 5/16 x 1 5/8	6,030	855
二號乙	4 5/16 x 2 11/16	27,020	2,330

三號乙	4 ¾ x 3 ⅜	23,530	1,468
四號乙	4 x 2 11/16	31,530	2,930
五號乙	4 ⅛ x 2½	22,820	2,200
六號乙	——	——	——
七號乙	4 ¼ x 3 ¾	31,570	1,970
八號乙	4 ¼ x ⅛	8,150	463
九號乙	4 3/16 x 3 ½	32,120	2,190
十號乙	——	——	——

最大壓力平均每方吋1,801磅.

擠壓試驗記錄七

磚頭種類——手製造房青磚　　　　　　磚廠名字…………D

試驗日期——十四年二月二十五日　　　磚頭放法————平放

試驗號數	直壓面積方吋	最大壓力磅數	最大壓力每方吋磅數
一號甲	3 ⅝ x 4 1/16	100,620	6,832
二號甲	4 1/16 x 4 11/16	101,240	5,315
三號甲	2 11/16 x 4⅛	20,390	1,839
四號甲	3 1/16 x 4	41,500	3,380
五號甲	2 15/16 x 4 ⅛	43,780	3,613

最大壓力平均每方吋4,196磅.

擠壓試驗記錄八

磚頭種類——手製造房青磚　　　　　　磚廠名字…………D

試驗日期——十四年五月二日　　　　　磚頭放法…………平放

（此種磚頭已受吸水試驗）

試驗號數	直壓面積方吋	最大壓力磅數	最大壓力每方吋磅數
一號乙	——	——	——
二號乙	4 1/16 x 3 1/16	27,810	2,230
三號乙	4 1/16 x 3 1/16	49,340	3,950
四號乙	3 15/16 x 3 15/16	34,390	2,218
五號乙	4 1/4 x 4 1/8	49,270	2,810

最大壓力平均每方吋 2,802 磅.

擠壓試驗記錄九

磚頭種類——機製造房紅磚　　　　磚廠名字…………F
試驗日期——十四年二月二十五日　　磚頭放法…………平放

試驗號數	直壓面積方吋	最大壓力磅數	最大壓力每方吋磅數
一號甲	3 5/8 x 4 1/16	47,780	3,295
二號甲	2 9/16 x 4	20,860	2,035
三號甲	3 1/2 x 4	54,010	3,858
四號甲	3 3/4 x 4	66,340	4,423
五號甲	4 1/16 x 4	70,390	4,332

最大壓力平均每方吋 3,589 磅.

擠壓試驗記錄十

磚頭種類——機製造房紅磚　　　　磚廠名字…………E
試驗日期——十四年五月二日　　　磚頭放法…………平放
（此種磚頭已受吸水試驗）

試驗號數	直壓面積方吋	最大壓力磅數	最大壓力每方吋磅數
乙號一	——	——	——
二號乙	4 x 3 13/16	35,950	2,330
三號乙	4 1/16 x 3 3/16	31,850	2,450

| 四號乙 | 4 x 2 ⅞ | 40,110 | 4,700 |
| 五號乙 | 4 1/16x3 ¾ | 51,000 | 3,300 |

最大壓力平均每方吋3,195磅.

擠壓試驗記錄十一

磚頭種類——製造房紅磚　　　　　磚廠名字…………………F
試驗日期——十四年四月二十四日　　磚頭放法……………………平放

試驗號數	直壓面積方吋	最大壓力磅數	最大壓力每方吋磅數
一號甲	4 ½ x 4 ⅜	90,400	4,575
二號甲	4 9/16x 4 ¼	58,040	2,990
三號甲	4 ½ x 4 3/16	86,910	4,600
四號甲	4 9/16x 3 15/16	59,270	3,298
五號甲	4 9/16x 4⅝	85,920	4,050
六號甲	4 9/16x 3 ⅞	65,370	3,660

最大壓力平均每方吋3,862磅.

擠壓試驗記錄十二

磚頭種類——製造房紅磚　　　　　磚廠名字……………………F
試驗日期——十四年五月二日　　　磚頭放法……………………平放
（此種磚頭已受吸水試驗）

試驗號數	直壓面積方吋	最大壓力磅數	最大壓力每方吋磅數
一號乙	4 ½ x 4 ¼	83,020	4,330
二號乙	4 9/16x 3 15/16	65,880	3,660
三號乙	4 ½ x 3 13/16	56,590	3,240
四號乙	4 9/16x 3 7/16	36,860	2,320
五號乙	4 9/16x 3 7/16	55,240	3,480
六號乙	4 7/16x 4 11/16	90,810	4,230

最大壓力平均每方吋3,543磅.

1249

吸水試驗及每立方尺重量記錄一

磚頭種類————機製造房紅磚

試驗日期————十四年四月二十七日　　　　磚廠名字…………A

浸水時間…………四十八小時

試驗號數	磚頭大小	磚頭原重 克蘭(Gram)	烘乾後之重量 克蘭	減少重量 克蘭	浸水後之重量 克蘭	增加重量 克蘭	吸水 百分計	每立方呎重量 磅
一號乙	4 1/8 x 4 1/2 x 2 1/2	1,270	1,270	0	1,527	257	20.2	103.8
二號乙	4 1/8 x 4 1/4 x 2 1/2	1,171	1,166	5	1,418	252	21.6	101.1
三號乙	4 1/8 x 3 7/16 x 2 1/2	1,040	1,037	3	1,259	222	21.4	111.0
四號乙	4 1/4 x 4 1/4 x 2 1/2	1,222	1,220	2	1,453	233	19.1	102.0
五號乙	4 1/4 x 4 1/4 x 2 1/2	1,095	1,091	4	1,327	236	21.6	97.4

吸水平均百分之 20.2　　　　每立方呎重量平均 103.1磅

吸水試驗及每立方尺重量記錄二

磚頭種類————手製造房紅磚

試驗日期————十四年四月二十二日　　　　磚廠名字…………B

浸水時間…………四十八小時

試驗號數	磚頭大小	磚頭原重 克蘭	烘乾後之重量 克蘭	減少重量 克蘭	浸水後之重量 克蘭	增加重量 克蘭	吸水 百分計	每立方呎重量 磅
一號乙	4 1/2 x 4 3/4 x 2	1,159	1,154	5	1,372	218	18.9	102.5
二號乙	2 5/16 x 4 13/16 x 2	630	627	3	764	137	21.8	107.0
三號乙	4 3/4 x 4 5/8 x 2	1,266	1,263.5	2.5	1,487	223.5	17.7	109.0
四號乙	4 3/16 x 4 7/8 x 2	1,143	1,143	0	1,344	201	17.6	106.4
五號乙	4 9/16 x 4 13/16 x 2	1,225	1,222	3	1,459	237	19.4	105.3

吸水平均百分之 19.1　　　　每立方呎重量平均 106.0磅

吸水試驗及每立方尺重量記錄三

磚頭種類————機製造房紅磚

磚廠名字————————C

試驗日期————十四年四月二十九日

浸水時間————四十八小時

試驗號數	磚頭大小吋數	磚頭原烘乾之重量克蘭	烘乾後之減少重量克蘭	浸水後之重量克蘭	浸水後之增加重量克蘭	吸水百分計	每立方呎重量磅數
一號乙	4 5/16 x 1 5/8 x 2 3/4	512	506	6	612	106	20.8	99.4
二號乙	4 5/16 x 2 11/16 x 2 3/4	893	889	4	1,082	193	23.0	106.0
三號乙	4 3/4 x 3 3/8 x 2 3/4	1,048	1,037	11	1,245	208	20.1	90.0
四號乙	4 x 2 11/16 x 2 3/4	807	806	1	971	165	20.4	103.5
五號乙	4 1/8 x 2 1/2 x 2 3/4	777	776	1	920	144	18.5	104.0
六號乙	——	——	——	——	——	——	——
七號乙	4 1/4 x 3 3/4 x 2 11/16	1,173	1,172	1	1,415	243	20.7	104.0
八號乙	4 1/4 x 4 1/8 x 2 3/4	1,373	1,361	12	1,616	255	18.7	107.0
九號乙	4 3/16 x 3 1/2 x 2 5/8	1,042	1,039	3	1,274	235	22.6	102.2
十號乙	——	——	——	——	——	——	——

吸水平均百分之20.6　　　　每立方呎重量平均 102.0磅

吸水試驗及每立方尺重量記錄四

磚頭種類————手製造房青磚
試驗日期————十四年四月二十八日
磚廠名字————D
浸水時間————四十八小時

試驗號數	磚頭大小 吋數	磚頭原重 克磅	烘乾後之重量 克磅	減少重量 克磅	浸水後之重量 克磅	增加重量 克磅	增加重量 百分計	吸水每立方呎重量磅數
一號乙	4 1/16 x 3 1/16 x 1 7/16	538	538	0	691	153	28.3	114.3
二號乙	4 1/16 x 3 1/16 x 1 7/16	606	606	0	738	132	21.7	129.0
三號乙	3 15/16 x 3 1/16 x 1 7/16	490	489	1	624	135	27.5	95.4
四號乙	3 15/16 x 3 1/16 x 1 1/4	647	646	1	807	161	24.8	101.5
五號乙	4 1/4 x 4 1/8 x 1 3/8	—	—	—	—	—	—	—

吸水平均百分之 25.6　　　吸水每立方呎重量平均 110.0 磅

吸水試驗及每立方尺重量記錄五

磚頭種類————機製造房紅磚
試驗日期————十四年四月二十八日
磚廠名字————E
浸水時間————四十八小時

試驗號數	磚頭大小 吋數	磚頭原重 克磅	烘乾後之重量 克磅	減少重量 克磅	浸水後之重量 克磅	增加重量 克磅	增加重量 百分計	吸水每立方呎重量磅數
一號乙	4 x 3 13/16 x 2 7/16	1,118	1,116	2	1,275	159	14.3	113.8
二號乙	4 1/16 x 3 3/16 x 2 1/2	967	948	19	1,092	144	15.2	111.5
三號乙	4 1/16 x 3 3/16 x 2 1/2	800	797	3	905	108	13.6	112.1
四號乙	4 x 2 7/8 x 2 3/8	1,285	1,284	1	1,422	138	10.7	121.6
五號乙	4 1/16 x 3 3/4 x 2 5/8	—	—	—	—	—	—	—

吸水平均百分之 14.6　　　每立方呎重量平均 114.8 磅

吸水試驗及每立方尺重量記錄六

磚頭種類————手製造房缸磚　　　磚廠名字————F

試驗日期————十四年四月二十七日　　　浸水時間————四十八小時

試驗號數	磚頭大小 寸數	磚頭原重 克琳	烘乾後之重量 克琳	減少重量 克琳	浸水後之重量 克琳	浸水後之增加重量 克琳	吸水 百分計	每立方呎重量 磅數
一號乙	4½ x 4¼ x 1¾	990	881	9	1,141	260	29.5	100.0
二號乙	4 9/16 x 3 15/16 x 1¾	894	884	10	1,036	152	17.2	106.8
三號乙	4½ x 3 13/16 x 1¾	907	893	14	1,036	143	16.0	113.2
四號乙	4 9/16 x 3 7/16 x 1¾	832	824	8	974	150	18.2	121.1
五號乙	4 9/16 x 3 7/16 x 1¾	817	810	7	948	138	17.0	112.0
六號乙	4 9/16 x 4 11/16 x 1¾	1,092	1,083	9	1,270	187	17.2	111.9

吸水平均百分之19.2　　　每立方呎重量平均110.8磅

各種磚頭之試驗平均結果

磚廠名字	橫壓力 每方吋磅數 未受吸水試驗	橫壓力 每方吋磅數 受吸水試驗	吸水 百分計	每立方呎重量 磅數
A	384	1,298	2,027	20.2	103.1
B	840	2,201	3,146	19.1	106.0
C	553	2,108	1,801	20.6	102.0
D	611	4,196	2,802	25.6	110.0
E	967	3,589	3,195	14.6	114.8
F	561	3,862	3,543	19.2	110.8

結　　論

試驗結果不相近之討論:

細察各記錄所載,雖試驗之磚頭屬同一廠產出,然其結果有時相差甚遠.證之以磚斷後之觀察,其所以致此者,厥有二因;一製坯時泥土未勻,致中有與全磚不甚連屬之小塊,如 D 廠所出之三,四,五號磚等是,二因燒磚之熱度有太低之弊,如 C 廠所出之八號磚是.大概燒磚之熱度,自攝氏 900 度至 1200 度,視磚之質地及成分而異.熱度適中,則磚之抵抗力強.熱度過高或太低,則磚之質地脆弱.因原料之各異,製法之不同,各廠磚頭試驗結果之不能相近,意中事也.

吸水與擠壓力關係之討論:

觀各種磚頭試驗之平均結果表,知 A, B 二廠之磚吸水後擠壓力增加.C, D. E, F 等廠之磚,吸水後擠壓力減少.前者表明吸水增加擠壓力,後者表明吸水減少擠壓力.欲證明吸水究竟增加或減少擠壓力,非再經多次試驗不可斷定.惟據大多數土木工程學者之研究,吸水與強弱力及堅久無多關係.然則其所以或強或弱者,或因其質地之均勻與否耳.

吸水量與密度關係之討論:

磚頭質地愈密則愈重,分子間之微隙亦因而愈少,即磚之吸水量與密度成反比例.觀試驗平均結果表 A, B, C, E, F 等廠之磚與此定理尚無出入,惟 D 廠之青磚,即成例外,其故關係土質之成分.青磚較紅磚多燒兩日.燒時之長久,是否與吸水量發生關係,現尚未能懸斷.

所試磚頭之等級:

美國材料試驗公會在 1913 年定磚頭等級分類法如下表所示:

等　級	五塊磚樣之平均擠壓力(每方吋磅數)
甲	5,000 以上
乙	3,500 到 4,999
丙	2,000 到 3,499
丁	1,500 到 1,999

因吸水與壓力無多關係,將試驗平均結果表中之擠壓力,受吸水與未受吸水兩項平均,與美國公會所定之標準比較,得各磚之等級.列表如下.

磚廠名字	擠壓力(每方吋磅數)	等　級
A	1,663	丁
B	2,674	丙
C	1,955	丁
D	3,499	丙
E	3,392	丙
F	3,703	乙

與美國上等造房磚之比較:

H. E. Pulver 所著之材料建築學述美國上等造房磚之橫撓力每方吋自500磅至1,000磅,擠壓力每方吋 4000磅,每立方晌重量 125 磅,吸水自百分之 12 至百分之18爰將試驗所得之結果,作下列之圖示,以資比較.

每方吋 1000 磅

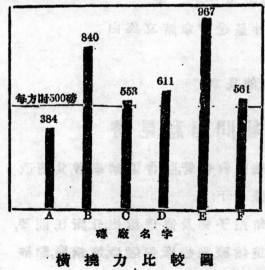

每方吋500磅

橫 撓 力 比 較 圖

每方吋 4000 磅

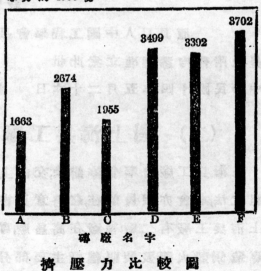

擠 壓 力 比 較 圖

1255

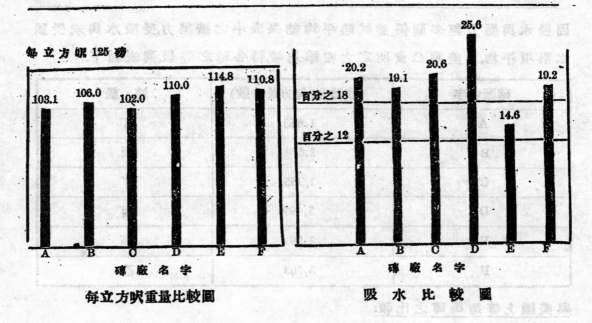

每立方呎125磅

103.1　106.0　102.0　110.0　114.8　110.8

A　B　C　D　E　F

磚廠名字

每立方呎重量比較圖

25.6

20.2　19.1　20.6　　　14.6　19.2

百分之18

百分之12

A　B　C　D　E　F

磚廠名字

吸　水　比　較　圖

總會會務報告

（一）　教育部批准本會立案文

教育部批第三七二號

原具呈人中國工程學會呈一件呈送會章請立案由

呈及附件均悉應准立案此批

中華民國十四年五月二十六日　　　教育總長章

（二）　對上海兵工廠改組問題意見書

上海兵工廠自奉令停辦後,交由上海總商會保管,該會遍請學者,共商改

組之法,本會亦派員前往,茲將意見書節錄如下:

上海兵工廠有二廠:總廠在高昌廟,專造鎗炮子彈及修理鎗炮,分廠在龍華,

專造銅殼火藥及裝藥,總廠主要部分有造鎗廠,製炮廠,彈殼廠,煉鋼廠,翻砂

廠,木工廠等部.分廠主要部分有製酸廠,蒸溜廠,硝化廠等部.設備完美.誠爲吾國一大工廠.然該廠創辦甚早,當時計畫祇求出貨,並未計及將來之發展,故各部設備,大都逐漸增加,式樣不一,種類不同,全廠之計畫,勢難一致.且該廠創辦之時,旨在製造鎗炮,故所有設備,大都適于製造鎗炮之用.若炮廠內及鎗廠內之扳絲牀及造機關鎗機等,除製造鎗炮外,決不能移作別用.近聞政府有將此類機器遷往他處之說,故製造鎗炮之各種專機,如何處置.概不論及.此外各種設備與普通機器無甚分別,如總廠內之刨牀車牀割齒輪機,鑽洞牀打洞牀輾牀鎚牀材料試驗各機原動力所用之汽鍋汽機,翻砂廠及木工廠之設備,煉鋼廠之煉鋼爐,以及分廠內之製酸蒸溜及硝化之設備,雖式樣太舊,效率甚低,苟稍事修理,仍適用于製造他種出品之用.兵工廠所造鎗炮,大都供給軍用,出貨求速,故同類之機,爲數甚多.另改他廠,非有相當之大種出品,勢不能盡用各種設備而盡廠力.若所欲製之出品可利用現有之設備,不加增新機自屬上策.然所製之品是否現有之設備所能製造,非有準確之研究,必不能得完美之效果,此改組時對于工程上不可不注意者一也.該廠之設備旣因創辦太早,各種設備,逐漸增加,式樣甚舊,布置欠善,大都不適合于商用工作,若非添置新機,難合于製造商用之出品.然添置新機,仍盡留舊機,則改組之費必大,出品之成本或較高於國內外各廠所製之同種出品,若欲減輕出品成本,必須有詳細之研究,此改組時對于工程上不可不注意者二也.近數年來國內實業漸有起色,將來戰事停止,關于機器化學工業製造品及建築所用各物,需要必日增,現任此種出品大半取給于歐美日本各國,故欲定製造何種出品,必先知此種出品於國內究有何種銷路,現在所用之此種出品,究以何國之供給爲最多.今若利用全廠之設備,稍增新機所製之同種出品,是否可與歐美日本各國之出品相競爭,使歐美日本出品之銷路必有漸歸于零,故所製之出品與現在市上之銷路及歐美日本之出品準確之調查,此改組時對于商情上不可不注意者也.

兵工廠改組大意旣略述如上.敝會同人復就攷察所得,將兩廠情形及改組方法分述如下:

（甲）關于高昌廟總廠改組方法之意見

總廠改組之方法,當以全廠之各部合而論之.蓋鋼廠木工廠翻砂廠以及他種之設備均可互相輔助.若專用一部,則失其輔助之功.煉鋼廠所煉之鋼,木工廠爲之模,翻砂廠爲之坯型,坯型旣成輾之割之鑿之鎚之磨之,使成相當之出品,若計畫良善,布置得宜,則各廠雖各司其事,仍不失其輔助之功,此歐.美大廠所以能于最短之時間以至輕之成本成至良之出品者也.

由上之說,改組總廠當思何以利用全廠之設備.或增新機,或不增新機.不增新機,宜造何種出品.加增新機又宜造何種出品.此種出品,能否暢銷於國內全人等不揣恐昧,謹就攷察所得,加以研究,將可造之出品,分述如下.

（一）利用全廠之設備,不增新機,可造之出品,如生鐵輪水管,鋼片器具,小鍋爐,抽水機,及磅秤等.此類出品製法簡易,不須精密之機器,總廠所有之設備已足應用,不須另置新機,此類出品之原料大都可取給於國內,間有一二小件或須購自他國,然亦不難置備.此外代人修理普通機器及機件,或代鑄模型,總廠現有之設備亦已敷用.

（二）利用全廠之設備,另增新機可造之出品如鐵路車輛之附件,起重機小汽機,救火機,及建築所用之鋼條及五金等.此類出品,製法較難,非有精密準確之車牀,及各種特別之刨牀不可.廠內現有之車牀爲數太多,可售出若干,以之購置新機,至于此種出品之原料,大都可取給於國內,一二小件亦可自他國購置.現在總廠內之原動力機均爲舊式之汽鍋汽機,用時旣久,式樣又舊,耗燥甚多,效率甚小,不甚適用,倘易以電動機,（卽馬達）購電于鄰近之電廠,則現有各廠之汽機汽鍋可一槪出售.旣廢各廠之汽機汽鍋,而改用電動力,則所用之原動力,可集中于一處,耗損旣少,效率自增.出品之成本可輕.煉鋼廠之鋼爐出量太小,式樣太舊,最好另選較大較新之煉鋼爐以應各部之需.現有輾牀,祗可輾軋厚鋼片及鋼塊倘能添置較精密之輾牀,輾軋薄鋼片及鋼條,則鋼片鋼塊等,不必盡仰給于他人,亦所以減輕成本之一法也.

（乙）關于龍華分廠改組方法之意見

龍華分廠設備,關于製藥一部分者,約可分為三大類.（一）製酸廠,有製硫酸鉛房五,製硝酸臥爐二,每日各可出酸千六百磅.尚有廢酸廠,為用過酸液中提取新酸之用.（二）蒸溜廠,日可出酒精四百磅,以脫三百磅.（三）硝化廠,由棉花製成火棉,為製藥主要部分.硝化器八,每器容二百磅.此外附有撕棉洗藥蒸藥磨藥等部,此其大較也.至欲改造商品,情形互有不同,請就各部分別陳之.

（一）製酸廠類　　硫酸為工業要品,西人恒言一國工業發達之程度,視用硫酸多寡為衡.即吾國今日工業幼稚而輸入硫酸亦倪歲臻巨額.欲提倡化學工業不能不從製酸入手.就此現成設備,從事製造,以供全國之用,此固社會所共望也.第該廠設備實太陳舊,經年廢棄,修理不易,蒸濃爐已坍壞,尚須重建,欲開工製造,非增添資本,大加整理不為功.

硝酸爐共二,一係新建,一亦尚合用.製造硝酸設備上自無問題,第需用原料一係智利硝,一係硫酸.若硫酸不能自製,而待外購,出品成本必高,即有銷路,難期獲利.

（二）蒸溜廠類　　酒精俗名火酒,亦工業要品之一.第該廠僅有蒸溜器,欲從原料製造,所需設備尚多,且滬上無相當原料,市面競爭又劇烈,事實上困難甚多.

以脫蒸溜器完好可用.需用原料為火酒及硫酸.火酒市價甚廉,硫酸用量不多,均易于購辦,製成以脫以供給全國藥業,銷路亦確定無虞.全廠設備中最易故用者,當以此為首選.

（三）硝化廠類　　硝化設備最好改組人造象牙廠.原料用棉花,藥品用硫酸硝酸,初步製法與火棉大同小異,加火酒及以脫成溶液,可製藥用哥羅定,可爲上等假漆,加樟腦壓搾成板,卽可製成象牙用品.再加擴充,幷可製影相軟片及人造絲等品,與吾國今日需要均切合.惜該廠設備陳舊,僅洗藥磨藥等機合用,硝化器須改用新式,此外尚須添拌擾輾搾壓平烘乾等機,非現有設備所能成事也.

就以上各項觀之,改用實非易易.敝會同人就攷查所得,詳加討論,僉謂以現有設備而言,可製造以脫以應社會需要,此治礁之策也.若欲籌根本改組之方惟有籌集巨貲,改建新式硫酸廠.一面添置製造人造象牙設備,可以樹吾國化學工業之基礎,異時逐漸擴充,足爲此次廢廠立一永遠紀念,此尤敝會所期望者也.

關于總廠分廠改組之意見已如上述,所擬各種可造之出品不過就二廠現在之設備而論,(或增新機或不增新機)實則大規模之工廠,非有準確之計畫,遠久之預算,精密之機械,靈巧之工匠,不能收完美之効果.所製之出品必不能與歐美日本各國之出品相抗衡.若能集合巨貲,盡售現有之舊機,另組新廠,則一切布置,均可從長計畫,所廠之出品,亦不必拘于上述數種.總廠瀕江負海,利于舟輪,逼近鉄道,利于車運,杭嘉蘇常實業發達之區,瞬息可達,位置旣佳,日後不難發展.若改組得宜,或另造新廠竭力經營,于吾國實業界上可以獨樹一幟若因陋就簡,茫然從事改組,恐徒勞而無功,幸三注意也.

本篇專論大意,于各部詳細情形,不能盡述,蓋一種設備有一種之能量,一種之應用,非經數月之研究審慮,勢難周詳,故本篇略之.

　　　　　　　　本會改組上海兵工廠委員會謹具

委　員　名　單

程瀛章　周厚坤　范永增　徐名材　黃叔培　淺維裕　淩鴻勛　曹銘仙　張貽志
徐佩璜　周季紡　方子衛　周　仁　李熙謀　吳玉麟　劉錫祺　杜光祖　楊培鍈
謝　仁　胡博淵　周明衡

（三）　本會爲無線電事上交通部總次長意見書

總次長鈞鑒:竊以無線電信爲交通事業之一,二十年來,歐美日本從事發展,不遺餘力,誠以無線電信於工商業,航海,航空,及軍用上均有莫大之關係也.吾國邇來以政局不靖,四方多故,致國家命脈所繫之交通事業,不暇籌顧,關於使用無線電報電話,政府應訂之條例,未能一一公布,逐令外人乘隙投機,越軌圖利,而我國之醉心於新學術者,有不勝手足無措之感,若不速行釐訂條例,幷嚴禁外人擅行收發無線電信,則國家利權之損失,何堪設想.用特不揣冒昧,謹擬管見數則,上呈

鈞覽,務祈採擇施行,不勝屛營待命之至.謹呈.

中國工程學會:　會長　徐佩璜　　副會長　凌鴻勛　謹呈

附呈無線電報電話意見書

（一）嚴行取締外人在吾國境內或領土,建立無線電台之收發,藉以漁利,例如上海法租界顧家宅地方,法人設立之無線電台,凡在上海進出口之商輪,除日本國籍者外,餘均與該電台作商電之通信,而不與中國國立之吳淞無線電台往來,於吾國利權損失至巨,應請交涉取締.

（二）禁止自後外商,不得在中國境內創辦無線電製造公司.

（三）無線電材料宜與電話材料同等待遇,分軍用與非軍用二類,凡軍用材料,一律作爲違禁品,而非軍用材料,則宜一律開放,以鼓勵國人對於無線電事業之興趣及研究.

（四）除遵行一九一二年在倫敦訂立萬國無線電信公約外,政府宜訂定無線電條例,關於左列各項:

（甲）凡軍用商用之無線電報電話應爲政府專有及管轄之規定.

（乙）敎育機關,公共團體,及個人,裝設無線電報或電話機之規定及限制.

（丙）私家無線電台違犯無線電信條例之處罰.

（丁）軍用時期政府暫時收管或使用私家無線電台之規定.

（戊）商輪上無線電報機之裝設及電浪長度之規定.

（己）外國商輪及兵艦停泊港岸及行駛領海內使用無線電信之限制.

（庚）無線電材料進出口時分別種類限制.

（五）通都大邑,及通商口岸,應准商辦無線電話播送站發送音樂及演說,以
　　　涵陶人民.

（六）訂定國內國外無線電報收費章程.

（七）訂定無線電報收發手續章程.

（八）訂定考試無線電報收發員章程.

（九）建立海岸無線電台以利航海及救險.

（十）國立無線電台,除收發官商電報,宜有規定氣候及時刻報告.

（四）　本會對上海五卅案宣言

五卅慘變,華情慨憤,工商輟業,已逾旬日,而關係方面,尚無悔禍之心,交涉前途,猶多棘手之處,似非由國人奮起直追,本堅毅之精神,作經濟之抵抗,不能謀最後之勝利,本會同人,憂本斯義,議決四端,勉自策勵,一息尚存,此志不息,諸公愛國,誰不如我,尚祈結合同志,一致進行,民國前途,惟茲是賴,急切陳詞,幸垂鑒之.附議決四事如下,（一）聯絡會員立志,凡日用品物及工業材料,可用國貨代替者,均禁購外貨,（二）舉定委員向各團體接洽調查商品辦法,並查訪國貨之可為代用品者(如西裝衣料之類,)實行採用,以為各界之倡,（三）籌設工商材料試驗所及工業諮詢機關,代各界解決各項工程問題,期收提倡國貨之實效,（四）向各界建議設立五卅紀念公園,建此次被難諸烈士冢於其中,冀在華界闢一公共游憩場所,永為國民暮鼓晨鐘之一助,

（五）　書　記　報　告

（甲）庚子賠款　本會對於美國第二次退還之庚子賠款曾向文化基

金董事提出意見書，請撥五十萬金，以備創設工程研究所及工程圖書館之用，雖結果如何尚難預測，但就目下形勢而言，則大有希冀焉。

（乙）**名譽會員**　丁文江，張元濟，方椒伯三先生對本會會務多所贊助，業已經本會聘定三先生為名譽會員矣。

（丙）**北京青島分會報告**：北京分會理事已舉定吳承洛，陳體誠，王季緒，時鳳書，及張澤熙五君，北京同人尚望隨時與上列五君接洽會務為幸。青島分會已由楊毅君擔任組織，楊君現任青島膠濟鐵路機務處事。

（丁）**美國分會情形**　美國分會，情形甚佳。會刊本年已出二期，各委員股亦皆努力進行。惟十二年度所募之基金，認捐未交者尚多，國內會友如尚有未交者，卽請寄至上海仁記路廿一號久勝洋行張延祥君收轉，以便結束。

（戊）**鐵路名詞譯名**　交通部近有第六百六十八號訓令，着由技術廳修訂鐵路名詞，並囑與各專門團體聯絡進行，藉求完善。本會為專門團體之一，已函呈交部請求加入矣。

（己）本會第八屆年會已確定於本年九月四號至七號在杭州舉行。本會委員長為錢昌祚君，各部職員亦皆派定。地點在浙江省敎育會，惟詳細節目，尚未排定，當再另行通知。

（六）總會會計第二次報告

本年度三月一日起至六月十五日止，已繳費之會員台銜如下，凡未繳費者，祈匯寄總會會計張延祥君，（通訊處上海仁記路二十一號久勝洋行），茲為便利匯款起見，郵票十足代洋，以黃色郵票冊為限，每本一元。

入會費五元：　呂謨承，　劉君戬，　趙國楝，　劉保楨，　朱其清，　鄭方珩，
　　　　　　　任國常，　李昌祚。

常年費三元：　溜尹，　王洪恩，　榮志惠，　黃錫霖，　金芝軒，　陸成炎，
　　　　　　　黃澄寰，　朱家炘，　吳玉麟，　楊培璜，　曹珽，　陳寶祺，

支秉淵, 呂謨承, 薛次莘, 劉其淑, 劉潤生, 譚葆壽,

張自立, 雷寶華, 張時行, 顧 雄, 趙世遐, 徐 淸,

郭嘉棟, 趙國棟, 羅 英, 龔繼城, 白汝璧, 孫森槪,

孟肇靈, 劉君戩, 楊永棠, 薛桂輪, 薛代戬, 孫昌克,

陳 禮, 楊紹曾, 方頤楼, 李 昶, 張 寳, 俞 瀾,

王節堯, 惲 震, 徐名材, 周增奎, 楊耀文, 何墨林,

唐炳源, 羅慶蕃, 曹明鑾, 蔡 常, 吳鍾偉, 楊耀德,

李 儼, 嚴宏湘, 桂銘敬, 楊肇爔, 朱其淸, 鄭方珩,

顧宜孫, 李 撥, 徐紀澤, 曹瑞芝, 楊 棠, 閔孝威,

鄒恩泳, 鮑國寶, 裴冠西, 陳體誠, 陸鳳書, 黃紀秋,

胡嗣鴻, 唐之肅, 黃壽恒, 張寶桐, 張師輝, 沈祖衡,

胡壽頤, 孫寶墀, 王楮亞, 朱耀庭, 李善元, 張增佩,

余籍傳, 徐佩璜, 過養默.

(七) 本會新會員表

趙富鑫 (菊人)	Chao, F. H.	(職) 上海交通部南洋大學	電機
嵇 銓 (次衡)	Chi, K.	(職) 良王莊津浦路車站工務處	土木
買榮賨 (錫五)	Chia, Y. H.	(職) 天津意租界順直水利委員會第二隊	土木
錢旭暨 (君潮)	Chien, H.	(住) 上海浙江路貽德里四二五號	機械
周厚坤	Chow, H. K.	(住) 上海極司非而路三六號	機械
周倫元 (子乾)	Chow, L. Y.	(職) 上海愛多亞路四號蘇喬爾兄弟機器公司	機械
周 銘 (明誠)	Chow, M.	(職) 上海交通部南洋大學	化學
朱其淸	Chu, K. T.	(職) 吳淞無線電局 (住) 上海黃家闕路學潔里八號	電機
鄭方珩 (宇田)	Dzen, F. H.	(職) 吳淞無線電局 (住) 上海閘北公益里一二五號	電機
徐炳勳 (志方)	Hsu, P. H.	(職) 上海江西路六二號開洛公司	電機
洪嘉貽	Hung, C. Y.	(職) 上海南站滬杭甬鐵路局 (住) 上海中華路六七七號	土木

任國常 (有七) Jen, K. C.	（職）上海勞勃生路安迪生電料公司	電機
	（住）上海白利南路積德里八號	
林　煖 (樹春) Lam, N.	（職）上海勞勃生路安迪生電料公司	電機
	（住）上海哈同路ＩＡ六四號	
李福景 (新慧) Lee F. C.	（職）天津津浦鐵路總局工程股	土木
李家璋 (雅南) Li Y. N.	（職）津浦路德州工務第三分段	土木
李昌祚 (耘孫) Li, C. T.	（職）上海四川路Ａ六一號吳淞江水利局	土木
	（住）上海西愛咸斯路五五號	
施孔懷 Shih, K. H.	（職）上海交通部南洋大學	土木
曾　泂 (叔海) Tseng, S. H.	（職）天津津浦鐵路管理局眷 股	土木
王洪恩 (惠周) Wang, R. E. U.	（職）上海愛多亞路二五號海運公司	製糖
王文棣 (酚梅) Wang, W. T.	（職）良王莊津浦鐵路工務第一段	土木
胡端行 (粹士) Woo, T. Y.	（職）青島膠濟鐵路管理局機務處	電機
葉鶴軒 Yeh, C. M.	（職）上海勞勃生路一四〇號安迪生電料公司	土木
容啓文 Yung, K. M.	（職）上海滬甯杭甬鐵路局考工課	土木
	（住）上海北山西路康樂里六五一號	

天津支部會務報告
(一) 會議紀錄

天津支部第一次職員會議,於一月十八日假羅英君住宅開會,羅英君主席.列席者為劉頤,張自立,譚葆壽,方頤樸五君,議決事項如左:——

　(一) 本支部今年應行之事,分設三股

　　　(一) 會員股

　　　(二) 編輯股(註一)

　　　(三) 工程譯名股

　(二) 各股設股長一人,由部長派定

　　　(一) 會員股股長:劉潤生君

　　　(二) 編輯股股長:薛桂輪君

　　　(三) 工程譯名股股長:聶肇靈君聶君,因公赴濟南,一時不能返津,

　　　　　　股長一職,改請孫昌克君擔任.

(註一)編輯股本爲印行支部部刊而設,今總會已印會刊,則支部部刊當卽

　　　　取消,所有稿件,應寄交總會.

天津支部第二次常會

天津支部於三月八日,假蓬萊春飯店開聚餐會,到會者共二十三人.發畢開

議事會,部長羅英因目疾未能主席,由副部長劉頤君代理,首由書記讀上次

會議紀錄,次報告上次職員會議結果,次薛桂輪君提議本支部應添設交際

股,以便招待外埠來津之會員,謀本部會友之聯絡,以及籌備參觀京津一帶

工廠等,多數贊成,當卽舉譚葆喬君兼交際股股長之職,多數贊成,議事畢,津

浦鐵路浦口電機廠廠長翁爲君演說中國電業情形,略謂中國電業以電燈

廠較爲發達,全國共有數百廠,以觀察所及,通病有二,(一)不講効率,(二)不

講經濟,購置機器往往只求價廉,其他則不過問,此皆由於資本家與專門人

才不接近之故,又謂日後中國電業必發達,宜乘此時規定各機器電壓之數,

及交流電循環之數,庶日後聯電時不致有困難云云.

(二)中國工程學會天津支部簡章

　　　　第一章　　定名

一.　本支部定名爲中國工程學會天津支部.

　　　　第二章　　宗旨

二.　本支部以聯絡在津會員,協助總會,提倡中國工程事業,及研究工程學

　　之應用爲宗旨.

　　　　第三章　　會員

三.　凡中國工程學會在津會員均爲本支部會員.

　　　　第四章　　會員之權利及職務

四.　本支部會員之權利及義務,均照總章第四章之規定.

第五章　　組織及職員之職務

五. 本支部之組織,設理事部掌管本支部一切部務.

六. 理事部設理事五人,以得票最多者為理事長,總理本支部一切事務,其
辦理書記,會計,及交接與聯絡等職,由理事互相推舉,分別擔任,以賡專
責,辦理書記理事掌收發本支部文牘,保存各項公文,每次開會時記錄
會中討論事件,幷編本支部會員姓名錄,遇理事長缺席時,得攝行其職
務,辦理會計理事掌收集各項會費,經理事長之指揮,支付各項費用,收
存本支部所有產物,其賬項每半年須經理事部稽核一次,報告於大會
辦理聯絡理事掌管徵求會員,及招待外埠會友等事,辦理交接理事佈
置每次開會地點,及秩序等事.

七. 如本支部須添設委員股助理部務,可經理事部決定,由理事長委充.

第六章　　財政

八. 本支部理事監督本支部一切財政,凡遇財政支絀時,得任種種籌備.

九. 本支部每期用費,先作預算,經會員開會通過,如有意外用費在三十元
以上者,經理事部通過,方得開支.

十. 本支部會員除應納總會各費外,如遇有意外之需,經開會通過後得籌
繳特別捐.

第七章　　開會

十一. 本支部每年常會暫不規定,如因部務須經開會解決時,由理事長隨
時召集之,法定人數定為全數會員五分之二.

十二. 本支部每二月開交誼會一次,以聯絡會員之感情.

第八章　　職員之任期及選舉

十三. 本支部各職員任期定為一年,亦可連任.

十四. 選舉得票過半者當選若遇無半數時,則以得票最多數之前三人復
選之.

十五.　黌新職員每年七月舉行之.

　　　第九章　　附則

十六.　本支部簡章,經法定到會之會員三分之二之表決,即爲有效.

美國分會報告

(一)美國分會第三號報告摘要

ANNUAL JOINT CONVENTIONS. The 1925 Annual Joint Conventions of the Science Society of China, the Chinese Engineering Society and the Chemical Society of China have their officers elected as follows:

    (1) Eastern Section.

        Chairman;　Mr. H. Hsieh (Science)

                Box 203, John Hopkins' University,

                Baltimore, Md.

        Secretary;　Mr. C. Wang (Chemical)

                105 Oxford Place, Ithaca, N.Y.

        Treasurer;　Mr. C. Y. Tu (Engineering)

                245 Main St., Oneonta, N.Y.

        Committees: Science Paper　　　　Mr. C. Y. Cheng

                Engineering Paper　　　Mr. T. Y. Chen

                Chemical Paper　　　　Mr. Y. C. Tao

                Open Forum Paper　　　Mr. David S. Hung

                Social and Accomodation　Mr. T. H. Chou

                Publicity　　　　　　　Mr. S. H. Ting

                Prize　　　　　　　　Mr. C. L. Tseng

    (2) Western Section.

        Chairman;　Mr. K. C. Chen (Science)

                5802 Maryland Ave., Chicago, Ill.

        Secretary;　Mr. K. Y. Chen (Engineering)

                2816 28" Ave. S., Minneapolis, Minn.

        Treasurer;　Mr. H. C. Shen (Chemical)

                21 N. Mills St., Madison, Wis.

THE BOARD OF COUNCILMEN. The Board of Councilmen, as provided in the Constitution, consists of the President, Vice-President, and the Section Chairman. Mr. U. T. Hsu, our President, was elected as the Chairman of the Board, and Mr. P. C. Chuang as the Secretary.

The Board is contemplating the **following two plans** for the future development of the Society. (1) To secure a kind of subsidy from the Government or other Public Institutions to have the officers of the Society properly remunerated thus enabling them to work more efficiently. (2) To appoint a library committee to draft a tentative plan of establishing an Engineering Library in China.

NEW MEMBERS SINCE FEBRUARY 1, 1925.

Civil Engineering Section.

Chang, H. P.	(張淼平)	Kao, C. Y.	(高鎤塋)
Kiang, T. C.	(江祖岐)	Sun, L. J.	(孫立人)
Kou, T. P.	(郭殿邦)	Sung, W. T.	(宋文田)
Lam, K. H.	(林祺合)	Wang, C. H.	(王之翰)
Liu, H. K.	(劉錫煆)		

Mechanical Engineering Section.

Cheng, P. C.	(程本臧)	Shen, P. M.	(沈培民)
Cheng, P. H.	(程本厚)	Shen, Thomas K.	(沈同庚)
Chang, C. S.	(張鍾崧)	Tsai, T. M.	(柴志明)
Ko, P. L.	(葛炳林)	Wang, William C.	(王世坼)
Lin, Frank C.	(林景帆)	Yuan, Polixenes L.	(袁丕烈)
Mei, Y. C.	(梅暘春)	Niu, Dewar I.	(鈕因梁)

Electrical Engineering Section.

Chow, George C.	(周傳琤)	Tsoon, Z. L.	(鍾兆琳)
Koo, Yusu	(顧毓琇)	Young, Joseph C.	(楊鉅)
San, C. J.	(單基乾)	Yu, W. H.	(于維翰)

Chemical Engineering Section.

Ling, Thomas T. G.	(林天驥)	Wang, T. C.	(汪泰經)

Mining and Metallurgical Section.

Lo, H. Y.	(盧衡若)

Textile Eng. (Temporarily classified under Min. and Met. Section.)

Chang, Frank	(張志銳)	Liu, Chester F. T.	(劉發燦)
Ching, Y. C.	(程潤全)		

(二)美國分會新會員表（一九二五年二月一日以前）

瞿維灃	Chai, W. F.		陳良士	Chan, L. S.	
	Chang, H. Y.			Chang, Y. T.	
陳崇武	Chen, C. W.		陳六琯	Chen, L. K.	
朱有駸	Chu, Y. C. Eugene			Gotuco, John	
洪紳田	Hung, David S.		鄺子俊	Kwong, T. C.	
李書藜	Li, S. T.		陳繼善	Chen, C. S.	
鄭世彥	Cheng, Seward S. K.		鍾道鋗	Chung, T. C.	
夏益熾	Hsia, Yen. In.		徐瑛	Hsu, Ying	
葛家臒	Ko, I. C.		萬學暄	Koh, Y. S.	
李賴璉	Li, C. C.		劉間華	Liu, Edmund J. H.	
	Lien,, Lai		鄧泗	Cheng, Sze	
時昭澤	Shih, C. T.			Wang, T. C.	
曾憲煜	Tseng, H. N.		梁啓壽	Liang, Kaiser	
王雲海	Wang, Y. H.		徐寬年	Shore, Franklin	
劉恩毅	Liu, Sidney		吳啓佑	Wu, C. Y.	
王槙	Wang, Tu		鄭日孚	Zung, Y. F.	
汪燾	Wang, Wovson		魏虢賢	Wei, Y. H.	
胡光衛	Hu, K. T.		余騏	Yu, W.	
嚴之榮	Yen, C. W.		陳虢琳	Chen, Y. L.	
陳體中	Chen, T. Y.			Jeong, T. Y.	
范本青	Fan, P. C.		劉孝懃	Lin, H. C.	
李	Lee, Tsin		薩本棟	Sah, Adam P. T.	
	Ong. Benedict C.		許應期	Shu, I. G.	
薛溫厚	See W. Howe		譚金鎧	Tan, C. K.	
	Sun, K. F.		鄒忠曜	Tsou, T. Y.	
曾心銘	Tseng, H. M.		武維周	Wu, Wintnrop C.	
王新宜	Wang, L. S.		程耀椿	Cheng, Y. C.	
殷魯受	Ying, S, N.		熊祖同	Hsiung, T. T.	
周大瑤	Chow, Ta Yao		李耀煌	Lee, Robert Y. H.	
藍池春	Lan, C. C.		劉寶深	Liu, P. C.	
林體庸	Lin, Chi-yung		沈鎮南	Shen, Chennan	
盧開津	Lu, K. C.			Shen, D. K.	
	Pan, L. C.		丁嗣賢	Ting, Ssu-Hsien	
時昭涵	Shih. C. H.			Chang, C.	
	Chang, C. P.			Chang, H. J.	
陳胆燕	Chen, T. Y.		鄺壽坓	Kwang, S. K.	
	Loo, W. W.			Su, F. P.	

宋國祥	Sung, K. H.	唐文晏	Tang, W. A.
	Tong, T. S.	曾憲浩	Tseng. H. H.
陳廣沅	Chen K. Y.	劉振東	Liu, C. T.
劉廣沛	Liu. K. P.		Tsang, H. Y.
	White, K. G.	李育	Yu Li
李嗣綿	Ricard S. M. Lee	孫立人	L. J. Sun
蕭津	T. Hsiao	劉錫晉	H. C. Liu
宋文田	W. T. Sung	葛炳林	P. L. Ko
董大酉	Dayu Doon	沈培明	P. M. Shen
彭開煦	K. Hsu Peng	金龍章	L. C. Chin
梅春陽	Y. C. Mei	顧毓琇	Y. S. Koo
陳章	C. Chen	鄭祖亞	Tsu Ya Cheng
劉鶴齡	H. L. Liu	孫清波	C. P. Sun
周傳章	G. C. Chow	王德邦	T. Chih Wang
徐宗涑	Tsung Shu Shu	許本純	P. C. Hsu
王恩明	Harold E. M. Wang		H. Y. Chang
徐善祥	Zai Ziang Zee		Seward S. K. Chang
林景帆	F. C. Lin	茅以新	W. E. Mao
	Y. T. Chang		T. T. Hsing
	P. T. Yuan		P. C. Liu
	Y. H. Wang		C. H. Shih
	Chi Yung Lin		W. W. Loo
潘履潔	L. C. Pan	張正平	C. P. Chang

會員通信錄編輯部啓事

　　本會於今年三月間,刊印會員通訊錄一册,迄今更改之處甚多,且新會員增加百餘人,若印勘誤表,殊爲繁複,故議決重印,加入美國會員之最近通訊處,現已付梓,定七月底出版,當分贈各會員,如有更正,仍請通知本會爲感.

編者 { 總會通訊書記　周　琦 / 總會記錄書記　徐名材 / 總會會計　　張延祥 } 仝啓

材料試驗股啓事

　　本會自舉辦試驗國產材料以來,曾在上海南洋大學擧行試驗多次,近日浦東和興鐵廠送到各種鋼鐵條,及裕華水電墾植公司爲建築水壩之預備,送到磚類多種,及水泥黃砂等,均經一一試驗其品質及耐力,由會出具證書,又上海工部局亦送到鋼鐵,正在試驗中云.際此提倡國貨之際,凡各種國產鋼鐵,木材,水泥,磚瓦,化學,以及一切工程建築用品,或電機機器等類,均可由本會試驗,以資鑒定質料之堅固,或機件之經濟,實為振興國貨之莫大便利.其試驗之成績,本會當擇尤宣布,若不願宣布牌號者,亦可預先聲明.試驗材料可逕徐家匯.南洋大學淩鴻勛君,或江西路四十三號益中機器公司周琦君,請會員諸君積極協助,實級公誼.

本會材料試驗報告發刊單行本啟事

　　本會材料試驗第一次報告 磚頭試驗,刊布本期第150頁至168頁.記錄詳明,足為建築工程師及營造廠等之參考,故特另印單行本,每本收回印刷費大洋五分,在本會會刊辦事處發售.以後續有報告,當照式刊印單行本,以便彙訂,另印無多,購請從速.

本會廣徵會員消息啟事

　　本會歡迎會員諸君寄示職業近況,及個人消息等等,當彙集按時印發通告,以增協作之效.稿請寄總會通訊書記周琦君為荷.

本誌徵文啟事

　　本會為引起讀者興趣並搜集國內實業資料起見,特舉行第一次徵文,略備薄酬,茲特定簡約如下:

(一)題目: 各地實業關查錄 (以國內各省各縣各地為限)

(二)贈品: 第一名贈現金二十五元,第二名十元,第三名二人各五元,第四名五人贈本誌一年,第四名以下當再酌贈本誌若干,以資鼓勵.

（三）資料及文字：　資料務求真確,文字務求簡潔,咬文嚼字者概不取錄.

（四）印花：　應徵者須將下列印花剪下,貼在應徵文上,否則無效.

（五）寄件地址：　應徵者請將大文封固,外面書明『徵文稿件』寄至上海江西路四十三號B字內中國工程學會查收.

（六）截止日期：　本徵文定民國十四年十一月十五號截止,第一第二名原文當在本刊第四期上發表,贈品當以本年十二月底前寄出.

（七）附註：　應徵者請將姓名,住址,詳細開列,以便通信.再原文無論錄取與否,概不退還,長文在五千字以上及附有退件郵票者,不在此例.

```
⬡⬡⬡⬡⬡⬡⬡⬡
⬡ 文 二 工 ⬡
⬡ 印 號 懇 ⬡
⬡ 花 徵 第 ⬡
⬡⬡⬡⬡⬡⬡⬡⬡
```

編輯部緊要啓事一

本刊第三期準九月中旬出版,收稿截止時期確定為八月十號,尚望諸君賜以宏文,早日寄下,以利進行,不勝感盼之至.

編輯部緊要啓事二

本刊自下期起,擬加『討論』一欄,讀者對于工程問題或本刊文字,如有討論,即希寄至上海江西路四十三號B字或江蘇常熟支塘王崇植處,當從速發表,以增興趣.

編輯部緊要啓事三

本期稿件擁擠,篇幅有限,不得已臨時抽出『通信,』『雜組,』及『書籍紹介及批評』各稿,當待下期登表,無任抱歉.

K. T. CHU & SONS

Printers of This Book

WORKS	TOWN OFFICE
115 Wong-ka-ts-koh	10 Szechuen Road
Nantoa, Shanghai	Shanghai
Nantao Tel. 87	Tel. C. 3360

會刊辦事處：上海江西路四十三號B字
出版期：每年四期,定三•六•九•十二月發行
定　價：每期大洋二角,外埠另加郵費一分半。
寄售處：上海中華書局。
　　　　上海世界書局。
分售處：北京工業大學吳承洛君。
　　　　天津津浦鐵路局養路股方頤樸君。
　　　　青島膠濟鐵路局機務處楊毅君。
　　　美國 S. T. Chen, c/o Westinghouse Club, 500 Rebecca
　　　　　Avenue, Wilkinsburg, Pa, U. S. A.

廣告主任：朱樹怡君。
印刷主任：張延祥君。

廣 告 價 目 表

地　　位	全頁	半頁
底　頁　外　面	八十元	四十八元
封面裏面及底頁裏面	六十元	三十六元
封面底頁之對頁或照片對頁	五十元	二十八元
尋　常　地　位	四十元	二十四元

RATES OF ADVERTISEMENTS

POSITION	FULL PAGE	HALF PAGE
Outside of back cover	$ 80.00	$ 48.00
Inside of front or back cover	60.00	36.00
Opposite to inside cover, or pictures	50.00	28.00
Ordinary page	40.00	24.00

THE JOURNAL OF

THE CHINESE ENGINEERING SOCIETY

Vol. I, No. 2.   CONTENTS.   June, 1925.

本期本報有王崇植君之提士引擎之評論一

篇推闡詳明本公司紹

理英國美利斯別克登

廠提會士引擎久已馳譽

全球會有五座裝撥香

港廣州上海江灣等處

用油節省機身堅固請

就近參觀益可明瞭如

荷惠詢不勝歡迎

中國工程學會會刊

工程

THE JOURNAL OF
THE CHINESE ENGINEERING SOCIETY

第一卷三號 廿廿 民國十四年九月

Vol. I. No.3　　　　September. 1925

本號要目

中國工程學會發行

辦事處上海江西路四十三B號

◀中華郵政特准掛號認爲新聞紙類▶

Eyestrain is a product of modern life. In extreme cases of eyestrain where the eyes are robbing the stomach, liver, heart or kidney of their motive power so that these latter organs cannot function properly. The remedy is to put the eyes in focus, when ease takes the place of disease. The point is that many persons apparently see as well as any one but are using too much nerve energy in the process, thus causing a lowered efficiency of the entire body. No physical effect contributes more directly to fatigue and resulting inefficiency than faulty eyesight. No other defect causes a like waste of vitality, time and materials. Weak eyes and high prices are definitely linked.

中國 精盆 眼 鏡 公 司
Chinese Optical Company

Optometrist & Optician

Tel. C 3895   Cor. Nanking & Lloyd Roads, Shanghai

1283

中國工程學會會刊
工程第三期目錄
（民國十四年九月發行）

中國工程學會總會章程摘要

第二章　宗旨　本會以聯絡工程界同志研究應用學術協力發展國內工程事業爲宗旨

第三章　會員(一)會員,凡具下列資格之一,由會員二人以上之介紹,再由董事部審查合格者,得爲本會會員:—(甲)經部認可之國內及國外工科大學或工業專門學校畢業生并有一年以上之工業研究或經驗者.(二)曾受中等工業教育并有五年以上之工業經驗者.(二)仲會員,凡具下列資格之一,由會員或仲會員二人之介紹,並經董事部審查合格者,得爲本會仲會員:—(甲)經部認可之國內或國外工科大學或工業專門學校畢業生(二)曾受中等工業教育,并有三年以上之經驗者.(三)學生會員,經部認可之工科大學或工業專門學校二年級以上之學生 由會員或仲會員二人介紹,經董事部審查合格者,得爲本會學生會員.

第六章　會費(一)會員會費每年三元,入會費五元.(二)仲會員會費每年二元,入會費一元.(三)學生會員會費每年一元.

◉ 前任會長 ◉

陳體誠 (1918—20)　　吳承洛 (1920—23)
周明衡 (1923—24)　　徐佩璜 (1924—25)

◉ 總會 ◉

民國十四年至十五年職員錄

執行部	(會　長)	徐佩璜	(副會長)	淩鴻勛
	(記錄書記)	徐名材	(通信書記)	周琦
	(會　計)	張延祥	(庶　務)	徐恩曾

◉ 分會 ◉

民國十三年至十四年

美國分部	(會　長)	徐恩曾(假)	(副會長)	曾昭掄
	(書　記)	陳三才	(會　記)	倪尙達
上海分部	(部　長)	張貽志	(副部長)	方子衛
	(書　記)	劉錫祺	(會　計)	裘燮鈞
天津分部	(部　長)	羅英	(副部長)	劉錮
	(書　記)	方頤樸	(會　計)	張自立
	(庶　務)	張時行	(代　表)	閻禠慕
北京分部	吳承洛	陳體誠	王季緒	時鳳書	張澤熙
青島分部	楊毅			

褚掄記營造廠
CSU LUAN KEE
GENERAL CONTRACTOR
HEAD OFFICE: NO. 275 YOCHOW ROAD, SHANGHAI

本營造廠設在上海虹

口岳州路二百七十五

號承包各項工程無論

洋灰磚本鋼鐵建築學

校校舍公司房屋工廠

堆棧碼頭橋梁街市房

屋以及住宅洋房莫不

精工克己各界　惠顧

竭誠歡迎

褚掄記謹啓

交通部南洋大學體育館及養病室工程係本廠承造

**We are the Contractors of Gymnasium, Swimming Pool,
and Infirmary to Nanyang University, Shanghai**

We undertake construction of

School Buildings,
　　Office Buildings,
　　　　Factories,
　　　　　　Waerhouses,
　　　　　　　　Wharfs,
　　　　　　　　　Bridges,
　　　　　　　　　　Residences,
　　　　　　　　　　　Ete., etc,

**We are expert contractors on Reinforced Concrete,
Brick and Steel Structures.**

華商

禾豐造紙廠出品

胡蜂牌紙版

特色

(一) 不受潮濕 Moisture Proof

(二) 拉力富足 High Tensile Strength

(三) 韌力適當 Good Pliability

(四) 紙面光潔 Nice Finish

工　廠　嘉興角里街

總批發所　上海江西路吉慶里十二號　電話中央四九六五

杭州批發處　下城西街岳家灣　王家河頭十四號

上海州北永影戲場歡迎留學程工圖中

坐椅者：曾
（計自到國人第
二回，右到者十四
年十一月
四日攝影）攝影

右一至七日攝
——時在杭州
影之日是李
之時，王顧
王女權，黃
士，薛求李
夫人，李汲
人，薛研芹
于湖州，謝
宅之年，謝行
翠昌，黃
人，劉湛群見
人，方之年刊
小殷昌

本刊第前者

（編者）

1289

磚頭墩子試驗破裂攝影

（請參看本期材料試驗報告）

CHUNG HUA STUDIO

THE LEADING PHOTOGRAPHER IN

SHANGHAI

Nanking Road at Lloyd Road Corner

———◦—◦◦◦◦◦——

Portraiture

Commercial Photography

Group Photo

Photo Supplies

上　　　海

相　照　中　華

（館　相　照　一　唯　國　中　爲）

員　會　會　相　照　家　皇　國　英

口　路　合　勞　路　京　南

中國工人與工業前途 *

惲　震

本篇大意　本篇所討論者,為中國工人與中國工業前途之關係.研究之次序如下:(一)工頭壟斷問題 (二)機工材藝問題 (3)廠家待遇問題 (4) 工人組織問題 (5) 工人智識問題 (6) 實施工律問題.

序言　居今日之中國,任何人皆知欲求國家經濟獨立,非發展工業不可.顧一譚實業,即有百不如意.關稅不能保護國貨,又重之以苛捐;交通不能利便運輸,復益之以盜匪.資本之難集也,人才之供需不相應也,外貨之霸佔市場也,無一不足阻企業家之壯志.百不如意之中,乃有一事為資本家所指揮如意,且為外人在華設廠之主因,則曰工價奇賤是.勞動問題,在歐美各國已有數十年之歷史,在中國則方在萌芽時期.凡事今日不加注意,明日即成棘手.目前各地工會,風起雲湧,勞資衝突,隨處皆有,政治不入軌道,工潮之內幕,愈增複雜,日後此種現象,正未有艾.吾人為國家工業前途計,為工人自身前途計,斷不能以單方面操切武斷之主張,或悲觀牢騷之態度,輕斷事實.尤不宜專唱高調,置事實於不顧.本篇以下所論,及其解決方法,一一皆根據事實,以工人生活改善,工業前途發展為前提,邦人同志,幸賜教焉.

(一)工頭壟斷問題　工作之有頭目,本不足怪.支配工作,指揮前後,苟無頭目,安求秩序.顧頭目者,不過某種工作之負責者而已,其於工人之進退,工資之升降,初無權可以過問.今中國多數工廠之工頭,利用當局者之昧於工人情況,得於其中操縱壟斷,應募為工人者,非由彼介紹莫得入,工人之不當其意者,必不能安於位,氣指頤使,一呼百諾.其尤狡黠者,或與員司通同作弊,或設賭博陷阱以傾工人之積蓄,工人無正當娛樂可以自遣,賭博最足勵其徼倖一逞之心,其不落阱者幾希.故工頭之盤剝工人,有時實過於自私之

*在杭州第八次年會宣讀

1293

資本家,不僅此也,其排斥異己,呼嘯同類,守舊頑梗,延誤工作,尤多流弊,吾非謂工頭中無良工也,苟得其人,百廢皆舉,上下合作,廠受其益,吾所攻擊者,為工頭包攬一切之制度.工頭多半未受完善教育,其能網取所屬工人,使各稱職,已為傑出之才,吾人當善用其長,而避其短,勿使其於分外,濫用職權,而反害之,是在主持廠務者之善將將耳.

　　故吾之主張,為尋常不必設工頭,凡某種特殊工作有頭目之必要者,得設工頭.工頭除工作上有指揮屬員之權外,無其他權限.工頭必須自已領袖操作,能以受過相當教育者充之,尤為適宜.

　　(二)機工材藝問題　　自外國機器之輸入,吾國始有較大之工業,裝置修理,初皆借重外人,其後吾國工匠稍稍能自為之,於是始有機匠之名,機匠之始業,必為藝徒,從師年限,長短不定,視其業而異,其人大半為識字不多之伶俐少年,家世必在中人以下,閥閱子弟多不屑為之,習藝既久,於其所業自有專長;惟其未受理論之教育,故知其然而不知其所以然,設計必不能準確,應變或不及周詳,此其有待於他人之指揮者在此.此等機工,常有天資甚高,材藝甚精者,拔出乎其間,吾以為方今各工廠,凡規模稍備如修機,翻砂,鍛工,各間皆粗具一二者,當設藝徒科,所施訓練,除技藝上之實習外,宜擇工程學校中之必讀課程,每日分班授之,其程度年限及科別,則視主其事者欲造就何種人才為準.其主旨則在寓學於工,工學並重,使貧苦子弟得受較高之理論教育.閥閱子弟之欲習工程者,有實習勞工之機會,凡在此中畢業之學生,上之可以獨當一面為技師,為工頭,下之亦可為一負責之機匠,無文武場之分別.技師可以『動手,』機匠亦能明理,知識上既漸接近,辦事上自少隔閡.反之如今日之工業學校畢業生,操勞既所不願,指揮又患不足,理論與經驗,程庶相去太遠,放乎中流,不知所止,其所以不受歡迎於社會者在此,普通機匠,雖無學理之根據,究有一二專長足以自信,苟其常識豐富,尤可觸類旁通,自尋蹊徑,與學理暗合.此中可造之人才,實屬數見不鮮,任其不識之無以終身,窗非暴殄天生材藝.故著者以為工廠附設完善工業學科之藝徒班,實為補救現時之工業教育,及造就將來之機工人才之唯一途徑.主管當地教育行政之機關,當負提倡監察之責,國家或地方尤宜補助其經常費用之一部分.

（三）廠家待遇問題　論及廠家待遇工人問題,有兩大前提不可不先決:

（甲）目前企業家處此內亂外患交迫之地位,經濟狀況已極困難,似不能再有心緒,討論如何改良勞工生活,故每遇工人起鬧騷動,非用武力手段以為壓迫,即用溫情政策以事敷衍,殊不知此等不誠意之做作,對於朝夕相共患難與俱之勞工,早晚必有破裂之一日,壓迫即所以引起其反動,敷衍更不足以使之心悅誠服,心勞日拙,何濟於事.企業家當知勞工與資本有同等之重要,資本既當愛護,何以勞工即不當愛護,當此外資侵略,國家思想勃興之時,資本家及其代表人尤應提攜勞工,使與己通力合作,以御外侮.

（乙）工人自身,本少智識,顧目前站立幕後,指揮工人,為工人之頭腦者,實為共產黨人.共產黨之惟一事業,為階級鬥爭,共產黨之惟一目的,為勞工專政,故其政策,與一切國家資本社會主義不合作,且惟以擴大工人聲勢為事,苟有事理之資本家立意扶助工人,設法改善其生活,促進其教育,彼共產黨人,不惟不接受其好意,且將反對之不暇,何則,彼以利用勞工革命為宗旨,其志原不在工人生活之改善,而尤懼資本家之牢籠羈縻,使工人軟化,表同情於資本家.惟其如此,故廠家之公平待遇,既不甚為資本家所樂為,又非共產黨人所歡迎,其間最受痛苦而無所告者,仍為血汗辛苦之勞工.著者以下所提議之各案,一不為不明事理之資本家說法,二不求共產黨人之同情.

（1）廠家宜設一雇工管理機關,以免雇工借手於工頭,使工頭得居中操縱.凡進退工匠,必經過此機關之審查及記錄,新到工人,如何改驗資格,如何量材錄用,如何供需相應,如何規定工資皆當由此機關負責辦理,勞資間之誤會,工人之材非所用,工頭之籍故開除工人,皆可因此免除.

（2）地方政府應設立勞工介紹機關,俾作各廠雇工機關之總匯,且可使各地之供需相應,減少工人失業危險.

（3）各廠對於工人,應施以工業技能訓練.近世工廠盛行分工制度,工人學藝,割裂破碎,大半無工作物始終完成之樂趣,數年不能窺一完豹,萬一改入他廠,熟練亦成生手.其咎蓋不盡在工作制度,技師及機工之吝於教練,懶於遷調,亦爲其主因.故廠家應規定工人工作,每隔若干年當有一次相當之遷調,增加其工作興味,而機師亦須負責教練,俾成一完善工人,此於廠家及工人,蓋兩有裨益,決非僅爲工人設想也.

（4）其次爲工作時間問題.吾國目前尚盛行十四小時及十二小時之工作,而鼓吹八小時工作制者已甚囂塵上.推究其故,蓋侈言嘉惠勞工者祇知減少工作時間,而廠家又大都傳于科學知識,不知時間愈多,工作愈劣,而偷懶之心愈重.時間多寡,當然以各地情形及工作性質而異,未可一概而論.凡祇做日工者,以十小時爲宜,日夜輪班繼續者,如廠中經濟有餘力,則宜改八小時換班制,否則暫時仍行十二時制.

（5）司工賬之機關,當隨時研究物價漲落及工資高下之比較,於必要時期,呈請廠當局準酌情形,加減工資,以保工人生活之平衡.如謂加工資易而順,減工資難而逆,則凡事在人爲,是在廠當局之能否開誠佈公,能否使工人代表機關與廠事休戚相關,同舟共濟耳.

（6）廠家當明文規定,工人服務過若干年後,給與相當價值之股票,年分愈多,其股金亦愈豐厚,與其他股東,享有同樣分紅分利之權利.員司之待遇亦同此.

（7）工人在工作期內身死,廠家固應撫恤,然究無明文之保障及公允一律之辦法,故應由廠家爲工人代保壽險,其保險金之大小,宜視入廠之久暫,及職務之重輕爲準.

（8）廠家應設一儲蓄機關,提倡工人儲蓄,以備不時之需.

（9）廠內各工作部分,固應講求潔淨衛生,如有工房,聚衆而居,尤應特設專員,向工人家喩戶曉,司保持衛生清潔之責.廠醫宜於廠內設辦公室,如規模較小,醫生不能長日駐廠,則亦宜有規定施診鐘點,屆工檢查身體,亦由廠醫負責.

（10）廠家宜酌量自己經濟情形,爲工人設備種種正當娛樂,以減少其聚賭酗酒等惡行.

以上各種辦法無所謂溫情綏術,祇是爲中國工業發達計,爲工人眞正幸福計,不可不逐一辦到耳.

（四）工人組織問題　糊塗之資本家,聞工會之名稱卽頭痛,糊塗之工人,見資本家卽思顚覆之以爲快,兩方程度如此幼稚,可勝浩歎爲廠家著想工會宜任其自然滋長乎,抑千方百計以破壞之,阻塞之乎著者於壓迫主義,向所反對,然工人自身,又爲知識所限,決不能使工會培養滋長,爲自身謀福利.工人之首領,每爲共產黨人所操縱,而小工之代表又每爲工頭所指派,名曰工人之代表機關,而實則爲野心家所利用.故著者主張,廠家應自動的扶助工人,組織工會,使其能忠實代表一般工人,宜達工人意見,以陳述於廠當局,供其採納.工人旣爲股東一分子,又洞曉廠中情勢,休戚相共,正當之權利,又無一不備,其復何所不滿,而以罷工怠工爲要挾哉.如是則職員工人資本家三位一體,不分畛域,一德一心,共禦外侮,共產黨人,卽無所施其技矣.

以上僅爲目前過渡時代之辦法,藉此或可免除共產黨之誘惑,致陷中國各種工業於危亡,至於如何節制資本,改造社會組織則非本文之所及.

（五）工人智識問題　如何能使工人智識提高,不爲惡習慣所沾染,不爲野心家所利用,人人皆將曰教育矣,然則教育將何由而實施?共產黨人,極反對廠家所給予之工人教育,當之爲機械式的,惟恐工人受其薰陶,一一馴服而爲順民,故必由勞工團體自辦教育,日以革命共產思想,聒於初識之無者之前,此愚民政策,著者無所取.或又謂不識字者較安分,小有才者最不可以理喻,故有教育不如無之,此亦因噎廢食,兩皆無當.且吾人苟不予以正確人生觀念之教育,被共產黨人金得蹈瑕抵隙,儘量灌輸其不成熟之思想.于彼頭惱簡單之工人,而無所忌憚,故著者以爲廠家當鄭重攷慮此項工人教育問題,慎選人才,改善教材,使工人明白自身之地位,合力救國之必要,並授以日用必須之知識,貫通其所學習之手藝.雖然廠家未必盡能明白事理,其於工人之感情,或又向如冰炭,有一于此,其所施教育必無功效,是欲工人之不接近過激派,亦不可得矣.

　(六)實施工律問題　前年農商部曾發布『工廠暫行規則』三十條,今年農部又將頒行『工廠法』十四章五十二條『工會條例』二十一條,皆爲煌煌明文,舉國周知,而卒無地方主管機關切實監督之,亦無任何工廠恭謹奉行之,法紀自法紀,事實自事實,竟漠然不相關屬.就令數廠奉行,勉爲提倡,獨行其善,終必自斃,何則,關稅不自主,外貨充于市,我苟加重成本,國貨愈無以自存,此一端也.衆皆濁矣,我笑獨清,政府威令不行,是責在政府,此又一端也.不論目前所公布之工廠法工會法未臻完備,缺漏尚多,即令適合國情,盡善盡美,亦祇一紙空文,無補實際.吾人但聞共產黨人,假借名義,鼓吹種種革命,而工商階級僅知在工言工,在商言商,不聞其激上激下謀一改革,以自力造成一能爲全民謀福利之政府,內定民生,外禦強侮,何也?

創辦化學工廠之管見

陳調夂

　近年來化學製品,自外洋輸入國內者日增,化學人才留學歸國者日衆,社會中提議創設化學工廠者亦日見其多.化工前途,發軔伊始,光大可期,堪爲中國實業前途賀.但創始之事,倍難於守成,而在我國今日創辦化學工廠,尤難於機械工廠因若電燈廠鑄鐵廠紡織廠造船廠等成立在先者已不少.多識途之老馬,有可鑒之前車.惟有化學工廠猶在萌芽時代,無舊例可援,少成規可循,是以創辦者尤不得不格外審慎,以冀收圓滿之結果.茲就調查所得與身所經歷者,略述數端,與海內同志一商榷之:

〔一〕擇地—創設工廠地點之關係重要,固不待言,而化學工廠,更有特別情形,請詳論之.

(甲) 水陸之交通—工廠材料推陳出新,循環無已,實一轉運之大機關.苟交通不便,原料之輸入,成品之運出,有兩層困難.運費為物品成本之一大部份,不可不注意.交通有水陸兩種,我國運輸,胥賴河流,東南尤甚.目下鐵路,猶未發達,廠地近鐵道不如近河流,能二者兼有則更善.我國鐵路,大都單軌,車輛又不充足.近來各埠往往貨物山積,無車可運.故工廠中若有大宗貨物出進,鐵道萬不足恃.鄙人年來身受鐵道運輸之痛苦,已更僕難數.若在外洋,則鐵道密如蛛網,且有平行者,甲路與乙路之競爭甚烈,工廠實受其惠.我國則鐵道為一種專利權,苟無平行之水道,則工廠惟有仰其鼻息而已.近來鐵路餘利,多提歸他用,無力添購貨車,彼實有供不應求之勢.偶遇政爭,則鐵道之交通更完全絕矣.

(乙) 近原料乎抑近市場乎—此問題驟視之似極簡單,當然以近原料為宜.例如製鹼一噸,須用四噸以上之原料.製糖廠因甘蔗甜菜容易腐壞,不便遠運,自以近原料產地為佳.但亦有不盡然者,煉煤氣廠必須在大城市,以便供給居民.玻璃酸類,轉運時易有失損,或不如近銷地為愈.若須同時用幾種原料時,則更須考求以近何種原料為宜.如美國塞披力挨湖 (Lake Superior) 左近鐵礦,多運礦砂至八百哩以外,如本薛文義亞州西部,奧海奧州芝加哥之南等處,以就焦炭.論理煉鐵,所用礦砂較焦炭重幾一倍,今移砂就焦似不近情理.然焦炭體積比同重之礦砂大數倍,且搬運時容易破碎,一時以下之小塊,便不適煉鐵之用礦砂則搬運甚易,故運焦炭不如運礦砂.化學工廠中,類此之問題頗多,創辦時務須審慎研究之.

(丙)　左近之地勢—關於地勢,當審慎之點甚多:

(A) 宜在郊野莫近都市—化學工廠,排泄廢物甚多,大都有礙衞生,或妨害樹木.歐美各國,頗多因此涉訟者.我國內地染坊,在河中洗滌染品,河流之色,時絳時綠.有毒染料,混入水中,居民飲之,自易致病.友人告我美國某廠,製闊克力酸 Picric Acid $C_6H_2(NO_2)_3(OH)$ 近處河魚,皆成黃色.製酸之廠,空氣中含酸太多,煉革之廠,更有皮革爛腐之氣,爲左近居民患.空中如有綠氣,有礙玉蜀黍之生長.雨中如含硫酸百萬分之四十一,於植物極有妨害.有人研究硫酸對於樹木之影響,曾取松針 (Fir Needles) 一百四十七種研究之,得結果如下:

被害最甚者四十五種含硫酸　　　○五％以上

稍受害者五十三種含硫酸　　　○三％至三‧五％

微受害者二十八種含硫酸　　　○二‧一％至三％

歐美各國對於化學工廠廢料之排泄,禁令極爲嚴密.例如英國有所謂鹼廠取締議案,(Alkali, atc. Works Regulation Act) 茲擇要錄數條如下

鹽廠中發生之鹽酸氣,至少須將其百分之九十五冷凝收集之.

廠中發生之烟,或空氣,或烟突之氣,每一立方英尺,不得含鹽酸五分之一英厘(Grain).

廠中發生之烟,或空氣,或烟突之氣,每一立方英尺,不得含與三養化硫四英厘(Grain)等量之硫或淡.政府有權派檢查人,

不分晝夜,來工廠視察或試驗,但以不妨工作為限.

英人頒佈此案,無非欲保護化工廠左近居民之健康,與農產物之興盛耳.大概化學廠中之廢物,可分兩種,一為可利用的,一為無用的.化學家之目的,在化無用為有用.如製硫酸鈉發出鹽酸氣,昔時不知利用,致勞政府之干涉,後收用之,遂為羅勃郎克鹼廠之重要出品.又如我國某造幣廠,鍊銅時鋅養揮發,到處皆是,坐視金錢飛揚空中,不知弋取.然化工廠廢物,現時無可利用者尚多,所以建廠,總以人烟稀少之地為宜.住宅區域,本不應與工廠相近也.

(B)　地盤宜寬大不宜狹小,國內各城,除通商大埠外,地價猶不甚昂.而國內目下所辦之工廠,大都規模狹小,徐圖日後擴充.所以購置地基,不得不稍為寬大,庶日後容易發展.若待發達後再議購置鄰近毗連之地,則地主要挾居奇,有種種之困難.工廠根深蒂固,又不易搬動,故不得不預籌及之.

(C)　水之供給—化工廠中水為一重要之材料.用水極多之廠,預防冬季之乾涸.藉水去熱之處,宜防夏令水溫之增高.如水中合游離酸,綠化物,或炭酸鈣,及鎂,致水中硬度太高,即不合蒸汽鍋之用.釀酒廠用水,須清潔,無朽腐之物質.且不當有微菌,防起不合宜之發酵,致傷酒味.製糖廠用水,不宜有硫酸物,炭酸加里,尤忌硝酸物,因其能助糖漿 Molasses 使結晶糖減少也.染色廠須用軟水,忌有鹹酸類,鹼土金屬,若水不淨,則水中雜質與顏料化合成沈澱,耗費顏料,色欠鮮明,染質不能深入,且有深淺不均之害.其餘若製紙,印刷,漂白,製膠等廠,均非用佳良之軟水不可,尤忌多鹹.水之關係如此重大,創辦化工廠者,可以水為小事而忽之乎.

(D)　地形高下—設廠之初,於左近山川情形,均須特別考查.若有山水暴發,河水橫決之慮,須設廠於較高之處,以防水災.用流質較多之廠宜於臨山,可藉山勢之高下,爲運液之途徑藉高屋建瓴之勢,可省靊築費,搬運費.例有在平地建一百尺之水塔,所費不貲.若在山地,則可置水櫃於高處,不翎特別之建築.卽在平地設廠,亦宜稍帶傾斜度,使水液可以流動,廢水容易排泄.廠基地質亦當詳細考查,如能得堅固之地,可省基礎建築費甚多.地基載重每平方英尺,最大二十噸,最小半噸.相差甚大,不可不注意.

(二) 原料之固定一原料爲工廠之命脈,若原料之來源不固定,則時有停工減工之虞.實爲絕大危險.原料可區別爲三種:

(甲) 礦產物一如水泥廠之泥及灰石.硫酸廠之硫及硫化物是.用礦產物者,最爲固定.但礦山務須在設廠以前購置安協.若先設廠後買礦,或先購一小部份,徐圖添買鄰區,則必受地主要挾,危險殊甚.又我國官廳,每有特別禁令,如硝硫供軍火用禁止私採,食鹽有引地,不得私運.設廠之始,此點亦宜注意.

(乙) 農產物一如油廠之大豆菜子,紙廠之竹木,糖廠之甘蔗甜菜是.用農產物者,不甚固定.因市價有漲落,收穫有豐歉權不我操也.如能自己購大宗地畝種植原料,最爲妥善.或預先借本與農人,約定價格,收穫後交貨.但須大宗資本,且手續極煩細耳.

(丙) 他用之成品一.如炭酸鈉製苛性鈉,以鹽酸發生綠氣是.用他人出品,最爲危險,不啻生命操於他人之手者.出同樣物品之廠家甚多,因競爭之故,猶無妨礙.然規模較大之廠,恆自購原料,製成需要之品.鹼廠製硫酸,紙廠煉苛性鈉實爲明證.非但可免受人挾制,且價值亦較低也.

(三) 廠之佈置一工廠內部之佈置,最關緊要.材料之出入循環宜有適當之途徑,合宜之次序,否則去而復來,進而又出,曠時費力,耗工損料,甚不合算.例如硫酸廠中之燒硫爐,當近葛洛阜塔,(Glover Tower)不宜近蓋柳山塔.(Gay-Lussac Tower)甜菜糖廠之浸糖桶(Diffusion Battery)宜排列成環式,不宜成階級式.餘可類推.爲便利交通計,水道支河,鐵路分線,宜入廠中,庶幾進料出貨,無艱難曲折之弊.又規模宏大之廠,堆積原料,保存成品排除廢物,成爲三大問題,必須有適宜之隙地及倉庫,始有存積迴旋之餘地.否則機械佈置雖佳,四旁隙地太少,將受無窮之累.此點最易忽略,不可不格外審愼.又我國現辦之廠,大都規模狹小徐圖擴展,因此佈置之初,廠中不得不預留地位,備添加新機之用.此種現象,歐美亦有之.但如預留隙地太多,則建築搬運等費,或不得不增.若預留地位不足,則擴充之時,必須另闢新廠.規模宏大者,新舊兩個單位,原無不可.若規模狹小,而廠中佈置,分爲新舊兩部,於製造管理上,均不經濟.所以開廠時之佈置,不得不思深慮遠.爲今日計,當省財力.爲異時謀,宜留地步.當局者宜就各種特別情形,折衷至當,詳加考慮,非筆墨所能概論.佈置已定,一成難變.願創業的化工家,三致意焉.

(四) 建造廠屋——如規模極小之廠,可利用舊屋.但若用笨重的機械,須有堅固的基礎.如有重大或勤轉的機械,須懸掛樑柱上者,當注意能否承受.總之利用舊屋是萬不得已時,權宜省錢之計,終不如建設新屋,能完全合用.建屋之初,第一當注意者,須先將全廠機械,佈置妥貼.然後以屋就機,不可移機就屋.機械四周,須相當留隙地,以便往來行走,及添置附屬品之用.隙地與其過少,無寧過多,因缺少咫尺之地,發生許多障礙,事實上所恆有.房屋造成之後,便不易改動,化工廠中往往驚生臭味,所以通風換氣等,亦係重要問題,不可不注意也.

廠屋以樸素堅實爲主,大別之可分爲三類:

(甲) 用磚石木爲材料者——建尋常工廠,此種材料最爲相宜.因其價廉而取材料易也.如工料槪從儉省,每立方英尺約須建築費一角至二角.（地基價及機器基礎不在內.）鄙人曾建造廠屋 162,520 立方英呎材料共費 16,500 元,工資 4500 元,即每立方英呎,材料一角另二厘工資二分七厘,合計每立方英呎一角二分九厘.

（乙）用鋼骨人造石建築者——規模較大之廠,須有防火及耐久之建築.鋼骨人造石者,先用鋼骨紮成樑柱之形,外加木模,取水泥沙石子三物同水攪和,傾入木模,數日後卽堅硬如石.此類建築,不但堅固耐久,且建造時亦極敏捷.高大建築,尤宜用此.作者曾監造鋼骨人造石建築 461,000 立方英呎,共計材料費 106,000 元,工價 33,000 元.每立方英呎材料二角三分,工價七分二厘,共計三角另二厘.此種價格稍爲昂貴,其故有三:（一）因有重笨機器之基礎.（二）因土質不佳,每平方英尺僅載重半噸.（三）因廠屋高逾百尺,濱海風力甚大,故風壓以每平方英尺四十五磅計算.尋常鋼骨人造石廠屋,大約每立方英尺,一角二分至二角五分.（地價及機器基礎不在內）

（丙）鋼建築物——以三角式,工字式,水槽式等鋼條,聯合釘成.此種建築,亦能防火耐久,日後如欲小小更勳,又能拆卸,不若鋼骨人造石,一成之後,便難勳搖也.每用鋼料一磅,約合工料費八分至一角五分.

（五）購辦機械——化工廠中所用機械,如汽鍋,汽機,汽輪,電機,唧筒,濾淸機,離心機,乾燥機,壓榨機,運送機,蒸發器,以及防酸蝕之瓦,受高熱之磚,中國所不能購造者,非到外洋購辦不可.機器之種類繁多,價值無從預算.今姑就鄙人曾購辦之數種,摘要記錄如下

汽鍋每個汽鍋馬力三十二元（汽管,燃煤機,均不在內）

汽機連發電機每個馬力五十二元（電線管,電板,不在內）

除原價外,須加關稅百分之五,國內外水陸運費百分之十至百分之三十五,視機器之輕重為衡.基礎費百分之五至百分之四十,裝置費百分之二至百分之五.除正價以外,零星附屬之品亦甚多.如汽門,汽管,電線,電門等,不可不列入預算內.購辦機械是一極大難事.消息一佈,各攬貨人紛至沓來,戶限為穿.目迷五色,區別何從.若取其價最賤者,則貨每欠佳,結果或反超過最高之價.最穩健之政策,係往最著名之廠家購買,代價或稍貴,苟能貨色異好,或反合算.最好通信或親往外洋各名廠直接詢問,信中可將機器之應用與理論以及使用之成績,與他家出品之比較等,瑣瑣屑屑不厭求詳發問.商家經理人,多有專門學識,為求主顧計,必定詳細回答,且大廠家,每印有樣本,用科學之原理,講機器之效用.如往詢問,彼必慨然相贈,讀之獲益不淺.既得各家回書,便能詳細比較,決定取捨.如身在外洋,可要求商家帶往使用機器廠家參觀,或實習,如此更可得一番經驗.經此討論調查之後,各家機器的大概,了然於胸.再決定直接到廠家購買,或託貿易人代辦.有許多歐美廠家,在中國已有經理,不能直接售到,不如托經理者代辦反省事.國內洋行之西人,工業智識,均極淺薄,化學智識,尤其幼稚.所以開辦之初,須自己細心調查.胸中成竹,自不致受欺矣.國人所辦貿易公司,或有一二化學專家,似較洋行為可靠.但總以本人熟悉情形為最要,不可徒恃他人,致貽後悔.購買機械宜有詳細條件,如買汽鍋須聲明汽壓多少,馬力若干,有無超熱蒸汽,所燒煤之成分何如.買發電機,須聲明交流或直流,馬力若干,電壓若干,速度若干等,如係交流,須言相位週波,不可含糊其詞,致往返追問,耗去時日.或竟賢錯,則受累非淺矣.我友在紐約經商,常得國內電報云,「買汽鍋一個」或「購翻砂廠機械全套,」毫無頭緒,堪稱笑談.定購機械時,於另星小件,亦宜悉心考察,勿使遺忘.若買汽機而忘汽管,或購電機,而遺落電線.日後添購,又費時日矣.

大概化工廠機械,可分兩種:一種需要頗繁,另有廠家專造.一種需要不多,必須臨時特製.如榨油廠機械,有廠家專造,且時有現貨.若製硫酸之鉛室,則須臨時請有經驗之工師,計劃繪圖,按圖製造.歐美有所謂顧問工程師,專代人設計工廠.但士多於鯽,延聘時當格外審慎,須考其有無實學與經驗,不可徒信其口頭禪也.

化工廠中除一部份精密機械外,頗多粗笨的器具,如溶化桶,儲液桶,蒸發皿等,國內鐵廠,太都優為之,不必往外洋購買,省時節費,一舉兩得.永利製鹼公司之蒸餾塔,炭酸塔等,大半由上海大效機器廠製造,省費數十萬,應用與舶來品相等,其明證也.

生鐵器具,在國內製造,毛藏每磅價六分至七分.連車光鑽眼等工,每磅價八分至一角二分.鋼板帽釘器具,每磅價玖分至一角四分.凡規模宏大之化工廠,宜附設相當之翻砂廠,鐵工廠,以便修理添造之用.若事事仰賴外洋製品,或他家製造,非特不經濟,且辦運需時,苟有急用,大受其累,何如自己製造之為愈耶.

(六) 延聘技師——國內創辦化工廠者,大都有化學智識之人.然規模較大之廠,工程複雜,事務紛煩,斷非一人或二三人之精力所能勝任.而創辦時尤有異常困難,不有羣助,烏能有濟?在歐戰前,英國製顏料廠六家,共有化學師三十五人,而德國最上顏料廠 (Höchster Farbwerke) 一家,有化學師三百另七人,工程師七十四人.人造顏料,本發明於英國,執染業之牛耳者,反為德國.觀上例可知其理由所在矣.然則聘請專家相助,豈非創辦化工廠者所當注意之急務耶.關於延聘技師之要點有二:

(甲) 規模宏大之廠,除延攬化學人才外,須請機械工師相助至少一人,——化工廠中,無非藉機械作用,引起化學作用,規模愈大者,機械愈精細,所以創辦化工廠,須具化學同機械兩種智識,猶鳥之兩翼,車之兩輪,缺一不可.然一人未必能兼長兩科,即能矣,時間精力,亦有所未逮,故須必機械工師相助,管理裝配及使用機械,并協助化學師籌劃計算,於機械之未盡善者,改良之,重造之,二美俱備,相得益彰,化工廠之發達光大,將維此是賴焉.

(乙) 規模宏大之廠,除延攬本國人才外,創辦時宜有富於經驗之客卿相助,我國化學機械人才,大都留學歐美畢業歸國者,於一般學識,固有極堅固之基礎,但為時期所限,斷不能對於某種工業,作長期間之研究,歐美工廠中技師,頗多久任至二三十年者,漢儒皓首,始窮一經,與少年新進,博覽群書,涉獵百家者,自有專博之別,教育根柢,人不如我,(前二三十年,歐美大學猶欠完備.)特種經驗,我不如人,(我輩年齡地位當然不能對於某事業有極精深的經驗,所以不得讓二三十年老前輩一步.)苟能各盡其長,互補以短,事業之發達,左券可操,所以利用客卿不足恥,有客卿而不能用,或用之而不得其道,乃可恥耳,美國工廠昔時多用歐人,日本工廠尤多白人足跡,此用客卿之明效也,然用客卿,苟不得其道,流弊滋多,最忌太阿倒持,反客為主,使駕馭操縱得其力,可免此弊,總之利用客卿,乃暫時而非永久,在粗辦時期,不得不利用他人數十年之經驗,所以吾人必須盡力從傍研究觀察,務得其祕奧,謀所以自立,國內舊有工廠,每多請洋工程師者,事無巨細,悉聽指揮,無工業人才,與之通力合作,以吸收其經驗,矯正其偏執,聽客之所為,依客若長城,喧賓奪主,人亡政息,大失楚材晉用之本意矣,然多聘技師利用客卿兩層,必規模較大之廠,始能辦到,國內一班工廠,有專依工匠絕對不請技師者,能延一人已屬不易,安敢再有奢望,不得已惟有希望國內化學同志,努力前進,力任艱巨,且於化學智識之外,於機械學問,亦格外留意,庶粗辦工廠時,於化學機械兩方面,皆能措置裕如,以化驗室中玻璃器具之化學,發展為工廠中高搭巨桶之化學,中有無窮盡之險阻艱難，濬而通之，非混合化學機械兩種知識不可．此近來歐美大學，所以有化工科 (Chemical Engineer) 之設也．

七) 訓練工人——工人與工廠有密切之關係，欲出貨良而成本輕，非有良工人不可．我國機器匠，鐵工匠，電機匠等，顏多有經驗者獨缺有化學智識或經驗之工人．若用機器工人充當，則彼等大多不願．若用毫無工業智識之人，則訓練十分為難，不得己惟有擇年輕識字之藝徒，授以化學智識，使其發生一種化學興味，工作或可得力．社會一班之人，往往迷信我國工價低廉，以為多用機械不如多用人工．然我國工人作事，拙笨遲緩者居多，故效率決不甚高．化學廠之工作，極為精密，牽一髮而動全身，欠靈敏之工人，往往貽誤大事．況近來生活程度日高，通都大邑，工價日增．故我謂規模較大之工廠，除粗笨工作外，關係重要之工程，用人不如用機．因機械有一定之作用，雖笨伯操縱之，亦不貽誤，西人所謂 Fool Proof 也．總之化學工業，在我國今日，猶在萌芽時代，絕少相當之工人，創辦化工廠者宜注意及之．

創辦化學工廠，當注意之事，千端萬緒，非短篇所能盡．茲姑就管見所及者數條，略述如右，以供海內同志之評判．總之我國化學工業，方在發軔之始，創辦者之困難，遠勝於他種工廠，不可不格外慎重焉．

南通保坍工程意見書

宋　希　尚

南通受江潮之衝擊，歷年坍削，損失甚重．自宣統元年迄民國四年被坍之地，多至卅一方里有奇，縣城距江不遠，亦岌岌可危，自非設法保坍，不足以救急．故遂有保坍會之組織，完全以地方之力，與海潮相搏戰，遍聘各國水利工程師，勘察計畫．有主張以三合土作岸牆者，有主張大規模築隄者,最後採用荷蘭工程師特來克之計畫,自天生港起,築隄保坍.每隄預算計萬元,預定籌款二十萬元,即可保沿江一帶之坍.當決遵照興辦,即聘特來克氏為總工程師,至民國八年夏,計隄築成者凡八座,而未成者二座,天蘆任三港之坍,勢亦漸殺,而特氏竟不幸染疫身亡,有志未竟,良為惋惜.繼聘運河工程局工程師來因兼視,仍按原定計畫繼續進行.九十兩隄得以完成.來因去後,保坍經費頗為竭蹶,且一時無人可繼,工程遂無形頓停.近年會築十一十二兩隄,皆由保坍會工程員主持.今則任港以東,姚港黃港一帶,坍削日烈,十二以下之隄,勢實不能中止.希尚承召赴通,承示以保坍會擬築十三隄以下各隄預算書一通,囑為詳細核覆,故由勘察及管見祉及,具此意見書,呈供攷核.治水利工程者,尚望有以教我.　　　　著者附.

查長江之在天生港蘆涇港及任家港一帶,現已確呈漲勢.天生港蕯船碼頭之間,據海關測量之結果,覺近年淤漲之程頗速,實為大達公司前途之隱憂.保坍之後繼以漲塞,仍為地方之損害,良為可慮.考其所以,不獨受築隄之影響而已.上游江流之變遷,如如皋沿岸之深洪,近已移趨南槽,下游受隄工迫水之關係,因以愈趨,南向而與岸離.惟任家港以東,江形折轉東南,既無隄工之設施,仍直按受水力之冲擊.其水力之強,不亞于昔日之蘆任,而坍削之烈,則較昔日蘆任為尤甚.去年一年之中,竟坍至百丈以上.是保坍工程之急須繼續進行,可無待言矣.

保坍以隄隄已見效,且已習用,似可繼續施行.惟隄之構造,不惟關係水力,實與經費預算相關最切,不可不加以研究.按今年保坍會所擬每隄之預算如下:

(甲) 材料項下　　　　每隄
一　塘柴十六萬綑　　　　　　　大洋一萬一千貳百元
二　山石一萬噸　　　　　　　　大洋八千元

三　　木梗一千三百根　　　　　　大洋貳百六十元

四　　蘆柴二千二百梱　　　　　　大洋五百五十元

五　　十七號銵綫三千四百磅　　　大洋六百八十元

共計洋貳萬另六百八十元

（乙）雜料項下

一　　元藤繩六根　　　　　　　　大洋九十元

二　　細三股蔴繩七百磅　　　　　大洋七十元

三　　二十七股纜二十根　　　　　大洋四十元

四　　籤籠竹樁籠繩等　　　　　　大洋叄百元

共計洋五百元

（丙）工費項下

一　　小工三千工　　　　　　　　大洋九百元

二　　畷船八只　　　　　　　　　大洋八百元

三　　工程及各項雜工　　　　　　大洋貳百元

共計洋一千九百元

以上總共計貨洋二萬三千另八十元

至保坍會經常費及每兩樁間之岸牆工程，均不在內．每築一樁，工料兩項計須二萬三千餘元．考其樁圖，則柴排相接，與岸合成口字形，實不雷合昔日之兩樁而爲一．換言之，卽昔日乃單樁今則改爲雙樁矣．樁身旣加倍擴大，工料勢必隨增，此所以現在每樁之費較當日特來克所築壹萬元左右者，相去遠矣．

目下亟須注意及研究之點，卽此種雙樁，是否適用于現在長江之水勢．苟水力之強，有非此種雙樁不能抵制，則雖費亦所不惜，否則因工程無把握而施行此種雙樁，過求安全，則似近靡費，實大違工程經濟之原理．按預算書中有依照故工程師特來克第二次估計樁圖，略事變通之說．查特氏二次樁圖,實用以補救當日第八樁之急,並無以此立爲後日標準之意,蓋特氏築樁時代,其所得最寶貴之經驗,即保坍築樁之工,萬不能于同一範圍,而同時施工.當民國八年材料經費兩皆充裕,曾將七八九三樁同時並舉,初不料一樁成後,水溜即受逼制,勢必影響于下游,致下游同時築成之樁,受莫大之打擊.故八樁因水溜太急,後樁身之旁,漩成深潭,竟使樁身傾斜,頗呈危險像.後于樁旁不得已另築一樁,使樁端連成一氣,以資補救,此所以有第二次補救之估計.今若以此爲此後樁工之標準,不獨經濟上視爲太費,按以現在通境之水勢,似尙不需此,鄙見此後可採用丁字式之樁,而于樁端加多一排,防水溜回旋,致有傾陷之虞,對于特來克之樁爲樁端添加丁字之橫排,(猶丁字形之第一畫)對于計畫之雙樁,則實取用其半,如此不獨原料人工得省一半,即將來維持手續,亦較輕易爲事,爲節省計,似有此種改良之必要也.

　　美國近來樁工除密西西比河河口整理工程仍採用塘柴築樁外,其餘如密沙利河及各鐵路公司護河工程,多採用樹樁,樁以全株之樹爲之,連根帶葉,縶以鉛絲,尾尾相啣,平鋪如排.每樁樹株株數之多寡,則視水力爲等差.鉛絲穿成後,由輪浮水拖至應需之處而固定之.固定之法,將在岸鉛絲之一端縶于一大樁,而埋于土中,在水之端,則縶于一鐵筋混凝土之樁,而沉于河底.此混凝土樁頗爲巨大,四周及端通有無數細孔,中則空虛.此樁每埋于深水之中,勢不能以力壓下,故以汽機迫水,由四周之細孔射注而出,射勢極猛,四圍泥土因以冲鬆,借其本身之重量,而樁遂隨之沉下.樹排縶于樁上,即可固定.然後利用樹根與枝葉之交錯雜亂,因以速沉澱之功效.工料旣省,收效絕巨,而工後維持,又甚簡易,實爲保坍工程別開生面.將來南通似可酌量採用三合土樁或竟以三合土巨塊代之,務使樹排不隨流移動而已.約計此種樹樁爲費不逾二三千元,擇潮浪稍輕之處而沉之,使每丁字式樁間之距離,得以酌量放長,沿江保坍距離,亦可因以延長,目下保坍經費有限,而保坍未及之範圍尙大,此調劑之一法也.

築楗固難,尤以定楗之地位爲不易.蓋楗用以迫流,必須瞭然于上下游之形勢,及其流向.否則雖有楗亦不足以迫流,則又何貴乎築楗.甚則因楗位之不當,轉而爲上下游之妨礙,未獲其利,先受有害,是不可不再三考慮也.查長江在盧任一帶,成一曲綫.盧任以下,又一曲綫.前後曲度不同,流向潮向勢必隨之各殊,迫流之楗,其地位距離,亦各各有異.在直綫河中,德國水利工程學中曾有一公式,可供定位之參攷.曲綫江中則當然以河流形勢流速方向與夫潮流漲落風向變遷及沿岸情形爲定位研究之標準.然後始可擬定.德國德來斯工業學校中之水工試驗場,每設毀模型,舉以試驗,以其影響,不得不審慎也.保坍會自下主張每楗距離以六百米達爲標準,約一華里,此說似難贊同.蓋關係重大,非悉心測勘,幷研究上述各種之關係而可貿貿有所規定也.楗上加石,借石之重,以維鎭楗身.故楗工需用石料爲量最巨.南通非產石之區,取之江陰,爲程旣遠,需時又多.且石塊不大,大潮之後,各楗石料,爲潮浪搶挾而去,損失不貲,培補又不可緩.故將來楗工如何維持,實爲保坍工程完後最重大之問題,而如何可以防衛石料不使爲潮浪所冲動,亦日下亟須研究之事.濬浦局曾以松板釘成一種木範,上下無底,蓋中實以石,層叠而上,所以防料之冲動,卽所以滅後日維持之手續,意良法美,似可斟酌採用.

每楗之間,沿岸一帶置有水柴排平舖岸坡,上覆以石,相連似石堤,名曰護岸工程.本非特來克原有之計畫.聞每一華里約需萬元,落潮之時,柴排亦露木面,意在專禦潮浪之冲刷力.惟岸之坍削,往往先坍岸脚,脚底層層先去,岸坡不能自立,因以傾陷,此一定之情狀也.故保坍須保水面下之坍,水面上之坍,可不必保,保亦無益也.（楗尾之護岸以防斷截者,不在此例）此項工程,是否必需,亦大可研究.鄙見在江形較直,風浪較小之處,似可酌盡省去也.

總之,保坍工程已由二十萬元之預算增至五六十萬元,不可謂不巨大.已成之楗先後計十二座.天盧任一帶之坍已由坍而漲,收效不可謂不宏.楗工程是否適當,經濟將來如何維持推行,均待特注意研究.甚願本地方自治之精神,力與江潮相奮鬥而得最後之勝利也.

姜氏浮泛洗煤法

(Coacleaning by Chance flotation method.)(譯倫敦本年七月份鑛學雜誌)

雷　寶　華

　　一九一八年八月及一九二二年八月兩期本雜誌(指鑛學雜誌)中,曾有關於姜氏浮泛洗煤法之論文發表.其法係用細沙與水合融作爲洗煤液,將應洗之煤注入液內,則煤之純潔者,因質較輕而上浮,煤中廢石遂分沉液底.此法嗣經姜氏提出論文於美國採鑛冶金學會,適於六月發表.同時姜氏族人某,亦有論著詳及由此法洗出之煤,所煉焦炭,實較優良進步云.

　　多數煤質,率因塊小而減其市價,蓋以不易洗選之故.倘洗煤之法,必需以水濡溼,則宜設法限制細煤末於極少量數,免致損失於廢滓,且以減少因溼末過多發生洗選上之障礙.故最善之法,宜於未洗之前,先將煤中細末,用乾法盡量剔出,然後僅洗其粗粒者,但該煤末必須質底純潔,剔出之後,逕與洗淨之煤參合,而不至加入雜質,方可如此泡製.近年美國洗煤廠採用此法而得良好結果甚多.但倘末煤質底不潔,剔出之後,難與淨煤合用,則此種原煤,宜完全採用乾法洗選;如用汽流分析臺 (Pneumatic table) 之類,較爲妥善,絕不宜以塊末一同溼洗也.凡洗煤廠應行注意諸點如下:(一)原煤塊宜愈大愈佳,洗時不須篩剔.(二)洗選之際,應使淨煤免於破碎.(三)遇可能時,決勿濡溼末煤.(四)洗淨之煤,應不含混入雜質.(五)倘洗餘廢滓,含煤質仍多,卽將廢石壓碎,重行洗選,不宜於未洗之前,先將原煤壓碎,免致會添細末.以上各點,如僅源普通應用之重量析類法 (Gravimetric Method of Concentration) 或借水力,或用汽流,殊難兼得而並致之.且從前商業上通用之洗煤法,如利用物質墜動率 (Falling Velocity) 磨擦係數 (coeffieient of friction) 及破碎抵抗力 (Resistance to Fracture) 等原則而成者,無一能產由一时徑至十六分之一时徑之淨煤塊粒也.

　　任一煤質,因含灰分及硫黃成分之不同,遂影響其比重,此為顯著之事實.商業上已利用之,以斷定煤之灰分,蓋僅需求得煤樣單位容積之重量 (Density),卽可根據其標準比重,估計大約之灰分矣.普通用之浮沉試驗法 (Float-sink Test)以鹽酸化鋅液 (Zncl₂) 或他種液體為分析液,卽係利用煤與殼質比重不同之原則,然此種高濃度之液體,可作為分析液者,皆不甚經濟,難為商業之用.幸近時發明一種混合流質,其濃度之高與鹽酸化鋅等相埒,且粘度甚低,利於物質流動,其價甚廉,足為商業之用.以此種流質分析比重不同之物質,名曰沙泛法 (Sand-Flotation Method).預備此種流質之法,係用細沙與水融合,借水流壓力,或用機械,或兩者並用,於此混合液中不斷的攪動,使沙粒永久懸浮,不得沉澱,成為一種高濃度之流質,於是將欲洗之煤,注入液中,則與廢石自然分析.裴氏洗煤機器,法卽本此.所得結果,遂能將上述洗煤諸要點,兼而備之.

　　附圖說明本此法構成機器之一種.其他式樣而同此原則之設備,刻亦多在創造中.沙與水混合,存於一圓錐形之分析器中.器之底端,連接一圓柱,名曰分析柱.柱之下有塞門一,下通一廢滓箱,廢石沉澱,由此流入一水箱封閉之傳送器 (Water-sealed Conveyor) 以邀於廢石篩機.攪動流質之法,係憑分析柱旁進水管之水上升之力,助以圓錐器中機臂數支之轉動.而大部分沙粒仍沉於液底,流達廢石篩機後,重行濾出.原煤由圓錐分析器上部加入.廢石下沉淨煤上浮濃面.由抽沙機中邀返之沙,注入圓錐器,將淨煤擠出器外達於煤篩.一部分之沙,隨淨煤濾入煤篩,再與廢石篩底之沙合,同入一圓錐形之沙儲 (Sand Sump) 繼達於渦旋抽沙機 (Centrifugal Sand Pump) 循

1316

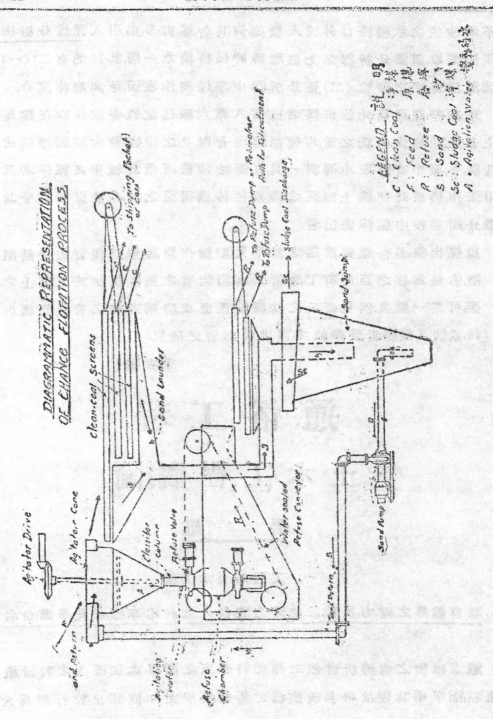

DIAGRAMMATIC REPRESENTATION
OF CHANCE FLOTATION PROCESS

LEGEND 說明

C : Clean Coal 淨煤
F : Feed 原煤漿
R : Refuse 廢物
S : Sand 沙
Sc : Sludge Coal 淨煤漿
A : Agitating Water 攪動的水

環不竭.沙儲之水,漫溢口外,流入廢渠倘其含煤尚多,則引入泥煤分析槽,重行周流提取.圓錐分析器之上部應時時保持清水一層,其目的有二:(一)以供洗滌淨煤中之沙粒.(二)使分析器中淨煤高浮液面,免與廢滓混合.

現在特許應用此法洗煤者已有八廠,六廠已設備完竣,餘均在建築中.以上各廠,於原煤未洗之前,均先用篩機晉時孔之篩機,將大部泥滓篩去,以利洗滌.各廠中有另設小篩機一具,專篩抽沙機返還沙粒中之泥滓者,又有利用工作換班時間,篩上無煤之際,將抽沙機返還之沙,注於煤篩上令其停留數分鐘,將沙中煤滓提出者.

原煤出礦,多含雜質.洗選之法不良,則煉作焦炭,難期佳質.對於銑鐵製造劣焦爲害之巨,凡有工業常識者類能言之.則洗煤法於工業上之重要,可見一般矣.偶見姜氏之法,設計廉簡,成績稱著,較之普通篩機洗選法,或銑又優勝焉.爰譯錄之以供同志者之研究.

　　　　　　　　　　　　　　　　　　　　譯者識

通 俗 工 程
土 木 工 程 慨 論

馮　　雄

一, 工程與土木工程

取自然界之理,力,及物,以經濟之道,供人之利用享樂,如此學藝,命名工程.

窮索事物之情,辨析自然之律,此科學家之所事也.彼匠人之製器,縱成就至精,而罕明其理,故終未破技藝之藩籬.科學主知,技藝止於行,斯爲大較,彙取斯二者,其在工程矣.工程師採已知之原理,施諸實用,雖其役未必親操,然能示人以所由之道,而於節力省時惜物諸端,亦復籌無遺策,總茲數事,庶得上列其證矣.

工程舊分二類,一曰民事工程,一曰軍事工程.

二名雖對立,然建設較破壞為難,其事經緯萬端,故民事工程之涵義,孳乳而浸多.百年以來,自其析出者,有礦冶工程,營造工程,機械工程,電機工程,而與遺留之狹義民事工程並列.

狹義之民事工程,即我國所謂土木工程也.

在英文名曰 Civil Engineering,在法文名曰 Génie civil,仍沿襲民用之舊名,而義則狹矣.此五項工程外,又有造船工程,化學工程等,亦近年新起之分科,蓋工程之範圍,方日擴而無已也.

二,　土木工程之分類

土木工程所包括者,大別有八門,而彼此相關,非有分明之界葉,茲依次略述之:

一曰測量,及大地測量.

工程之設施,無能離土地,故須先有土地之圖形,凡地段之形式,山野之高低,河道之淺深,水流之緩急,地面之物象,當一一識其度量方向,繪寫成圖,興工之前,據此設計畫,而經營之際,一切布置,又當以此法計遠辨力,方能有所遵循,而不失其正位,此其事名曰測量.如地段不大,所用方法,假定地為平面,是為平面測量,普通之測量多屬此項,若地段廣闊,則不能不顧及地表為旋成之面,是曰大地測量.凡測量之所重,為適度之精密,過乎此者徒耗力費時,不及此者,他時工事,往往生無限之困難,此則始事之時,所當深慎.測量者,乃土木工程所罕能離之而成事者也.即在畫野分疆之大業,亦不出其範圍,雖其事止於製圖,似與工程無涉,然而圖成以後,工程上所以利用之者,正自無窮矣,

三曰鐵路工程．

鐵路之爲足爲發展文明之利器，此義殆無待煩言．鐵路工程，可分建築與保養兩大端，皆士木工程師之所事也．建築之事至繁，以測量爲首基．測量之步驟有三：一爲踏勘，於兩終點之間，約略議所出之途；二爲初測，以辨明擬取途徑一帶之地形；三爲定線，於初測地段之中，確定線路，凡如何遵直取彎，升高降低，逢山開隧，跨水設橋，悉行斷決，製定線路之圖．測量既終，土工以始．初依所定線路，審核兩旁地形之高低，路隄路坎之所在，而定填土掘土之量，次可實施工作，以築路基．其應有特別建築之處，如隧道橋梁棧道涵洞種種，亦以時造就．路基既成，而有鋪設軌道之工；於路基之上平鋪道碴，橫安軌枕，直設軌條，而鐵路之主體以成．其軌道以外之種種建築，如車站，貨棧，水塔，水鶴，轉盤，渡橋，機廠，車棚，號誌等，亦復審其緩急先後之序，一一造築，而後可以通車．既經通車，則建築之事漸稀，而修養之工彌重．如何可使一切設備，經歷年時，保其安全之狀況，以節省行車之費：則養路工程師，所當念念不忘者也．

三曰道路工程．

道路依經行之區，而有城市郊野之別．造郊野之大道，其初步亦如造鐵路然，須行踏勘經由之途徑，次作詳細之測量，定線路，計土工，而後實施作業．此類大道，或爲土路，或爲硬面路，硬面路則以碎石或礫石爲多也．城市街道之鋪砌，視當地情形而定所用材料之種類，於以制爲適當之形式鋪砌．有磚塊，木塊，石塊，礫石，碎石，膠灰混凝，地瀝青混凝土，地瀝青塊等之分，各有優劣之點．如何選擇材料，如何製定路面之形式，如何驗定材料，如何造作鋪砌，如何疏洩路水，如何保養路面，凡此皆道路工程師分內事也．

四曰水利工程．

此爲土木工程中範圍最廣之一分類，凡關於水之利用者皆屬之．分爲六項．第一項爲水力工程，乃用水之潛能以作功或發電，故即在荒遠難到之河流,亦非於人無利.其法大抵築壩蓄水,或利用天成之懸瀑,引下瀉之水,運轉水輪或渦輪,藉以在當地作功,或發電而傳於遠方也.第二項爲治河工程及防災工程,乃使河水流行,得以適如人意,除水之害,即所以盡地利也.治河之法,在令水之深度,足應所需,或束水歸槽,或施工浚濬,或化河爲渠,或從旁開渠,或築池儲水,以時啓放,皆所以節制水流者也.防災有治本治標之別:治本爲不與水爭地,治標則有預防、抵禦、及分疏三法.洪水預防法爲建築蓄水池,或留水潭,俾可容納洪水,而依下游河身能容之量,放之逐漸分流.洪水抵禦法爲建設厚重之隄防,改良河道,庶洪水來時,不致漫溢爲災.洪水分疏法,則以洪水驟至,一時不使下流,將有漫溢患,惟有任其流入人煙稀少之區,以淺地爲壑,雖爲下策,實乃救急之方也.第三項爲造渠工程,乃用水以供航運者,爲於兩海或兩河之間,鑿地成渠,設船閘及壩以調節水面,而利航行,渠之爲用,正與鐵路相類也.第四項爲海港工程,海港之浚深、防浪隄、橫埠頭縱埠頭、船塢、燈塔等之建築,皆其事也.第五項爲灌漑工程,乃引水以潤濕雨水不足之田,使得豐收者也.第六項爲疏泄工程,有種地域土非不肥,但含水太多,亦當設法去之,乃能求種植之有成,此與灌漑工程,殊途而同歸,皆使土中含水不出適當之範圍者也.此六項外,又有供水工程及排除汚水之事,雖亦可列入水利工程之範圍,但因其注重衛生方面,故宜歸於衛生工程中,下文當略述之也.

五曰衛生工程.

　　此門工程,與近世文明之關係,亦屬重要,更分爲六項,第一項爲給水工程,城市用水,其質其量,皆當合度,此理至顯.質須淸潔,不含有害之微生物及起硬性之雜質,是其著者,量須充足,能供不時之需,及不以亢旱而缺乏,是其著者,故其事首爲求得豐富之水源,或直自河湖之中用機起水,或鑿井以取水,或於山中攔溪澗築壩成池以蓄水,使水自流.次導所得之水,經過引水道,以至用水之區,或逕流入埋於地下之水管,分配於各處,或先送入配水池或水塔,再由此流出,分送各處,其制不一.取水之後,視水質之美惡,而施以適當之清潔法,則有澄清,過濾,氣化氯化,軟化等法也.第二項爲排除污水.此與給水工程有連帶之關係,凡有給水廠之城市,所用之水極大部分,變爲污水;此及雨水,皆當排除.排除之時,或分或合,水管之如何布置築造,污水之如何排除處理,乃此項之兩大問題也.第三項爲廢物灰屑之收集處理,凡公私房屋掃除之塵灰,庖廚所棄之食屑,街市之塵土落葉,工廠之廢料煤屑,皆不可任其隨處拋棄,而當收集消納之.或傾倒入水,或運填低地,或埋入土內,或用以飼豬,或全燒之,或剖取其猶可利用之部分,而燒棄其無用者,或用化學法治之,取作肥料,或磨粉以作肥料.其法不一也.第四項爲取暖及通氣.此在近年,成爲一種專門工程事業,或認此爲機械工程之一部,以其關涉機械動力之事甚多也.第五項爲沼澤之疏洩.若以闢地種植爲旨,固屬於水利工程惟若以驅蚊遏瘧爲旨,則屬於衞生工程矣.

六曰構造工程.

亦爲土木工程中範圍最廣而最重要之一類.以凡屬建築,幾無不有構造物也.構造物者,常時靜止之製作物,與機械之有常時活動部分者不同.其設計建築與修養諸端,則構造工程師之事也.構造物中之最著者,爲房屋,橋梁,棧道,障壁,隧道,墻堰,水塔,穀倉,無線電塔等.其設計所用方法及公式,大概以材料力學之原理與定律爲根據,準之經驗,視構造物受力之情形,而判定其形式尺寸也.

七曰市政工程.

市政工程,未可視爲獨立之一類,乃集合前數類中之部分,以成特別之作業者也.凡城市之工程事務,如飲用水之供給,污水之排洩,與夫橋梁街道等之建築,皆屬之.其範圍既廣,在市政工程師或不能事事精研,要當識其門徑,而後可與專家通力合作也.

八曰評價.

凡公衆利用之產業,如鐵路水廠之屬,時或須估定價格,此非易事也.非僅編製財產目錄逐項開列而求其總值,即為已足,蓋有問題焉,即構造之價,與其時價非相等是也.故評價不僅為一工程問題,而又與會計,法律,經濟諸端,有深切之關係.工程師於一切設備之價格,知之最悉,故宜任此事,而尤以土木工程師為合宜.但非深有經驗者,不能勝任耳.在歐美工程事業發展,評價之事多.我國尚少,如魯案之評價,是其僅見之例矣.

三, 土木工程師之才德

土木工程師,所應有及宜有之才德,可分為屬於任職者,及屬於為人者二類,而皆不可偏廢者也.屬於任職者,大概與其智識有關,其所以治事之根本也.茲分四項述之.

一為當具關於自然界諸種勢力及其原理之智識.

土木工程,為屬於實在之學藝,故從事於此者,當具自然科學之智識,於化學,物理學,力學等,同當識其要義,而於天文,地質,生物諸學,亦須視其所事為何,而特加注意.土木工程師不僅當有科學智識,又宜具科學家切求眞理之態度;眼光遠到,成見咸屛其辨析事理也,尤當全依名學之法則,勿留錯謬.工程師之設施,處處與他人生命財產有關,一逸眞理,每致大禍,非可掉以輕心也.土木工程師於數學一方面,應有充分之研究,自無待言;但不宜沈溺於數理之中,養成冥思空想之習慣,以致忽略物情也.

二為當具關於建築物料之智識.

土木工程建築所用材料,有鐵,木,石,磚,膠灰,油漆等,種類旣多,性質不同,而一種之中,若成分稍殊,其性質即未必相類;如何而可用之得宜,工程師所當注意.故凡材料之製法,化學性質,物理性質,皆須知悉,且應躬行檢驗之事也.

三為當具如何方為經濟方法之智識.

工程師之設施他人未嘗不可為之,但未能如工程師所為之經濟耳.

單就建築之本身而言,爲事尚易,而有更難於此者,卽事先之研究是也.究竟
某項建築,是否必要,選地擇時,如何可得美滿之結果,在經濟方面之研究,最
當深遠,如鐵路或水力發電廠之失敗,往往不在建築之不合度,或造價之太
貴,而在地點之不宜,遂不能得利.此則所當特別注意,而一成之後,殆無可補
救者也.工程師於此種經濟問題,旣無成法可拘,則當有斷決之才能,審度情
形,以治之矣.

　　四爲當識事物間之關係,能衡其輕重,於以定何項設施,寶能供人之利
用.

　　　　此爲人生必要之智識,主持大事業者,尤當有之.見解之正確,推察之
明審,心境之恬靜,成見之蠲除,能具此數者,乃可權衡一切事物之輕重關係
而後其措施,免於錯謬.此項才能,固可由個人經驗尋求,而多識前言往行,亦
可得之.

　　　　至於美德如溫良,知禮,敏捷,能忍,守序,專一,自信,敬人等等,誠爲人生所
必具者,而於工程師也則尤要.人之成功與否,全賴於是,我人其三注意之.

雜　俎

無帆風駛之船

　　利用風力以駛船,在上古時代已經發明,賴乎帆面與空氣之反動.至不
用篷帆而能駛風者,實由德人弗雷脫納(Anton Flettner) 所發明,于今年始
告成功.弗氏用六百噸之舟,于其首尾裝鋼管圓柱各一,直徑十英呎高五十
二英呎,在風中轉動圓柱,可使舟前進.舊風迺靜止之圓柱時,平分二支,繞圓
柱進行,雙方速度相等,壓力平均;設圓柱正在轉動,其影響可使一部份之空
氣隨柱旋轉;故二種運動相合,可使雙方空氣速度不同,依盤拿利氏（Ber-
noulli）之理論空氣速度高處,氣壓減少發生吸力低處氣壓增高,發生壓力;

俱足以推圓柱橫風而進.下列三圖:第一圖表示空氣過靜止圓柱時之狀.第二圖爲圓柱在無風時旋轉所生氣流;第三圖則爲以上二圖所合成,卽圓柱在有風時所生氣流,其力向與風向適成直角,力之強弱,與風速及圓柱旋轉速度之乘積成正比例.

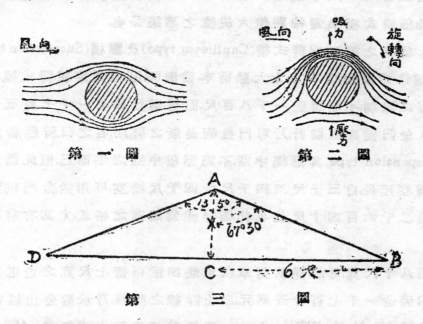

第　一　圖　　　　　　　　　第　二　圖

第　三　圖

此種船隻,于橫風時前進速度最高,遇順風逆風時,則如尋常帆船之遇橫風.圓柱既有前後二根,其旋轉方向與速度可各隨意變更,以操縱舟行方向,航行時無甚困難.惟此舟試用未久,不足斷其成效,他日有暇,當再爲文詳論其原理與成積也.　　　　　　　　　　　　　　（錢昌祚）

擬建金門新式橋梁

美國金門接連太平洋與舊金山灣,爲西部重要港口.往來航舶,絡繹不絕.舊金山爲有名之商埠,而美嶺 Marin County 又爲風景優秀居住之鄉.但爲金門 Golden Gate 港口所隔,往來須趁輪渡,殊多不便.且美嶺富藏繁茂,森林是美,政府工程隊核准建造一新式橋梁,以便交通.

　　金門港口,寬約六千七百尺,與兩岸相距一千三百四十五尺處,各有硬石暗礁水深不過五十尺,誠爲建造橋墩良美之地.兩暗礁中間之水道,深約三百尺.乃於此兩暗礁上,各建造一橋塔,高爲一千零十尺,俾橋底在低潮時,高出水面二百零一尺半.但中間橋空,有四千尺,倍逾世界已建各橋樑之長度,足徵此種新式橋樑,爲特別偉大規模之建築品也.

　　最大橋空之橋樑,爲臂式橋(Cantilever type)及懸橋(Suspension type)兩種.臂式橋硬而堅固,但本重太大.懸橋本重固輕,但稍欠硬靭.臂式橋橋空,往往受本重之限制,不能超逾一千八百尺.而懸橋已建有一千七百五十尺之橋空.此次金門橋樑之設計,乃專門技術最新之啓明,名之曰臂懸新式Cantilever-suspension type,其懸繩中空,不過懸橋中空之半而已.似此進步之新式,可使橋空延長,自三千尺至四千尺.故四千尺橋空,可用於金門橋而懸繩中空,祇過二千六百四十尺.且也此橋非徒爲超羣之格式,尤具有著明之堅靭.

　　此橋八十尺寬,可容雙軌街車汽車路四道,兩傍七尺寬之走道,計建築工料費約美金一千七百廿五萬元.以上詳細之記錄,乃承舊金山城市工程司柯盛納君 Mr. M. M. O'Shaughnessy 與設計工程司史出斯君 Mr. J. B. Strauss 見惠,并誌之.　　　　　　　　　　　　　　　　（羅英）

電筒內之電價

　　一個基羅瓦特小時要一千二百元!這個價值好像是北極地方的電價,但是這是最小號電筒之電價.我們若把這個價值和中央電站中的一比,未免要覺得浪費,但是電筒用電甚省,一個啓羅瓦特小時足供二千小時之用,而尋常用的時間又是斷續不定,故化電甚少.我們假使把電筒我們的利便和其代價一比,我們實在還覺得他是十分便宜.

　　下面是四種最流行電筒之代答(Data)表式:

（一）啓羅華特小時之代價

（Ａ）最小號 (Vest Pocket)　　　　　　一千二百元

（Ｂ）小號　　(Small 2-cell Tubular)　　四百五十四元

（Ｃ）中號　　(Large 2-cell Tubular)　　一百二十六元

（Ｄ）大號　　(Large 3-cell Tubular)　　一百二十元

（表中銀價依美金一元中銀二元計算）.

（二）電池量,燈之能力消耗,燈之光度 （Lumene） 及燈之最高燭光.

(Max. Beam Candle Power).

	電池量(瓦特小時)	燈之能力消耗(瓦特)	光度	最高燈光
（Ａ）最小號	0.5	.48	4.4	0.75—1.0
（Ｂ）小號	1.3	.55	4.8	3.0—3.5
（Ｃ）中號	5.6	.68	5.5	*4—5
（Ｄ）大號	8.4	1.02	10.2	*7—9

（ * 此種電筒之鏡頭為 Bullseye Lens）

我人眼之搆造十分精巧,在光度最強最弱之中,皆能適應環境.當一萬枝燭光尺度的烈日下,我們能夠看得清楚,而在中夜裏小號電筒一閃之光,弱不一枝燭光,我人也能看個清楚.有了天賦的利器,所以雖化一千二百元買一個啓羅瓦特小時,而電筒仍能供常人之應用.

（王崇植）Light, Jan. 1925

工程書籍紹介與批評

工程書籍我國頗少自著者,照此長期販買,終非結局,同人等必為愛之用關是欄以廣宣傳.故文中評語半取提倡之意,不敢嚴格以求,尚望讀者注意.

航空論　　黃璧著

商務印書館十四年二月出版　定價大洋五角

航空學書籍,即在歐美,亦少佳本.因航空事業,進步甚速,新書出版之後,瞬即有陳舊之謏.至在我國,更無論矣!從前國人所著關于航空書籍論文,大抵偏于沿革一面,絕少於學理上作有統系之論著者.近閱商務印書館新出版之『航空論』一書,著者黃璧君獨能爲人所難,秉承師學,出其心得,以餉國人.該書共一百三十一頁,分十三章,于空氣鼓動力學,航空器具之構造,運用,安定,操縱,靡不逑及,範圍可云廣博,且文字清晰,定價極廉,便于讀者.但此種書籍,必須時加修正,以應時勢變遷.黃君自序,亦願旁採輿論,以備他日訂正.祚不敏,特於航空學理製造,稍事硏究,敢于原書美中不足之處,略貢芻蕘,以實諸黃君.

(一)原書中名『航空論』英名 "Aeronautics," 應解爲航空學,二義不甚相符.書中詳于飛機,而略于氣艇,似未足以概航空學全部.且于水上飛機,絕未提及,實爲缺漏.書名旣稱航空論,內容並無文專論航空器具于事軍商業上應用方法,及我國航空事業之現狀與將來,難免閱者失望.

(二)工業書籍,必須多附插圖或照像,始可佐文字之悟解.全書述飛機,氣艇凡數十頁,絕無一圖像,以明其構造裝置,與夫動力重心及縱橫安全之關係,讀者苟非于航空學,略有門徑者,恐將感受困難也.

(三)原書出版于本年二月;卷首馮序亦成于民國十一年八月,著者所用參攷書,亦有出版於歐戰之後者,材料應當新穎.但原書取材多本于 Hubbard, Ledeboer, Turner 三人合著之『飛行機』一書,該書在航空學中不能稱謂善本.著者摘取材料,未經十分揀選,致關于航空記錄,祇記至 1914 年而止.所述各種氣艇飛機,俱係歐戰前之舊式者.書中于大西洋之橫斷,猶復一再推測,不知美國 NC-4 水面飛船,于 1919 年五月,英國維梅飛機,于同年六月,俱巳安渡大西洋;R-34 氣艇,曾于同年七月往返英美,此舉早巳成爲事實也.

書中論及飛機之安定與操舵一章,間有舛誤,蓋西文航空學書中,誤者亦甚多,若不詳加校正,逕自迻譯,必致依誤傳訛也.

(四)我國工業論著,多苦于譯名不統一.是書譯名頗多可議之處,如 Airship 而譯為飛行船,將何以別于水上飛船之 Flying boat? 其餘不甚重要者,可以不贅.第四章譯 Drift 為前驅力,錯誤特甚!按英美各航空學者,近俱以 Drag 為翼面在空氣中阻力,Drift 為橫風之力.以前未經審定時,著書者亦有以 Drift 為翼面阻力者,無論如何,此力實足以阻止飛機之前進,決不能稱之為前驅力也.

（錢昌祚）

歐美利水調查錄　　　　宋希尚著

發行者:南京河海工科大學　　　　定價每冊二元

　　此書為宋君赴美國及歐洲後之水利報告,材料甚多,類皆描寫各處幹河運河商埠道路等等.宋君為河海同學,對於水利,頗有研究,近且問道於名工程師費禮門(Freeman)及愛傑而斯 (H. Engels) 之門,其學問更有足多者.

　　該書共分五編,曰治水,曰運河,曰商埠,曰懸務,其第五編則附錄之環游記程也.書中插圖甚多,卷首照相共有二十七頁,皆為開墾商埠等等,足資研究.全書共三百餘頁,約三分之二,全為討論水利及商埠者,該書為調查報告,故甚少高深理論,治水利者而欲略知世界水利狀況,此書可供參考焉.(受培)

機　械　學　　　　劉振華著

發行者:商務印書館　　　　定價大洋六角五分

　　是書著者為直隸工業學校教員,根據平日教授所得,編成一書,以備甲種工業學校之用,是非閉戶造車者所可比擬.第一章緒論,對于力學之原理,解析甚明.推于奈端氏運動定律,不加詳細解釋,似欠妥當,因全部力學之基本觀念,皆肇始於此.至圓之漸開線,擺線等等,鄙意不必混入緒論內,因此種曲線在齒輪中才有用處,不可提前教授也.

　　第二章簡單機械,編置甚是,惟滑車太多,略覺輕重失當,鄙意此章中應闢宗明義大講能力不滅定律,再由此定律而論各種簡單機械否則未免本末倒置矣.第三第四第五章,講授機械傳送能力之用具,如皮帶輪齒種種,都皆簡明.至第六章講Cams時譯爲歪盤而加以不甚完全之定義.且Cam有圓柱形者名曰『具有種種形狀外綫之盤狀物』未免掛一漏萬.著者如於該書再版時,參考幾本有名之機械學(Mechanism)及機械原理(The Principles of machine),重行改正,則更善矣.

　　第七章是均連器,所述約束速率之方法有三,似覺不甚完全.近代蒸汽輪上所用之均速器,便非此三種方法所可包涵.例如 Curtis 氣輪上之均速法,是用multipvleValve,而其均速器上則用 Oil Relay 及 Pilot Valve 種種.再於敘述各種均速器時,鄙意只須說幾種原理,如惰性式,如離心力式便可,單講枝節,甚無謂也.

　　第八章飛輪可無討論,磨阻章第九,均衡法章第十,均皆合用.全書於配置上頗合甲種工業教材,甚望各工業學校注意及之.

　　至譯名一層,最可討論,但此處不能作長篇之批評.且著者於譯名上,亦不能負完全責任,蓋此乃我機械工程全部之問題也.惟名詞如『馬力,』雖占用甚久,而絕對背謬原理,不如改爲『馬工率』爲是.至引擊上之 Cycle,似以『循環』較『週期』爲是.至 Hit And Miss 法,著者未有譯名,鄙意不妨可稱謂『間進法』也.　　　　　　　　　　　　　　　（崇植）

市　政　工　程　學　　　　　凌鴻勛編
上海商務印書館出版　　　　　　　定價　？

是書材料豐富,關係城市規畫,城市道路及衞生工程無不詳加討論,證以廣州及各地市政成績,益見確切.城市規畫編中之改造舊城市一章,列舉吾國舊城市之弱點,及將來改良之途徑,於吾國改良市政前途,尤多資助.道路修築編中之舖砌物料及舖砌種類兩章,多所論列,足供參考.城市道路編中之交通律,取締車輛之行駛及停止,籍以保障市民之生命,救濟交通之擁擠,尤屬扼要.衛生工程編詳論穢水之排除,廢物之處置,及水之清潔法塔.備辦理公衆衛生者之採擇.衆之是書文字明簡,實爲吾國自著工程書之優良者.凡研究及留心市政工程者.實有購置一編之必要焉.　　　　（孔懷）

內爐發動機　　　　郭力三著

北京清河鎮航空工廠　　　　定價三元至一元四角

著者郭君想是習航空工程者.此書材料偏重航空方面,似與書名少合.且取材太難初學讀之苦無頭緒,專門者讀之則又索然無味.其致病之由,則大半由於著者不知剪裁之故.如理論一章,本無大病,惟不經意處數見不尠.例如『熱之源不一,有固體有流動體』不知如何解法.再如『無論何種熱力發動機,熱效鮮有過百分之三十五者,』未免所見不廣,如 Still Engine, 如汞汽輪者,不知郭君將何以處之.此外本章爲中英雜寫,是否便於初學,非余所知矣.

著者對於譯名太不審愼,如 Hydrogen 爲水素, Oxygen 爲酸素, Energy 爲勢力, Wire Drawing Action 爲竭動作用, Oil Engine 譯煤油機,Cycle爲回輪, Dead center Position 爲死心位置 Ethylene 爲而西連, Acetylene 爲亞色布連等等,難使我人滿意.化學名詞,國內已有審定本,郭君似應合已從人,十年前之東洋名詞,隨手應用,未免失於檢點.餘如 Flame Propagation 譯作燃燒速度,不知將何以處 Rate of Combustion 全書譯名,類皆如此,恕不盡舉.

至差誤之處,亦復數見.第一張之圖,冷熱水管倒置,決非排字者之過失.Flash Point 解作『不用點火而自然燃燒』未知何所據而云然.著者於十六頁謂『最大重油機,凡千餘馬力』未免武斷.美國三千馬工東之提士引擎已鮮見不尠.六千者亦復有人承造.郭君如有疑問,請參閱最近英美工程雜誌可也.

該書末章略及航空機及潛水艇覺有畫蛇添足之譏.評者對于新出工程書籍,主張嚴格批評,故上所述者,或有過嚴.至望郭君於該書再版時,竭力改

正,當尙不失爲一良好課本也.　　　　　　　　　　　　（蕘初）

會務報告
本會第八次年會紀事

本會第八次年會,於十四年九月四日至七日,在杭州舉行.事前籌備,由
年會委員負責,其職務分配如下:

委員長	錢昌祚	
通信書記	李倣	
記錄書記	王崇植	（惲震代）
會計	鄭家覺	
庶務	王崇植	
參觀	蔡常	李倣
交際	蔡常	
論文	裘維裕	（徐名材代）
通俗演講	李熙謀	
宣傳	張延祥	

年會經過,分日記錄如下.

（一）九月四日

上午八時,會員報到,先後到者,有杭州工業專門學校教授李倣,鄭家覺,
錢昌祚,王崇植,蔡希,上海南洋大學教授徐佩璜,徐名材,李熙謀,謝仁,范永增,
楊培璈,津浦鐵路駐津工程師顧毂成,富來洋行工程師李鴻儒,上海南市自
來水廠工程師徐恩曾,新中工程公司工程師張延祥,前廣州兵工廠工程師
黃昌穀,商務印書館編輯程瀛章,張濟翔,安狄生電燈製造廠工程師沈良驊,
南京第一中學教授英長城,河南豫豐紗廠電機工程師惲震,蘇州電氣廠工
程師張寶桐,亞洲機器公司工程師朱樹怡,益中機器公司工程師周琦,和昌

商行張貽志,長沙工業專門學校教授孫雲霈,上海金城銀行建築工程師薛求莘,東南建築公司工程師裘燮鈞,南通大生紗廠工程師黃錫莘,慎昌洋行建築工程師李鏗,滬杭鐵路土木工程師李屋身,洪嘉貽,施家幹,中國製瓷公司工程師凌其峻,上海金山鋼廠經理高大綱,震華電廠路線工程師譚友岑,商務印書館編輯張輔良,交通部辦事鈕澤全,新由美回國會員華蔭相,萬學暄等共四十八,上午十時半在省教育會大禮堂行開幕禮,先由年會委員長鎦昌祚君致辭,次由總會會長徐佩璜君演說,大致謂:

中國貧弱,輸入額常超過輸出額數倍,故必須提倡應用科學,以求發展中國產業,本會以研究各門工程問題,及提倡本國工業為職志,自當惟力是視,精益求精,以為國人科學救國抵制外貨之前驅,所望外界同志,本省行政長官,獎掖指導,不勝盼幸.

次由浙江省長代表馮季銘君演說:

貴會來敝省開年會,鄙人代表省長,謹致歡迎之忱,貴會成立八載,成績昭著,日後繼續進行,必能達到工業救國之目的,而目前儘量利用本國天然材料,以代舶來品,則尤顯諸君之努力.

次由教育廳長計仰先君演說:

第一希望貴會研究農業所用之機械利器,以發展農業.第二希望貴會研究人造物品代替天然物品,而與舶來品競爭.第三希望中國工程事業,有大規模之發展,以容納學校畢業之專門人材,而息社會上生活不安寧之患.

次由實業廳長童杭時君演說:

當世各種戰爭,實以工戰為歸結.欲立國於今世,非發展工業不為功.貴會實負促進工業學識,及提倡工業之責.

次由浙江公立工業專門學校校長徐崇簡君演說:

貴會為全國服務工程界同人之大組織,最近又有材料試驗所之成立,其他成績昭彰,尤非一時可盡述,鄙人欽佩之餘,敬致歡迎之意.

次後由會員黃昌穀君演說:

我國習工程者,頗多失業,或用非所學,或勵遭挫折,究其癥結,實由於政治不安定,海關權落入外入手中之故,海關一日不收回吾國工業一日不得發達,故吾國工程師,不得不於研究本行之外,留心政治,研究政治.

十二時散會.

下午二時在省教育會宴會廳開事務會,程序如下:

(甲)會長徐佩璜君報告

(1)分會情形——美國及津滬分會均極發達,他處尚欠積極組織.

(2)宣傳及服務——協助總商會收束兵工廠經過,及發表上海電力供給問題之意見.

(3)註册——已向教育部註册,爲法定學術體圖.

(4)會刊——已出二期.

(5)會員錄第二次出版後,已訂正三版.

(6)材料試驗——建築用磚試驗,已在會刊發表,尚有數種試驗,須由本會發給證書,現大批證書正在印刷中.

(7)請撥庚款案——先派委員籌辦,後由執行部着手辦理,請款五十萬元,爲設立圖書館及試驗所之用,幾經圖商面洽後始漸有希望.天津分會另擬之計劃書,與原案計劃書有衝突,當由年會公決以定去取.

(8)會員——入會會員頗多,以後尚須踴積徵求.

(9)會所——限於經費,未能辦成.

(10)希望進行事項——(A)募集會所基本金(B)組織英法日本等

國分會（C）聯絡留外學生調查工程問題（D）設職業介紹部

（乙）通信書記周琦君報告（另詳第232頁）

（丙）會計張延祥君報告（另詳第234頁）

會長委派顧毅成君核對帳目.

丁）會刊編輯王崇植君報告略云希望會員合作監督以求進步

（戊）選舉下屆總會職員

會長委派顧毅成君,張貽志君,惲震君,三人爲選舉委員.

（己）修改本會會章

會長委派徐名材君,薛次莘君,周琦君,程瀛章君,徐恩增君,爲修改
會章委員.

下午四時半,歐美同學會及杭州本會會員,假座青年會講堂開聯歡會,
歡迎到年會之會員,男女賓到者共六十餘人,首由主席馬文緯致詞歡迎,談
諧雜出,次杭州國樂會會員二人之胡琴洞簫合奏,又洞簫獨奏,又次包恩珠
女士陳文媛女士倪天翼女士等之鋼琴合唱.本會會長徐君起立致謝,末由
地主歡以冰茶餅果,盡歡而散.

晚八時,於省教育會宴會廳開會宣讀論文,由徐名材君主席

（甲）周琦君——中國十年內電機製造廠之建設計劃書

周君製成圖表若干幅,詳細列出中國十年內所需要之電氣機械
材料,及其數量,成本,售價,因而估計其每年可得之純利,及所需要
之流動資本.廠之如何擇地,建造,布置,周君亦畫有詳圖.內部之如
何組織,房屋機器設備之估計,賬簿典籍之如何分類,均有極精詳
之計算討論及圖表,其全文當於下期本刊發表,以供海內專家之
研討.

（乙）鄒家襲君——硝酸鉀炸藥——

（丙）戴濟君——中國油漆業概况——

(丁) 方子衞君——短浪無線電——

　　以上各文均將陸續在本刊發表.十時散會.

　　(二) 九月五日上午八時,仍在省敎育會寰會廳開工程討論會.范永增君主席.程序如下:

(甲) 張濟翔君——統一中國工程名詞

　　討論: 黃錫蕃君謂,工人通用俗名應否採用?

　　　　　張君答,工人名詞太俗俚,不宜多用.

　　　　　錢昌祚君謂,工界能否採用新譯名詞?

　　　　　王崇植君謂,譯意未必能確切時,不如譯音.

　　　　　張君答,以譯意爲主不得已時始譯音.

　　　　　周琦君謂,編譯與審查應由兩機關分任.

　　　　　張君答,編好先印字典,不適用時再改.

　　　　　惲震君謂,編時應注意採集各地工人名詞而儘量採用之.

　　　　　張貽志君謂,科學名詞審查會卽爲審查機關,本會可派代表加入.

　　　　　程瀛章君謂,本會先組織工程名詞委員會,再派代表出席.

　　　　　范永增君謂,正式名詞可與沿用俗名並立而不相妨.

(乙) 惲震君——中國工人與工業前途

　　討論: 徐佩璜君謂,贊成惲君之使工人逐漸變成股東之辦法.

　　　　　周琦君謂,工頭壟斷,確可以設立雇工機關避免之.工廠對工人之衣食住,應代爲設法使無顧慮.

　　　　　范永增君謂,增進工人智識及待遇改良最當注意.

(丙) 王崇植君——上海工部局停止送電問題

　　討論: 某君謂, Diesel Engine 燃料中國缺乏.上海工廠自備動力,可用 Locomobile Type

王君謂, Locomobile Power 頗多修理之弊, Diesel Engine 燃料中國尙須預備補救,如用植物油等等.

裘燮鈞君謂,上海工廠自備勛力,若用量過大,須用汽輪者,用水亦生問題.

王君答,或可用水塔存水補救.

工程討論會畢,請滬杭鐵路總工程師郭伯良君演講,大意謂中國資本人工材料雖不患缺乏,然其阻礙則在無實實能組織之人才,而環境又太壞政治不入軌道,工業終無發達之希望云.

下午二時,由會員蔡常李倣二君領導,參觀公立工業專門學校,天章絲織廠,造幣廠,及其他工業機關.

晚七時半在靑年會健身房開游藝會,到者六百餘人.先由會員李熙謀君佈置天綫及收音機器,收取上海廣播音樂,次開演美國西屋公司電業影片五卷及社會新片六卷.十一時散會.

(三)九月六日上午八時,仍假省教育會宴會廳,開重要事務會,會員到者三十一人.會長徐佩璜君主席.選舉委員長顧毅成君報告本屆選舉總會職員,由選舉委員會每職提出二人爲候選者,不足,再由到會會員推舉之,最後用無記名投票決選,結果如下.

民國十四年至十五年份當選總會執行部職員

會長	徐佩璜	（次多數淩鴻勛）
副會長	淩鴻勛	（次多數李屈身李熙謀）
記錄書記	徐名材	（次多數張貽志）
通信書記	周琦	（次多數程瀛章）
會計	張延祥	（次多數裘燮鈞）
庶務	徐恩曾	（次多數朱樹怡）

其他職務如下:

（甲）來年擬與科學社開聯合年會,但地點難定,交執行部斟酌辦理.

（乙）關于會員資格,修改會章委員會提出之擬議案,大衆以爲未妥,請委員會重行修改,於今晚二讀.

（丙）永久會員,會費仍定一百元,但可先繳五七元,餘於五年內繳齊.

（丁）李熙謀提議本會應製會章一種,發售會員佩帶,公決通過,交下屆執行部辦理.

（戊）本會應設一介紹委員股,以介紹會員職業爲宗旨,通過.

（己）下屆執行部應進行設法使歐洲日本各國同志組織分會,通過.

（庚）下年本會應刊行一種不定期會報,專載本會記事及會員消息通過.

（辛）本會應組織一名詞委員股,委員十八人,分別代表各項工程,日後派赴參預科學名詞審查會之代表,即由此中互選通過.

（壬）建築會所及購買圖書館基礎書籍兩事,敦促下屆會長竭力進行,通過.

（癸）薛次莘君提議本會編製建築規程,通過.

（子）董事部董事原由會長及各分部長兼任,茲改爲先由選舉委員股推選三十六人,次由年會複選十八人,最後書面通知各會員,記名投票,決選六人,連會長一人爲董事七人,通過.

（丑）主席提出,本會與中華工程師協會問題,該會歷史較長,名譽亦佳,頗有會員主張合併,以加厚雙方之勢力,討論結果交下屆執行部詳細調查合併之利害如何,再通告會員取決.

（寅）主席提出,本會請求撥付庚子賠款五十萬,建設工程研究所及工程圖書館,已進行在案,而天津分部單獨發表一新請求,主旨在以得款之多少,定所辦事業之廣狹,與原案顯相矛盾,討論結果,維持總會原案,至天津方面,則由執行部去函解釋誤會.

十時半事務會散會.十一時全體會員及眷屬假小方壺齋劉宅攝影紀念.

上午十時,在公共體育場講演廳舉行市民通俗演講.首由李熙謀君講

『光與無線電浪，』次由徐名材君講『化學與振興國貨，』末由錢昌祚君
講『赤化與飛機.』講題新穎，說理明晰聽者大悅.十二時散會.

　　下午，會員自由分隊出發，游覽湖山.

　　晚七時，假座咪釐湖舍開聚餐會，被邀賓客如教育廳長計君，實業廳長
童君，縣知事陶君，省農會會長方君，歐美同學會會長錢君，皆先後蒞此，全體
年會會員及眷屬，濟濟一堂，履舄交錯，一時稱盛.酒闌，會長徐君起立致辭，略
謂來杭開會三日，屢蒙地方長官及工商領袖獎借教誨慇懃招待不勝感謝，
頃又蒙贈雷峯塔磚十塊，俾攜至上海材料試驗室試驗其成分及力量，如有
所得，當爲供獻藉誌紀念.次年會委員長錢君及來賓均相繼致辭，席散，修改
會章委員長徐名材君二讀修改案，經衆討論，其最後決定通過之會員資格
如下：

一，　會員——凡具下列資格之一者，由會員二人以上之介紹，經董事
　　　部審查合格者，得爲會員.
甲，　經部認可之國內或國外工科大學或工業專門學校畢業生，
　　　並有一年以上之工程經驗或研究者.
乙，　曾受中等工業教育，並有五年以上之工業經驗或研究者.
二，　仲會員——凡具有下列資格之一者，得爲仲會員，入會手續同會
　　　員，
甲，　經部認可之國內或國外工科大學或專門學校畢業者.
乙，　曾受中等工業教育，並有三年以上之工程經驗或研究者.
三，　學生會員——經部認可之國內外工科大學或工業專門學校二
　　　年級以上之學生，得爲學生會員，手續同上.
四，　會費——會員每年三元，仲會員二元，學生會員一元.

　　（四）九月七日正午十二時，教育廳，實業廳，杭縣公署，省教育會，及省農
會五機關公讌本會會員.地點假青年會，讌畢，即正式閉會.

第七年度會務報告

（民國十三年至十四年）

書　記　周　琦

本年度總會各職員均由國內第二次年會中推舉，非特同在一城且多聚一處，集會簡捷，又輪流假職員寓所或辦公處開會，感情敦篤，幾無缺席，故精神團結，成效較宏，各項會務，除請委員股分辦外，有報告價值者，厥有數端。

（一）立案——本年度始，即備立案呈文附有本會會史會章及會員錄分呈教育農商及交通三部，已于民國十四年五月二十六日奉教育部令照准正式立案，自此本會成爲法定機關。

（二）兵工廠改組　本會自始即與總商會聯絡，迭次分請會員往兵工廠各部，實地研究改組良策。最後致總商會「上海兵工廠改組問題意見書」一篇，頗蒙嘉納。

（三）五卅事案　本會會刊發宣言主張（一）日用經濟絕交（二）調查相當國貨（三）建立五卅紀念公園。自工部局停供各大廠電力，亦多方函商救濟。

（四）請撥美國退囘庚款　本會于十四年春，即提出于中華教育文化基金董事會，請撥賠款中國幣五十萬元，以建設工程研究所及工程圖書館兩事爲宗旨。並列開辦及經常各費預算表，振振有詞，不落膚泛，雖無具體答復，但願有希望也。

（五）聘請名譽會員　本會已請定內務部地質學會會長丁在君博士商務印書館總理張菊生先生，及總商會副會長方椒伯先生，爲特別名譽會員。現正謀廣納工商名流，爲擴張會務要端之一。

（六）會員錄　本年度凡刊發會員錄二次舊住址多已更正，會員消息，自較盆通矣。

（七）會員大增　新會員加入及函請入會者日益增多，現計中歐美三處共有名譽會員三人,會員五百八十三人,仲會員二人.

(八)會費收數　會費收數向在五成以下.本年度增加至七成左右.（另詳會計報告）支用浩繁,而年度餘款,反勝往年,誠本會之佳象也.

本會新會員表

張象昺,　　鄒家覺,　　周象賢,　　胡衛臣,　　蕭家驊,

黃壽益,　　劉君勷,　　羅孝倬,　　盧寅升,　　盧　翔,

孫家璆,　　杜光祖,　　王肇漢,　　吳欽烈,　　尤佳章,

張輔良,　　（仲會員）許守忠

以上諸君地址已詳第三次會員通信錄

張濟翔（廷玉）	Chang, C. H.,	（職）上海寶山路商務印書館編輯所	機械
張賽鏡（滄瀾）	Chang, H. C.,	（職）杭州報國寺工業專門學校	電機
陳紹琳	Chen L.	（職）杭州報國寺工業專門學校	電機
錢崇澍	Chien, C. L.	（職）杭州報國寺工業專門學校	電機
任　毅	Jen, N.	（職）上海圓明園路怡和機器公司	土木
盧文湘	Ln, W. S.	（職）上海江南造船廠	
高大鋼	Kao, T. K.	（職）上海江西路62號金山鐵廠	機械
梁錫琮	Liang, S. Y.	（職）上海圓明園路怡和機器公司 （住）上海東西華德路愼德里1519號	電機

中國工程學會總會賬目報告

民國十三年八月至十四年九月五日止

總會會計張延祥編

收　　方		付　　方	
前會計交來	$ 492.45	教育部註冊費	$ 20.00
上屆年會餘款	40.75	會刊印刷費	490.40
入會費（附表一）	161.00	會員錄印刷費	65.00
天津分部會費（附表二）	66.00	雜件印刷費	60.92
上海分部會費（附表三）	115.50	文具	31.18
其他各埠會費（附表四）	113.00	郵電	84.76
預繳下屆會費（附表五）	12.00	酬勞	32.00
捐款（國防會）	31.00	雜項	20.86
會刊廣告費	377.00	交際及廣告	31.56
會員錄廣告費	13.00	上海銀行存款	306.46
發售出版物	27.10	浙江興業銀行存款	102.56
材料試驗股	25.00	郵政儲金局存款	175.48
存款利息	20.60	郵票冊	39.00
		天津支票（寄天津兌現）	3.00
		唐山支票（寄唐山兌現）	3.00
		現款	28.26
總　共 $1494.44		總　共 $1494.44	

移交下屆　　$ 657.76

（繳賬存會）　　　　　　民國十四年九月八日顧毓成查訖

附錄(第一表)付入會費會員名銜

正會員五元計三十二人仲會員一元計一人共 $116.06,

貞錫藩	盤珠衡	莊智懷	吳玉麟	陳石英	邵禹襄
梁繼善	宋梧生	陳俊武	昌巽承	劉君戢	趙國棟
劉保禎	朱其清	鄭方奇	任國常	李昌祚	趙富鑫
羅孝倬	曾洵	蕭家麟	王聖漢	稽銓	洪嘉貽
周倫元	容啓文	樂鶴軒	吳欽烈	胡端行	鄒家駬
盧寅升	徐炳勳	(仲會員)許守恭			

(第二表)天津分部付常年費會員名銜

正會員會費三元,其四十四人 $132.00,半數交總會計 $66.00,半數留分部支用.

陳德元	盧翼	鄒勤明	劉其淑	劉潤生	譚葆慎
聶自立	雷寶華	張詩行	顧雄	趙世遷	徐清
郭家槐	羅英	戴繼城	白汝璧	孫葉琹	丞榮鍾
劉君戢	楊永棠	薛桂輪	薛代强	孫昌克	陳體
楊紹曾	方頤模	李昶	戴寶	俞淵	譚眞
劉保禎	劉崇鏞	劉頤	張象鼎	李驫焱	李宋璆
王聖漢	李人楷	王文樣	應尚才	吳學孝	胡光熙
朋溪光	趙國棟				

(第三表)上海分部付常年費會員名銜

正會員會費三元,共七十七人, $231.00,半數交總會計 $115.50,半數留分部支用

陳長源	裘維裕	李熙謀	陳石英	邵禹襄	梁繼善
方子衞	劉錫祺	派雄	張貽志	黃叔培	李鳳身
裘燮鈞	王崇植	謝仁	范永增	李壃	宋梧生
鈄復陽	楊景時	周琦	張延祥	黃澄宇	淩鴻勛
周仁	魏如	陳鑾霖	沈頁騊	程瀛章	朱樹怡
鄧法曾	周明衡	郭承志	王洪恩	榮志熹	黃錫霖

金芝軒	陸成爻	黃澄襄	朵家炘	吳玉嶠	楊德新
曾越	陳寶祺	支秉淵	呂曦承	薛大峯	徐名材
周增奎	楊顯文	何懋枌	秦其清	鄭方珩	李經
徐紀澤	楊棨	因擧成	鄒恩泳	王搢垚	朱耀璐
李善元	張增偀	余蕃傑	徐佩璜	過奭猷	李鴻雷
陸承禮	蔡雄	姚德楨	陳清来	王于磊	江額荚
劉濤生	黃季鶻	高麗貞	郎漢成	薛龍磁	

(第四表)其他各埠付常年費會員名銜

正會員會費三元,共五十一人,$153.

黃錫潘	鍾珠剛	莊智楨	褚繼栩	侯宗澄	黃家寶
陳俊武	庚宗雄	張可治	孫震蕃	組昌祚	潘尹
王筱堯	惲震	唐炳源	羅廈春	曹明雄	龔常
吳經偉	楊耀德	李敨	殷安淮	桂銘敬	楊華祿
顧宜孫	曹瑞芝	貽國寶	裴冠西	陳體誠	陸鳳書
黃妃秩	胡嗣鴻	唐之肅	黃齊恆	張寶桐	張師輝
沈祖衝	胡蕃顧	孫琪琿	吳新枬	蘇經	吳呉緄
潘承圻	張名翳	殷源之	張木茂	朱世昀	林鳳岐
程孝剛	吳承洛	徐世大			

(第五表)預繳十四年至十五年費會員名銜

正會員會費洋三元,共四人,計 $12.00,

吳伏烈　黃錫潘　郎漢成　盧寶升

總會會計第三次報告(續176頁)

張 延 祥

自九月五日至二十三日已繳會費之會員台銜列下

入會費五元:	張濟翔,	張輔良,	胡衛臣,	盧文湘,	林燮,
常年費三元:	黃昌毅,	顧轂成,	沈璧淵,	汪胡楨,	卓越,
	李維城,	徐允鍾,	胡博淵,	阮寶江,	

第八次年會會計報告

會計鄭家覺編

	收　項	付　項
收年會費（共三十八人每人五元）	$190.00	
收電影票	27.66	
收會餐券	18.00	
收賭照費	.50	
付宴會用項		$103.57
付印刷郵票紙墨等		39.95
付總會會計及書記經手通告電報等費		21.51
付照相		28.00
付各項開銷及雜用		37.58
付退還年會費		5.00
付餘存（交總會會計）		.55
總　結	$　236.16	$　236.16

（細眼存會）民國十四年九月十四日楊培瑋校對無誤

討　論

對于上海工部局電氣處停止供給華廠電力之意見*

上海工部局抵制我人五卅愛國運動及經濟絕交政策,乃籍口於煤料缺乏,工作無人,而將華商各廠之電力暫行停止供給,藉以要挾,我國實業界之首受其害者,一爲紗廠,一爲南洋兄弟烟草公司.今者時逾三月,送電尚復無期,雖南洋兄弟烟草公司,已自行添辦內燃引擎得以暫時維持,但據熟悉內情者言,機器均非上品,且種類繁多,目今之損失已大,將來之受累,更不知伊於胡底.至於紗廠方面,廠主因缺乏資本,坐待工部局之『仁慈』致在經濟絕交聲中而日本紗尚復暢銷,言之可悲可痛.更有甚者,閘北水電公司年來腐敗已極,亦托其生命於工部局電氣處之下,致商務印書館等,亦同蒙其害,言之有餘痛焉.

就一中央電力站工程師之眼光立言,中央電力站乃爲一種公共便利機關 (Public Utility Company) 雖是專利,但非壟斷,人民有控告之權,官廳有取締之則,如電價等等,均受公衆制裁,不可任意增加.上海租界,早巳喧賓奪主,中國政府威力之不及,由來巳久.是故上海工部局電氣處早巳形成壟斷機關,我人工廠托其生命於下,其危險智者早見及之,且也購買電力之利益,原在價值低廉,因大批發電,其費用愈省,此爲事實,無可爭辯,但工部局內我人無發言之權,電價一切全由英人自主,電價之能否低廉,巳不待考查而決.以此立論,則我國人爲根本計,應設法收回租界,打消其壟斷之根本原因,爲暫時計,亦應自備原動機,免受他人牽制也.

至於用戶方面,購買電力以供廠中各種需要,在歐美巳成通例,但兩方訂有合同,決不許任意停止供給輸送電力,否則電廠方面應負有相當之賠償,蓋非如此,不足以保證電力常有而致或有陷全廠于半死狀態之危險也.汎

* 在杭州第八次年會宣讀.

在上海特殊情形之下,我人宜如何審慎,冀得周旋於圓滑之英人之間,乃華廠不曾注意及之致有今日之苦.更有甚者,即在歐美設其電力供給之源,非萬分可靠,工廠中類有特備機器 (Reserved Units),藉備萬一之用,華廠主或因經濟關係,或因見不及此,皆未設備致工部局電力一停,全廠即刻無從轉動,所謂人無遠慮,必有近憂,此次教訓,我人宜切記勿忘,否則難矣.

　　此次工部局停給電力,我謂由於英美烟公司之破壞,或謂由于英日紗廠之聳動,或謂給閘北人民以切身苦痛,是三說者言皆成理,今且將停止供給電力之廠家,調查追錄如下:(閘北方面不在下表)

　　　　東部(蘭路之西)

(廠名)	(基羅華脫)	(地名)
南洋鐵罐廠	一〇〇	韜朋路
南洋兄弟烟草公司	四五〇	百老匯路
東方紗廠	五六〇	楊樹浦路
匯方公司	二二〇	湯恩路
上海紡織株式會社	二二〇	蘭路
花旗烟公司	一〇〇	榆林路
緯通紡織公司	七〇〇	蘭路
楊樹浦紗廠	一一〇〇	威妥瑪路
英美烟公司	未詳	韜朋路
經緯紡織廠	三五〇	岳州路
怡和紗廠	一二〇〇	楊樹浦路
King Yuen 紗廠	一五〇〇	華盛路
恆豐紗廠	一五〇	華盛路
老公茂紗廠	五五〇	楊樹浦路

　　　　　　　　　共七二〇〇 K. W.

最東部（闌路之東）

三新紡織廠	四〇〇	楊樹浦路
上海紡織有限公司	七〇〇	楊樹浦路
上海製造絹絲公司	一三〇〇	平涼路
德大紗廠	五〇〇	華德路闌路
東華紡織株式會社	一三〇〇	華德路
東洋紡織株式會社	一〇〇〇	楊樹浦路
永安紡織公司	一五〇〇	闌路
祥泰木行	四〇〇	楊樹浦路
中國肥皂公司	未詳	楊樹浦路
大康紗廠	二〇〇〇	楊樹浦路
同興紗廠	一二〇〇	楊樹浦路
厚生紗廠	一四〇〇	闌路

共一二三〇〇 K. W.

西部（西藏路之西）

內外紗廠（十三及十五廠）	七五〇〇	勞勃生路
溥益紗廠	一五〇〇	宜昌路及
上海絹絲製造公司	二五〇〇	極司菲而路
上海絹絲製造公司	一五〇	星嘉坡路
日華紡織株式會社	三〇〇〇	勞勃生路
大有餘機器榨油廠	五〇〇	宜昌路
東亞製蔴公司	四五〇	勞勃生路
統益紡織公司	一四〇〇	莫干山路
益泰花廠	一〇〇	西藏路
大饒晉油廠	一〇〇	麥根路

同興紡織株式會社	一四〇〇	戈登路
鴻章紡織染廠	七〇〇	麥根路
申新第二廠	一二〇〇	宜昌路
鴻裕紡織公司	一二〇〇	麥根路
日華紡織株式會社	一〇〇〇	勞勃生路
寶成紙廠	二四〇	西蘇州路
公益紗廠	二五〇	勞勃生路
立德油廠	一五〇	蘇州河宜昌路

共二一七〇〇 K. W.

最西部（鐵路之西）

豐田紡織廠	二二〇〇	極司菲而路
申新紡織第一廠	一〇〇〇	白利南路
民生紗廠	五〇〇	華倫路

共四三〇〇 K. W.

以上四處共計四五五〇〇基羅華脫合六一〇〇〇馬工率

以第一說言,英美烟公司之香烟自五卅後已絕無去路,南洋方面營業勃興,大有供不應求之勢,其被人忌視也原在意料之中,至於英日紗廠之發動,鄙意實爲主因,蓋英日紗廠內之華工,自五卅後早已堅決罷工,絕無囘顧餘地,英日人之損失,日以萬計,於此時也,華商紗廠,無不利市三倍,此眼中釘而能設法拔去,英日人雖以卑鄙手段,亦樂爲之,乃華紗廠有隙可乘,遂發生此停電計劃,非然者,何以電氣處工人表示願意復工,而彼方反設法留難,况近日紗廠工潮將了,而輸送電力之說忽又大盛,國人雖愚,當無不知英日人之用心矣。

閘北水電公司名爲中央電力站,實則早成一販賣電力機關,一方面向工部局賕買電力,一方面轉售於閘北居民坐取佣金供一般「皇親國戚」之

用較諸上海南市華商電氣股份有限公司,我不知該公司中人將何以自解
？我更不知該廠之辦事人,對於商務印書館等用戶,因停電而受之損失,將
何以賠償？人必自侮而後人侮之,此次工部局停止電力供給,我謂閘北人
民與其恨英人之狡滑,毋甯罵該水電廠之腐敗,反較的當也。

為今之計,此問題似宜分三項討論之:一為閘北電力問題,二為租界內用
電不多之工廠電力問題,如南洋兄弟烟草公司者是;三為紗廠電力問題。茲
就鄙見所及,略加討論如下。

(一)閘北電力問題　　閘北水電公司最近已感到官辦之非是,去年曾力
爭商辦,辦事人亦漸加整頓,可望改良,比聞該廠已將自裝機器,一如南市華
商電氣公司,不受他人牽制,此乃根本辦法,我人急望其成,月前曾聞有人提
議由華商電氣公司供給電力,沿滬杭路繞道而至,此舉為暫時計,為永久計,
均有討論之價值,有人疑為太近理想,不切實用,鄙意殊不為然,滬杭路自徐
家匯起至北站,距離不過十三公里,(12.45 Km)除蘇州河外,中無阻隔,且
蘇州河河面亦狹,將來於建築輸電線時,可無問題,就目下情形言,徐家匯附
近已有華商電氣公司之電,引而長之,直達北站,實非難事,約計之,用一比六
之變壓器,將電壓高至三萬三千,以⅚號銅線傳送之材料問題,除絕緣物及
變壓器外,皆可得諸上海,較諸閘北廠自裝機器,資本及時間均可減省不少,
此就暫時計而言也,至於永久問題,則南市閘北之電力需要,此後必一年增一
年,雙方連接後,以有餘補不足,形成一小規模之相互連接系(Inter-con-
nected Systen)利益甚多,惟在此短文內,想不能一一及之,但有一點注意者,
則閘北方面之機器,採辦時應注意下例各事:(一)電壓(二)週波(三)製造
者,(一)(二)兩項須完全與南市一樣,(三)項亦最好相同,否則有方圓不入
之勢,欲圖補救,亦復無從,中國目下電制不統一,人各為謀,將來或有一困難
時期,心所謂危,故願為閘北廠一言之,杞人之憂,非所計也。

(二)租界內用電不多之工廠之電力問題　　在第二問題下,南洋兄弟烟

章公司可用以代表一切.著者自南洋公司自備內燃引擎後,無綫參觀內部
裝置情形不得其詳.就根本言,此種工廠位於租界之內,吾不自備電力,在租
界收回之前將無日不在英人控制之下,故自備發動機實屬根本辦法.但此
中有許多工程問題,有不可不注意者,今試略言之(A)原動機之種類,(B)
直接引動或電力引動(C)完全自備或半買半備.就（A）（B）言,下文討
論紗廠電力問題中當再及之,(C)項則一經濟問題,何者合算即以採用何
者為宜,但萬不可完全恃工部局之供給,因其間尚有國際關係也.

　　在五百匹馬工率之下,提士引擎之成效已大著,故在此種工廠中採用之
殊為合策.南洋公司當時因時日問題,盡收上海洋行之半提士引擎,依選擇
機器種類而言,未見失策.但上海之各洋行,所有引擎類非上品而大者尤不
易見.在二月之前,因求過於供,無不居為奇貨,故南洋公司之受虧處甚多,如
(一)機器之不良(二)價格之昂貴(三)機器之太小(四)格式之太多.將來
修理之費必大,管理之人必多,今日之支出已巨,他年之漏厄更大,南洋公司
應急謀自拔,否則恐不免又將依工部局之電力而轉動其機器矣.

　　(三)紗廠電力問題　　此乃全問題之中心,特取他人之說而討論之.友人
沈嗣芳君在紡織時報第二百念六號著有一文,題名紗廠原動力之根本救
濟暢乎言之.沈君之根本主張,在華商紗廠之自備機器,不受英人控制,人同
此心,心同此理,可不加申說.但文中可加討論之處尚多例如:

　　(甲)蒸氣輪與提士引擎之比較
　　(乙)直接引動與電力動之優劣
　　(丙)提士與半提士式引擎之比較
　　(丁)大電廠與小電廠之電能價值問題
等等均有懷疑之點,茲將沈君文刊錄如下,以便對照焉.

『五卅愛國運動,釀成大罷工風潮,多數華商紗廠,承數年積困之後,復遭停
工之損失,已不堪其苦.日前華廠幸陸續開齊,方聲在提倡國貨之時,營業轉

機,藉圖彌補,不意工部局籍口人工原料缺乏,實行停止供給電力,於是一般
廠主,又大起恐慌,亟謀對付,顧連日報紙所傳,如南市法界合作送電,乃至欲
自常州震華廠送電至滬種種理想空談,旣不能辦到,并不明工部局所以停
止送電命意所在,無討論之價值.夫工部局此種舉動,本有隨時發生之可能,
華廠託其生命於英人之手,自以為安,實屬大謬,此次停給電力,足以促華廠
之覺悟,未始非華廠之大幸,何以言之,天下未有不能獨立,而能持久者,英人
以工商業立國,專以經濟侵略為務,遇有利害抵觸之時,必設法操縱,以維護
彼邦人之利益,蓋無疑義.此次罷工,英日廠皆停,而華廠獨享其利,其忌嫉也
固宜.華廠蒙其損害,誠為不幸,而其以一廠命脈付之他人,亦有以自取,雖然,
華廠平日何以樂用工部局電力耶,推原其故,約有三端.其一,華廠大抵資本
不充,希圖減少開辦成本,利用工部局電力,則原動設備可以省去,馬達亦可
租借,其便易孰甚焉.其二,華廠缺乏技術人材,若自備原動力,管理不善,費用
比購電反貴.用工部局電,則一切由其設計裝置,日後修繕管理,概不煩心,其
省事孰甚焉.其三,華廠缺乏科學上之研究,不澈底計畫比較購用工部局電
力與自備動力之利害損益,妄聽工部局之言,以為購電較自己設備動力為
廉,而不知事有未盡然者,請略言之,以見華廠不自備原動力種種失計,不僅
在緩急之秋,被人制持,即在平時,其損失之鉅,亦屬可驚矣.按照調查各紗廠
馬力數目,大槪每一萬錠平均用電力者,需二百六十啓羅瓦德,合三百四十
八匹馬力,用引擎直接傳動者,僅需二百八十匹,約為電力之八折.夫何以用
引擎反省,則因用電有線路阻力之損失,及馬達之損耗故也.故計算紗廠原
動力,須以此比例為準.茲即以一萬錠之紗廠為例,用工部局電力,需二百六
十啓羅瓦德,按工部局定章,每啓羅瓦德每年取成本費三十二兩,此費依最
高負任計算.大抵停車後初開車時,其負任較之平常負任約高百分之十五,
故凡實用二百六十啓羅瓦德之廠,其賬單上實付二百九十九啓羅瓦德,故
每年應付成本費九千五百六十八兩.又第一年須加付裝設電線及馬達之

底脚等費約二千兩,又須付馬達租費約一千六百兩,故用工部局電者,第一年實付成本費一萬三千一百六十八兩,以後每年須付成本費一萬一千一百六十八兩,其電力費照現行工部局定價,每度取銀約一分二厘,每日實用電力約得九折,計用五千六百十六度,每月作工扣足二十七日,計用十五萬一千六百三十二度,需銀一千八百二十兩,全年需銀二萬二千八百兩,故用工部局電者,第一年實費三萬五千九百餘兩,以後每年實費三萬三千九百餘兩,倘自備動力,則普通新式廠家,多用蒸汽輪發電,此種設備,其馬力在數百匹至一二千匹之間者,效率尚高,倘管理不善,費用甚貴,又須起造電廠,成本太昂,裝置須時,較之用工部局電力,殊少上算之處,此外求效率最高,成本最輕佔地最小費用最省,立刻可裝,適宜用於滬上紗廠之原動機,莫如地式爾黑油引擎,無論用此機發電,或直接傳動,均甚省便,倘用以發電,則各紗廠原有置變壓器之房間,即可應用,倘用以直接傳動,則錠數少者用一部已足,錠數甚多之紗廠,每部分可各置一部,直接代替馬達之用,不過發電較不發電成本上須加六成,損失約多二成半,恐不合算,除非有不得已情形,自以直接傳動為宜,故下述之計算,以直接傳動為準,按照上述一萬錠紗廠用引擎直接傳動,需馬力二百八十匹,地式爾引擎成本,每馬力連裝費約九十兩,計需二萬五千二百兩,其燃料油費約為每馬力每小時銀五簽六毫,滑油銀六毫,技師工人物料等費銀一簽五毫,故每馬力每小時實費銀七簽七毫,每日實用馬力約得九折,計每日共用六千零四十八馬力小時,即每日需銀四十六兩五錢,每月以廿七日計,共需銀一千二百五十六兩,全年共需銀一萬五千兩,加折舊利息每年三千八百兩,二共一萬八千八百兩,較購用工部局電力,第一年省一萬七千五百兩,以後每年省一萬五千五百兩,為數之鉅,非常人所能逆料,并可知購用工部局電力,其每年應付成本費,積至三年,已足自備原動機而有餘,日後損失,更無可限量,又可知一萬錠之紗廠,每年應付工部局之電費,加上四千兩,便可自備地式爾引擎,輕而易舉,並非難辦,由此諸點觀之,滬上各紗廠根本救濟方法,唯有自備地式爾引擎既比購電為廉,又免受制於人,我紗廠當局又何憚而不為乎.有疑此種引擎,或不可靠不耐久者,則由不知有異地式爾與半地式爾之別,滬上所用黑油引擎,多屬半地式爾.多係舊式,開動時須燃燈以熱之,且用油甚費.至異地式爾引擎,則開動極速,用油極省,各國潛水艇,皆用此種機器,假使不可靠,豈可用之於海洋之下哉.上海法工部局發電廠,即全用地式爾引擎,假令不耐久,安可用之於公共發電哉.故滬上各紗廠與工部局所訂電氣合同,無論將滿未滿,亟宜籌備自置地式爾引擎,倘乘此罷工期內,下大決心,聯合各紗廠,一方採辦機器,一方向工部提出最後忠告.若不立刻繼續送電,唯有一致取消合同,如是則工部局之損失,每年至少在一百五十萬兩以上,足以促其反省.倘遲疑不決,毫無辦法,日唯冀其送電,與夫不能辦到之補救方策,曠日持久,未見其可也.』

蒸汽輪與提士引擎之各有短長,余於工程本誌二期所載拙著『提士循環之理論及其引擎在工業上之應用』曾略及之,鄙見對五百啟羅瓦特以下之電廠,願與沈君意見相同.但較大之廠,未敢苟同.上海法租界當局雖有一二千四馬工率者,但未足援以為例,因其經濟報告,我人無從探悉,其電力之費,自否較同樣大小之蒸汽發電機為低廉,亦無從證實.中國產煤甚多,為國家獨立計似不宜對提士引擎,加以過慮也.

直接引動與電力引動,此層沈君似未嘗細思,致蹈武斷之弊.年來工廠之由直接引動而改為電力引動者有之,由電力引動而改為直接引動者,實屬少見.電力傳送誠有耗損,但直接引動之麻煩,我人類能暝想及之,加之上海紗廠計劃時本用電力引動,有擇高三四層者,今忽改為直接引動能否如願屬問題.即能之,機械上之問題尚多,如總軸等等,或則裝置麻煩,或則費用浩大.沈君之說祇足備參考而已.

至於半提士式與提士式引擎之可靠問題,亦應分別言之.半提士式耗油較多,已成事實,但亦有甚可靠者.總之提士引擎(半提士式在內,)其機件甚巧,爲機匠者宜盡力愛護,不可如蒸汽輪之聽其自然,否則停歇之次數必多,或且因之而連累提士引擎之盛名矣.

居言大電廠與小電廠之電能價值問題,自以前者爲廉,沈君於此點本未懷疑,但爲羣衆了解起見,特申言之.工廠之購買電力,本有甚多利益,惟工部局電氣處,一則高價賣電,一則挾以自重,故我人願自辦機器,以求獨立耳,沈君之計算,頗可珍視,余雖不敢謂自備電力較工部局者能低廉若干,但亦必不高貴幾成,則可斷言也.

總言之,沈君之主張可表同意,惟蒸汽輪與提士引擎之間,頗有討論餘地.直接引動除在特殊情形下(如該廠本爲直接引動而改爲電力引動者)則不敢贊同,各紗廠自備電力後,其費用上決不比購自工部局電氣處者爲高貴,亦可斷言.國人之受英人苦也久矣,其亦思所以自立者乎.(王崇植)

十四年九月一日脫稿

通　信
與友人論工業教育書

(上略)吾國現在之工業教育,誠足以令人失望.以貴校聲譽,當爲全國佼佼者,奈何學生亦不肯用功,欲不勞而獲,以求學問:此亦未始非近年來士氣囂張,學生紛鶩外事,不專心學業之過也.竊謂工業專門學校教育,能於學生以相當之訓練 Training 爲上,而灌輸智識 Knowledge 次之,譬如積產以遺子孫,智識者,財寶也,訓練者,謀財寶之工具也.呂祖點石成金,以濟貧困,貪夫猶欲得其點石之指而甘心,今之辦教育者,旣可傳此點石之指而無害,乃吝而不與後人,徒以斷金碎屑博施,幸而得之者,一時用罄,依舊貧窮:此余之所大惑不解者也.工程學生之應有訓練爲能自用心思,刻苦耐勞,獨力研究,不必依賴師長同學,能分別事之緩急先後,試驗結果之準誤.我儕留外時所受之訓練,卽本乎是旨,故課目不在多,而根抵必須固于基本科學,通其大要至專門各課,儘可自修進益,我國之工業學校則不然:甘願效法他國中下等學校教法,惟以輸入智識爲主,徒謀課程表外觀之華美,不論其有無需要,總令應有儘有,每星期上課三十餘小時,而自修鐘點反爲減少,學生每日所學太多,無暇爲之分析研究,故上焉者,學而不思,強記敎員講辭,或熟誦課本,記得幾條不相統屬之事實,不能提綱挈領,一以貫之,不能獨力運思,旁求廣用,執經問難,闡發學理,下焉者則因上課時間太多,專心不至,敎員所授,如耳邊過風,至考試時,苟且作弊,以圖僥倖,學校當局對之,亦漠然不思補救,坐令其學業未成,人格先喪!此種學生畢業之後,斷難冀其能肩負責任,獨當一面,爲一良好之工程師也,至敎員方面,新進者或肯努力,資格較深者,每流至惰閒,誠以學風不良,習慣使然,熱心講學,股督學生進取者,反難見好學生,安於其位,如兄所經,可爲明證!又敎員任職之後,不圖學問上之進步,一二年後,自然祇知倚書講書,如前輩之講大學中庸然,更以定課程表者,務虛名而忽實際,每以每週二小時可畢之功課,伸至四小時,一學期可畢者,伸至一年,敎員智識有限,自不能不臨事敷衍,求光陰之速過也.弟在此舌耕一時,初頗有志興奮,終以學生習慣已成,在一二年級時,英算理化未能通曉,至三四年,級時,功課繁多,不知應付,雖有勤學之忱者,亦未得相當方法,顧此失彼,效率低微,難加催迫,且一級之中,優秀者少,速度爲低能者所限制,進步遲緩,不得不嘆學校淘汰方法之不取嚴格也.同科敎員,毫無組織,他人所授各課內容方法,除有私交者外,幾無從問訊,致授課時,難免與他課有重複或脫接之弊,自計同國以來,學問毫無進步,舍己耘人,何以自解!以上種種,想不僅敝校如此,其餘各校,雖有聲譽較隆者,亦何獨不然,主其事者,爲環境所限,不能銳意革新,逐漸因循,養成今日之學風,麻木不仁,幾數不可救藥,畢業學生,不合社會須需要,謀事因難,且所事大抵無補于世,此種敎育,誠不經濟,近年來各處工業專門學校,紛紛改爲大學,然多有名無實,不在育才方法上圖改良,祇知改換頭銜,如畢業生之受學位,敎員之稱 Professor 等等而已,竊謂有多數之庸流工業學校,不如辦一二完善者,選才務取嚴格,管理不能鬆懈,基本教育務求鞏固,運思習苦,多加訓練;如美之麻省工專,英之皇家工專之類.然此非一時所可辦到者也(下略)　　　　　　　　弟錢昌祚上(十四年四月)

孫中山先生陵墓圖案評判報告

淩 鴻 勛

　　孫中山先生陵墓圖案,由葬事籌備處懸獎徵求佳構,海內外中西專家之應徵者四十餘人,十四年九月十五日截止收圖,十六日至二十日為評判時期,勛蒙委員會聘請為評判顧問之一,爰將當日評判報告錄下,尚祈 大雅指正.

　　孫先生陵墓圖案之計畫,關於美術上意義本有應徵條例,明示範圍,評判標準,自可依條例為根據,查應徵條例所開 Chinese Classic 一語,因我國向無建築專史. Classic 一字本無所專指,惟以我國立國之古,古代建築物發達之早,所謂 Classic Architecture. 斷非天壇皇宮一流建築所能包括,竊以為孫先生之陵墓,係吾中華民族文化之表現,世界觀瞻之所繫,將來垂之永久,為近代文化史上一大建築物,似宜採用純粹的中華美術,方足以發揚吾民族之精神,應採取國粹之美術,施以最新建築之原理,鞏固宏壯,兼而有之,一足以表現孫先生篤實純厚之國性,亦足以留東方建築史上一紀念也.

　　就工程方面而言,陵墓建築首宜經久不壞,方與該項建築之性質相照合,蓋陵墓建築,常暴露於風雨之侵蝕,苟建築過於精細,或着色過於浮淺,皆不足以經久,若常須修理翻新,實非宏大之陵墓建築所宜,且建築費既經規定為三十萬元,則建築自不能過於鉅麗,致為經濟所不許,應徵者每於此層忽略,而徒為宏鉅之建築,殊可惜也.

　　陵墓之建築與陵墓之周圍,至有關係,平地陵墓之氣概與背山陵墓之氣概不同,蓋以平地陵墓,四周所瞻,背山陵墓,則正面及斜面觀瞻較為重要過高建築,殊不適宜,此亦爲評判時所宜注意者.

查應徵各圖案,雖有繁簡之不同,但俱爲形式上之圖案,都無建築詳圖,可爲估價及將來建築之依據,將來建築詳圖,及建築規範,尚須另製,屆時應注意於材料之選擇,以期歷久不磨.

應徵各圖樣中,其比較最優者似尚有細處未盡滿意,或有優劣互見者,似宜由委員會根據評判員之意見,加以精細之覆按,酌爲變更或修改,以期盡善.茲依據應徵條例之規定及個人之觀察,選出五種依其次序,分別評判如下:——

(甲)　(呂君彥直)

此案全體結構簡樸渾厚,最適合於陵墓之性質,及地勢之情形,且全部平面作鐘形,尤有木鐸警世之想,祭堂與停柩處布置極佳,光綫尚足,祭堂外觀形式甚美,正面略嫌促狹,祭堂內部地位亦似略小,(深約三十餘呎寬約七十餘呎,內有碑,有祭桌,及柱四條,餘地恐不多,)將來建築時尚須注意減少房屋尖細之處,以肾耐久,此案建築費較廉.

(乙)　(范君文照)

此案陵墓部分建築宏壯,美術方面殊覺滿意,且結實簡樸,足以耐久,陵墓形式尤梅相稱,由墓門以上甬道一帶,布置亦佳,大理石建築顏色渾樸,價值較昂,此案最大缺點爲室內四壁矗立,光綫不足,上雖有塔窗可以透光,但地位太高且狹,不能達到下層,若能略加修改,增加室內光綫,則此案殊有研究之價值,至於石像及停柩處地位似尚須略加修改.

(丙)　(天下大同)

此案全部結構甚佳,遠觀當甚宏壯,且全用中式意義尤覺有致,惟陵寢房屋似較平削,用料及顏色似宜改變,方不至太像古代陵寢,又石橋一部分亦宜改平,庶可通車,停柩處水平亦宜降低,此式對於採用上尚須研究,惟獎金似可給予.

（丁）　Liberty 1925

此案製者極費心思,形式古雅,兩道亦佳,獨惜與形勢略嫌欠稱,停柩地位及建係地位均不適宜,且室門太多,尤失鄭重保存遺物之意.

（戊）　（楊君錫宗）

此案美術方面甚佳,頗合陵薨莊勝之意義,獨惜與背山形勢不稱,且過於宏偉,非規定建築費之所許,如以背面區立形作正面觀,背面加以變更,頗有研究之價值,但改動太大,與應徵人原意相失.

按孫蕋圖案,業於九月二十日下午由孫先生家屬及評事委員會開聯席會議,根據評判顧問意見,及徵求條例,決定得獎名單如下:——第一呂彥直君得獎二千五百元,第二范文照君得獎一千五百元,第三楊錫宗君得獎五百元,此外尚有名譽獎七名云.

本　會　啓　事

（一）年會議決印行月刊一張,專載會務及會員消息,及工業新聞,以助會刊所不及,茲定十月起發行,祈海內同志,隨時賜寄消息,以便刊載,至爲感荷.

（二）本會章程第六章會費,(一)會員會費每年三元,(二)仲會員會費每年二元,(三)學生會員每年一元,須於年會閉會後三月內收齊之,本年度（十四年八月至十五年七月）會費,至祈即日匯寄總會會計張延祥君,（上海泗涇路六號新中工程公司）或就近交各分部會計,爲荷.

（三）本會章程,會員一次繳足會費一百元,或先繳五十元,餘准于五年內分期繳清者,得被舉爲永久會員,本會基金缺乏,顯此爲根本補救之策,尚祈諸同志踴躍輸將爲幸.

（四）年會議決試辦工程職業介紹部,由執行部舉定張貽志君爲委員長,會員諸君如有委聘人員,或託覓位置者,所逕函上海愛多亞路50號和昌商行張君接洽.

（五）本會第三次通信錄於八月刊印,寄贈各會員,如有錯誤或變更之處,所
通知總會通信書記,以便修訂.（上海江西路43號益中機器公司周琦
君）

（六）本會材料試驗股,試驗建築用磚石及鋼鐵各品,成績在會刊逐續刊布,
今屆在杭開年會,復得地方長官惠贈雷峯塔古磚十塊,現正在籌備試
驗中,諸會員如有工程材料須試驗者,請逕函上海徐家匯南洋大學淩
鴻勛君接洽可也.

（七）近來歐美會員返國者甚多,散居各地,不易調查,以致函件無從寄達,會
務進行殊感困難,懇諸全人于囘國前,將永久住址及到滬日期,函知通
信書記,以便接洽.

本會材料試驗證書式樣

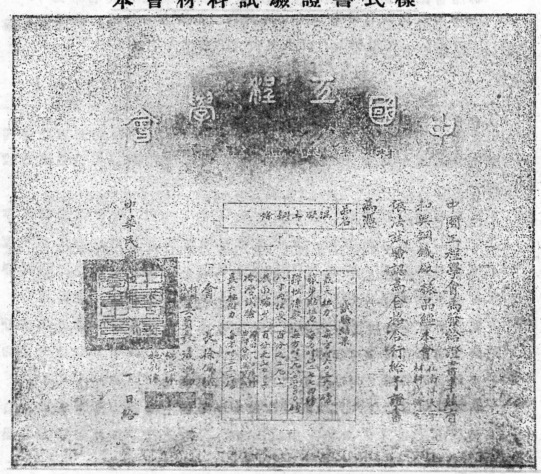

磚頭礮子擠壓試驗

材料試驗委員第二次報告

淩鴻勛　　楊培韡　　施孔懷

磚頭能受壓力幾何,不過為建築家購買時知所選擇.非謂某種磚頭能受壓力幾何,即用該種磚頭砌成之牆柱,亦能受如許壓力.蓋磚頭與石頭不同,石頭用作樓房建築者,尺寸常大,故石頭能受壓力幾何,即可代表石頭所築之牆柱,能受壓力若干.惟磚頭尺寸小,灰縫多,往往見牆柱之磚頭毫無損壞,而灰縫早已破裂,是以牆柱能受壓力幾何,不在乎磚頭,而在灰縫.灰縫堅固者,牆柱之壓力,亦可加增.本會有見於此,因作礮子擠壓試驗.

磚頭砌法　礮子有用灰沙砌成者,有用水門汀黃沙砌成者,其砌法則用泥水匠普通砌法,以求與建築實在情形相近.灰縫既與一牆一柱有密切關係,因欲知灰縫經過長久時間,其力量有無變更,故本會用每種磚頭砌成灰沙及水門汀黃沙灰縫礮子各五只,於二月,四月,六月,一年,一年半,後分期試驗,以資比較.

試驗法　法與磚頭擠壓試驗大同小異,故不復贅.)參閱上期報告)

結果　茲先將二月,四月,六月三期試驗所得結果,列表於下:——

磚頭礮子擠壓試驗記錄一

磚頭種類——機製造房紅磚　　　　　磚廠名字…………A

水門汀商標——象牌　　　　　　　　石灰種類………普通石灰

和合水門汀砂類——甯波黃砂　　　　和合石灰砂類……吳淞黑砂

磚子號數	磚子大小时數	砌縫種類	試驗期	最大壓力磅數	最大壓力每方时磅數
一號	$8\frac{1}{2}\times 8\frac{3}{4}\times 26\frac{1}{16}$	石灰黑砂1:2和合	二月	29,370	395
二號	$8\frac{7}{16}\times 8\frac{11}{16}\times 26\frac{3}{16}$	〃	四月	30,570	416
三號	$8\frac{1}{4}\times 8\frac{1}{4}\times 25\frac{3}{4}$	〃	六月	35,580	535
四號		〃	一年	尚　未　試　驗	
五號		〃	一年半	尚　未　試　驗	
六號	$8\frac{3}{8}\times 8\frac{3}{8}\times 26\frac{3}{8}$	水門汀黃砂1:2和合	二月	35,590	479
七號	$8\frac{5}{8}\times 8\frac{1}{4}\times 26\frac{1}{2}$	〃	四月	45,700	642
八號	$8\frac{1}{2}\times 8\frac{1}{2}\times 26\frac{3}{4}$	〃	六月	42,350	586
九號		〃	一年	尚　未　試　驗	
十號		〃	一年半	尚　未　試　驗	

磚頭磚子擠壓試驗記錄二

磚頭種類——機製造房紅磚　　　　磚廠名字………C

水門汀商標——象牌　　　　　　石灰種類………普通石灰

和合水門汀磚類——甯波黃砂　　和合石灰砂類……吳淞黑砂

磚子號數	磚子大小时數	砌縫種類	試驗期	最大壓力磅數	最大壓力每方时磅數
一號	$8\frac{5}{16}\times 8\times 25\frac{3}{16}$	石灰黑砂1:2和合	二月	31,890	479
二號	$8\frac{1}{4}\times 8\frac{3}{8}\times 25\frac{5}{8}$	〃	四月	35,890	520
三號	$8\frac{5}{8}\times 8\frac{1}{8}\times 25\frac{3}{4}$	〃	六月	47,100	673
四號		〃	一年	尚　未　試　驗	
五號		〃	一年半	尚　未　試　驗	
六號	$8\frac{1}{4}\times 8\frac{1}{4}\times 26\frac{1}{16}$	水門汀黃砂1:2和合	二月	45,190	664

七號	8 $\frac{1}{2}$ x8 $\frac{1}{2}$ x25 $\frac{3}{4}$	水門汀黃砂1:2和合	四月	66,690	923
八號	8 $\frac{1}{2}$ x8 $\frac{3}{9}$ x26 $\frac{1}{16}$	〃	六月	56,670	795
九號		〃	一月	尚　未	試　驗
十號		〃	一年半	尚　未	試　驗

磚頭礅子擠壓試驗記錄三

磚頭種類——手製造房紅磚　　　　　磚廠名字…………D
水門汀商標——象牌　　　　　　　　石灰種類…………普通石灰
和合水門汀砂類——甯波黃砂　　　　和合石灰砂類……吳淞黑砂

礅子號數	礅子大小时數	砌縫種類	試驗期	最大壓力磅數	最大壓力每方时磅數
一號	8 x8 $\frac{1}{8}$ x25	石灰黑砂1:2和合	二月	15,850	244
二號	8 $\frac{3}{8}$ x8 $\frac{1}{2}$ x26 $\frac{1}{2}$	〃	四月	17,920	251
三號	8 $\frac{5}{8}$ x8 $\frac{3}{8}$ x26 $\frac{3}{4}$	〃	六月	21,300	295
四號		〃	一年	尚　未	試　驗
五號		〃	一年半	尚　未	試　驗
六號	8 $\frac{3}{8}$ x8 $\frac{7}{16}$ x26 $\frac{9}{16}$	水門汀黃砂1:5和合	二月	42,000	594
七號	8 $\frac{3}{8}$ x8 $\frac{7}{61}$ x26 $\frac{1}{2}$	〃	四月	82,300	1,181
八號	8 $\frac{1}{2}$ x8 $\frac{7}{16}$ x26 $\frac{1}{2}$	〃	六月	55,700	777
九號			一年	尚　未	試　驗
十號			一年半	尚　未	試　驗

磚頭礅子擠壓試驗記錄四

磚頭種類——機製造房紅磚　　　　　磚廠名字…………E
水門汀商標——象牌　　　　　　　　石灰種類…………普通石灰
和合水門汀砂類——甯波黃砂　　　　和合石灰砂類……吳淞黑砂

礅子號數	礅子大小时數	砌縫種類	試驗期	最大壓力磅數	最大壓力每方磅數时
一號	8 $\frac{1}{2}$ x8 x26 $\frac{1}{4}$	石灰黑砂1:2和合	二月	26,890	375

磁子號數	磁子大小时數	砌縫種類	試驗期	最大壓力磅數	最大壓力每方时磅數
二號	$8\frac{1}{4}$ x$8\frac{1}{4}$ x$25\frac{5}{8}$	石灰黑砂1:2和合	四月	27,740	406
三號	$8\frac{1}{4}$ x$8\frac{1}{4}$ x$25\frac{1}{2}$	”	六月	47,730	700
四號		”	一年	尚未試驗	
五號		”	一年半	尚未試驗	
六號	$8\frac{3}{1}$ x$8\frac{5}{16}$ x$26\frac{3}{8}$	水門汀黃砂1:2和合	二月	41,170	980
七號	$8\frac{3}{16}$ x$8\frac{1}{4}$ x$25\frac{5}{8}$	”	四月	41,440	613
八號	$8\frac{1}{4}$ x$8\frac{1}{4}$ x26	”	六月	66,680	979
九號		”	一年	尚未試驗	
十號		”	一年斗	尚未試驗	

磚頭磁子擠壓試驗記錄五

磚頭種類——機製造房紅磚　　　　　磚廠名字………F
水門汀商標——象牌　　　　　　　　石灰種類…………石灰砂類
和合水門汀砂類——寗波黃砂　　　　和合石灰砂類……吳淞黑砂

磁子號數	磁子大小时數	砌縫種類	試驗期	最大壓力磅數	最大壓力每方时磅數
一號	$8\frac{3}{8}$ x$8\frac{3}{8}$ x$25\frac{1}{2}$	石灰黑砂1:2和合	二月	20,450	292
二號	$8\frac{1}{2}$ x$8\frac{3}{8}$ x$25\frac{1}{2}$	”	四月	22,010	309
三號	$8\frac{1}{4}$ x$8\frac{1}{4}$ x$25\frac{1}{2}$	”	六月	21,130	310
四號			一年	尚未試驗	
五號		”	一年半	尚未試驗	
六號	$8\frac{5}{16}$ x$8\frac{3}{8}$ x$26\frac{1}{8}$	水門汀黃沙1:2和合	二月	52,720	755
七號	$8\frac{1}{2}$ x$8\frac{3}{8}$ x$26\frac{1}{4}$	”	四月	*23,680	332
八號	$9\frac{1}{4}$ x$8\frac{1}{2}$ x$26\frac{1}{8}$	”	六月	52,930	754
九號		”	一年	尚未試驗	
十號		”	一年半	尚未試驗	

*擠壓面不平

會刊辦事處： 上海江西路四十三號B字

編輯部： 總編輯　　王崇植

　（甲）土木工程及建築　　李壂身
　（乙）機械工程　　孫雲霄　錢昌祚
　（丙）電機工程　　　　　裘維裕
　（丁）化學工程　　　　　徐名材
　（戊）探礦工程及冶金工程　薛桂輪
　（己）通俗之工程智識　　　錢昌祚

廣告部： 主任朱樹怡

印刷部： 主任張延祥

寄售處： 上海商務印書館
　　　　　上海中華書局
　　　　　上海世界書局

分售處： 北京工業大學吳承洛君

　　　　 天津津浦路局方頤樸君

美國 Mr. S, T. Chen, 714
　　　　Whitney Avenu,
　　　　Wilkingsburg, Pa.

定價： 每期大洋二角，六期大洋一元

郵費： 每期本埠一分，外埠二分

1366

1367

中國工程學會會刊

工程

THE JOURNAL OF
THE CHINESE ENGINEERING SOCIETY

第一卷第四號 ★ 民國十四年十二月

Vol. I. No. 4.　　　　December, 1925.

中國工程學會發行

總辦事處上海江西路四十三B號

中華郵政特准掛號認爲新聞紙類

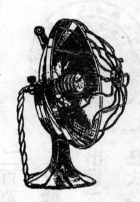

1371

中國工程學會會刊
工程第四期目錄
（民國十四年十二月發行）

中國工程學會總會章程摘要

第二章 宗旨 本會以聯絡工程界同志研究應用學術協力發展國內工程事業爲宗旨

第三章 會員(一)會員,凡具下列資格之一,由會員二人以上之介紹,再由董事部審查合格者得爲本會會員:一(甲)經部認可之國內及國外工科大學或工業專門學校畢業生并有一年以上之工業研究或經驗者.(二)曾受中等工業教育并有五年以上之工業經驗者.(二)仲會員,凡具下列資格之一,由會員或仲會員二人之介紹,並經董事部審查合格者,得爲本會仲會員:一(甲)經部認可之國內或國外工科大學或工業專門學校畢業生,(二)曾受中等工業教育,并有三年以上之經驗者.(三)學生會員經部認可之工科大學或工業專門學校二年級以上之學生由會員或仲會員二人介紹,經董事部審查合格者,得爲本會學生會員.

第六章 會費(一)會員會費每年三元,入會費五元.(二)仲會員會費每年二元,入會費一元.(三)學生會員會費每年一元.(四)會員永久會費一百元.

● 前任會長 ●

陳體誠 (1918—20)　　　吳承洛 (1920—23)

周明衡 (1923—34)　　　徐佩璜 (1924—25)

★ 民國十四年至十五年職員錄 ★

● 總 會 ●

董事部	張貽志	茅以昇	吳承洛	李熙謀	薛次莘	侯德榜
執行部	(會 長)	徐佩璜	(副會長)	淩鴻勛		
	(記錄書記)	徐名材	(通信書記)	周琦		
	(會 計)	張延祥	(庶 務)	徐恩曾		

● 分 會 ●

民國十四年至十五年

美國分部	(會 長)	莊秉權	(副會長)	許應期
	(書 記)	徐宗漱	(會 計)	丁嗣賢
上海分部	(部 長)	徐恩曾	(副部長)	榮志惠
	(書 記)	朱其清	(會 計)	朱樹怡
天津分部	(部 長)	羅英	(副部長)	劉頤
	(書 記)	方頤樸	(會 計)	張自立
	(庶 務)	張時行	(代 表)	譚葆壽
北京分部	吳承洛	陳體誠	王季緒	時鳳書　張澤熙
青島分部	胡端行			

孫中山先生陵墓圖案
首獎呂彥直油畫（一）

孫中山先生陵墓圖案
首獎呂彥直（正面）（二）

(三)（圖全勢形）道香呂獎者

孫中山先生陵墓圖案

首獎呂彥直（祭堂平面）（四）

孫中山先生陵墓圖案

（正面）

二等獎 范文照

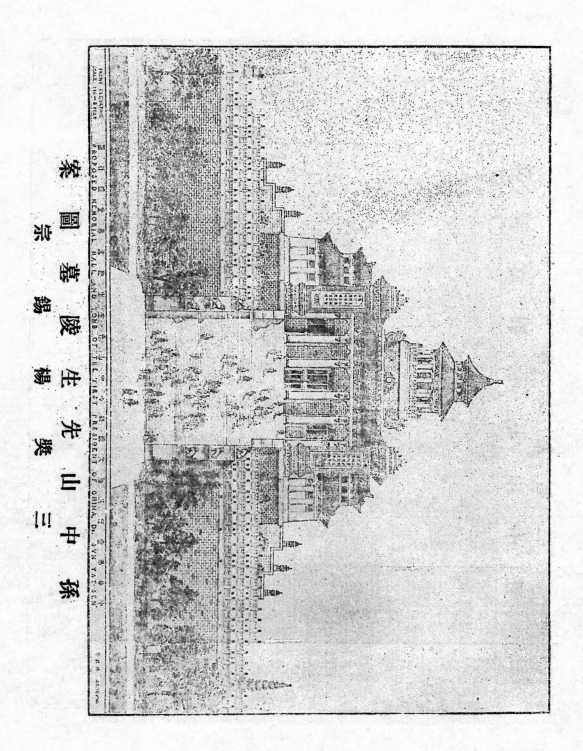

案圖墓陵生先山中孫

崇錫楊獎三

FRONT ELEVATION
SCALE 1 IN = 8 FEET

孫中山先生陵墓圖案之正面圖

PROPOSED MEMORIAL HALL AND TOMB OF THE FIRST PRESIDENT OF CHINA, Dr. SUN YAT-SEN

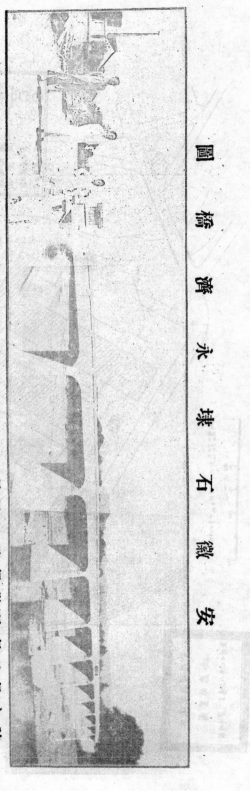

圖　濟水堤石礅橋安

夫橋梁之工程，茲而難為，悉於施設。濟水帆艇，取之普濟湖。假石甃砌，甃石桷橋，可數於普濟。工程機械之用，昭昭觀成，鑑近世而可履。

艱工備前之一，大願成工，桷橋之法，可數普濟，沙北運，併世輪鑑土程。

西須限工次頭，帥常熟易局，善修造河北，以稿行木遊河湖，就渡縣必入，巖頭溪約混沙，縮石上湖北桷。

堤築水樂築石礅橋……

橋面高二十四尺
孔長十四尺有奇

建業公司記
民國十四年四月上澣著一

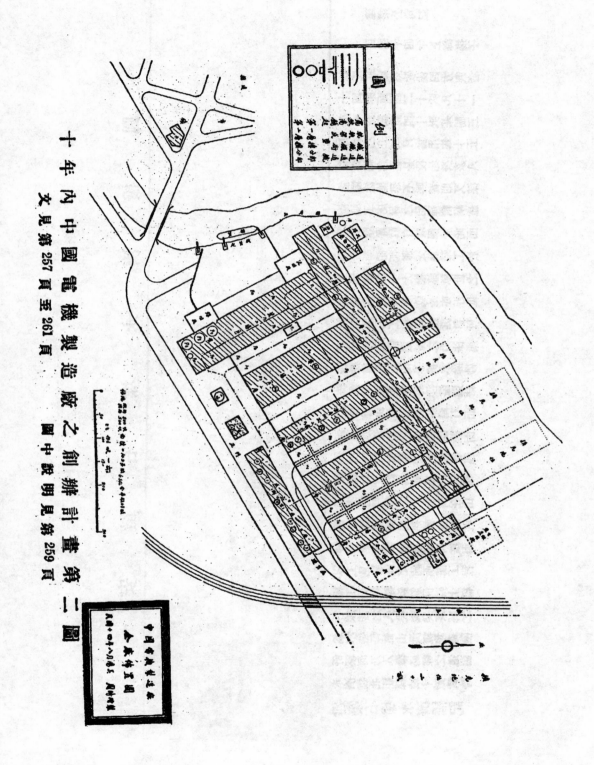

十年內中國電機製造廠之創辦計畫第二圖

文見第257頁至261頁

圖中說明見第259頁

十年內中國電機製造廠之創辦計畫

周　琦

弁言:　自電機工程發展,世界文明突進,熙熙乎聲光熱力,凡百日用要需,靡不取之於電,以爲至美最廉.由是電機製造形式日多而範圍日廣.吾國用電事業尚在萌芽.然苟一讀最近海關統計,每年入口電機器一項,恒逾關銀九百萬兩.各界用電,勢正蓬勃.鑑往知來,吾人如不亟謀自製,不轉瞬間漏巵可觀有志之士早有覺悟.顧對於設廠經營,何以通盤籌畫,因應得宜.何以掃除困難,利可操券.未嘗不徘徊躊躇,猶豫難決也.著者從事於自辦之電機製造廠有年.各界欲知內容者函詢面諮,實繁有徒.著者以是廠範圍狹隘,資本鮮薄,誠不足以應今日之需要.特廣其立廠本意,合之累年探討,著爲斯篇.復慮失之遠大迂泛,不合情勢.故限之於十年內企業之規畫.茲事體大,斷非個人之學識所能包舉無遺.願藉此篇,與海內宏達,本會同仁共商榷之.

茲列本篇之總目如下,以後則依次叙述之

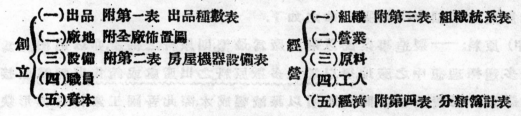

創立
- (一)出品　附第一表　出品種數表
- (二)廠地　附全廠佈置圖
- (三)設備　附第二表　房屋機器設備表
- (四)職員
- (五)資本

經營
- (一)組織　附第三表　組織統系表
- (二)營業
- (三)原料
- (四)工人
- (五)經濟　附第四表　分類簡計表

創立各要旨

(一)出品—— 設廠之宗旨無論何種事業,皆不外乎製造謀利.且謀於最短促之時期,最簡易之製造,以獲最優厚之利益.三者皆與一廠出品之種數有密切關係.今設同一事業之兩廠,如甲廠出品較乙廠大數倍,或較多數種,則兩廠之計畫設備,不應完全相同.其理甚明.故抉選出品之種數爲建設任何工廠之最先決問題.否則稍縱即逝,開廠後對於出品,尚彷徨無定,鮮有不敗者也.

　一廠基礎各問題,皆視出品種數之奓定,方易解決.故抉擇出品種數之手續,須極端審愼周密以出之.本篇爲十年內中國電機製造廠而作.顧名思義,對於出品,實含有下列三種之意味.

(甲)吾國十年內小規模之電燈,電車公司,必日益發達各種用電原動機變壓器之需要,必與之俱進.

(乙)此時期內電話無線電及電燈各裝置材料之需要額亦必驟增.

(丙)大規模之發電廠,水電工程及聯電統一法各建設,須俟諸此時期之後.

　就著者歷年之經驗及實地之調查,擬定出品種數如第一表.

(二)廠地——出品種數旣定,非特宜亟謀出品之精良勝人.且宜求成本之充分低徵.歷來吾國設廠製造家之通病,卽以出品爲盡其能事.或出品雖佳而成本太貴,未知減輕以言抵制.或同業競爭而成本各殊,無從強同以致倒閉是也.

　出品之成本,由原料,人工及廠費(如薪津,利息,折耗,原動費,保險,租金,運費,雜支等項)三者而定.此三者皆與一廠之位置密切相關.此理於電機製造廠,尤爲明顯.今試擇要分論之如下.

(甲)原料:——製造事業旣以電機廠爲最繁,則原料之供給,亦以電機廠爲最多.選擇理想中之廠地,須以近大多數原料之出產處或銷售處爲準.直接以謀減少運費及棧存,間接卽所以謀減輕成本.際此吾國工業材料尙形缺乏,電機廠之原料大半須來自歐美.同時煤,鐵,瓷,泥,木材等運費甚重之物,則多取自本國各省.故單就原料而論,此廠之地點,實應濱海且隣近商埠.

(乙)交通:——電機製造廠之原料供給旣繁,出品之市場範圍復廣,交通必須多方便利,始能應付裕如.運輸廉捷其煤,鐵瓷泥等之轉運實以航運爲最省.其他貨料之輸送,則以鐵路爲奓捷.工人往來及出品販送於市鎮間,可以電車或汽車.故單就交通而論,此廠之地點實應傍近江河及鐵路,且隣近市

第二表　房屋機器

分類	(設備名稱)	(容量說明)	(數件)	(應用)	原動力	(價值)	(附註)
電機工場	工場房屋	佔地一九二方兩層水門汀建築	一所	交流直流電機製造及精工部		銀76,800兩	每方銀四百兩
	工場外棚	佔地一三二方約二十呎高鋼架玻璃棚	二邊	裝配試驗漆裝等部		26,400	每方銀二百兩
	繞線車床	大小各種	十五部	電機變壓器各線圈	七馬力	800	自製
	剪床	刀口五十吋剪紙版厚至二分者	二部	絕緣料裁剪	三	600	德製
	線圈烘乾機具	大烘爐真空噴鉢漆缸等	一付	烘乾各線圈	二	1.200	
	鋼片烘乾機具	機轆式連熱滾桿可容鋼片至四呎寬者	一付	烘漆各鋼片	一	800	自製
	普通車床	六呎及四呎	各二部	電件精製	五	2.400	德製
	鑽床	二分至一吋鑽者小床分三頭鑽	大二小四部	電機裝配及電機精製	三	17.000	德製
	鉗床各儀器	老虎鉗銼刀螺絲板鉗鋸等件		粗細各鉗工	二二五瓩	3.000	英美製
	試驗電機	大至200KVA或HP. 直流或交流發電機	大一小二付	試驗出品		50.000	美製
	試驗表類	電流電壓速度表抵抗器及開關石板		試驗出品		5.000	美製
	起重機	六十呎軌寬十五噸儀重三電機裝置式	一部	電機裝配	三〇	25.000	美製
變壓器工場	工場房屋	佔地一四四方兩層水門汀建築	一所	大小變壓器裝配處		57.600	每方銀四百兩
	工場外棚	佔地六十方約二十呎高鋼架玻璃棚	一邊	裝配試驗		12.000	每方銀二百兩
	繞線器具	各小變壓器用線圈木框木架等	全付	漆裝部	一馬力	1.000	自製
	鑽床	二分至一吋鑽者	大一小二部	變壓器裝配用	一五	1.000	德製
	鉗床各儀器	老虎鉗螺絲板銼鑿鉗鋸等	全付	粗細各鉗工		3.000	英美製
	試驗變壓器	大至200KVA三相小至1KVA絕緣試驗各器	全付	試驗出品	平均800瓩	22,000	美製
	試驗表類	電屏變壓電表等及裝置	全付	試驗出品		8.000	美製
	起重機	五十呎軌經十噸重三電動機式	一部	變壓器裝配	二三	18.000	美製
電屏細器工場	工場房屋	佔地一二〇方三層磚柱建築	一所	開關電屏電表家用器製造處		54.000	每方銀四五〇兩
	工場外棚	佔地一四四方約廿呎鋼架玻璃棚	二邊	機工試驗漆裝等部		28.800	每方銀二百兩
	刨床	檯長七呎至五呎寬約二呎半又16"牛頭刨二部	大一小四部	石板刨光用	一四	4.500	德製
	鑽床	二分至一吋鑽者小床須三頭鑽	大二小四部	石板及各細器用	三	2.000	德製
	六角車床	半吋至一吋半車心者大六呎小三呎半	大四小十部	小電機及電器零件用精製	一六	4.500	每部大五百兩小三百五十兩
	車床	四呎長六吋迴徑者	二部	電器各精工	二	650	德製
	小銑床	檯長二呎半繁式	二部	電器各精工	三	1.400	德製
	磨石車	繁式及筒式	繁一筒二部	粗細各工	二	1.000	
	試驗裝置	10KVA交流與直流電機及各電屏線路	全付	試驗出品(開關不在內)	三〇	3.000	美電機
	鉗床各儀器	老虎鉗普通銼鋸鉗精確鉗針盤等	全付	粗細各工		6,000	英美德製
	柱式起重機	三噸重	四部	裝配用		4.500	美製

場 工 擎 引			場 工			場 工 料 電		
	五	一			三		五	
		二			八		二	
					五		六	
					一			
		二			五		四	
5,000			500			200		
1,000			18,000			1,500		
2,500			2,800			3,000		
200			9,500			240		
600			3,500			900		
33,600			150			14,000		
			2,800			26,400		
			4,650			67,200		
			1,260					
			4,320					
			51,200					

類別	設備名稱	數件			原動力		製造
車床	普通車床 各種重量車床及附屬品	六	各種				大半目製
	軍角車床						美製
刨床	牛頭刨床 各種刨床及附屬品	一至三					目製 美製
鑽床	各種鑽床及附屬品	一至五					目製 美製
銑床	各種銑床電機電料銅件工作機及附屬各件	一至四	小大				美製 德製 英製
木工場	各種木工機器房及各種木工器具	一所	全付				
	電鋸電刨電鑽等各種木工器具	四 五	全付				目製
	鑄型木模等火警打鈴用	三 五	全付				目製
	電鍍電鋸電料銅件光鏡及研磨用	二 四	全付				目製
	鏜工銑刨光 鏡鏡銅鐵 光鏡銅鐵件	三	全付				目製

數字：2,600　600　3,000　1,800　12,000　1,000　1,400　1,000　600　1,600　8,000　500　100　1,600　9,000　10,000　12,000　2,500　1,600　4,000　2,500　3,200　1,500　10,000　2,400　9,000　12,000　約5,000

每方佑計　每方佑計　洗鏡同目製

1387

器設備表(二)

原動室	房屋及煤棧	佔地廿四方約廿呎高鋼骨水門汀製	一所	全廠發電區		15.400	每方六百兩
	原動機及電屏	汽輪發電機500瓩及250瓩交流二二〇〇磅50周波	大一部 小二部	供給全廠電機電燈及試驗	1000 KVA	120.000	供給電動機三八四馬力試驗電五三〇〇瓩電燈一一〇〇瓩
	變流機及變壓器	2200至385磅變壓器385至220磅變流	一部 二部	變流或變壓應用	600 KVA	6.000	美製
	鍋爐各裝置	拔魏水罐鍋爐二具及附件	全付	供給汽輪及試驗引擎		42.000	美電
	各工場電動機	大小數十部385磅交流		供給各廠動力	384 HP.	8.000	德美製
	起重機及起煤機	均五噸重單電機式及汽鍋式	各一部	運物及煤	一〇	3.200	德美製
各部	辦公所及成品棧	房屋佔地一〇〇方三層上等建築	一所	總務工程部及成品棧		70.000	每方七〇〇兩
	辦公各部	傢具文件給器一切	全	辦公應用器具		20 000	按六部分計
	成品棧	櫥櫃各存品	全	貯存電机電料變壓器引擎		3.000	自製
	實驗所教育衛生科	房屋佔地十二方三層上等建築	一所	實驗教育衛生警衛會議處		8.400	每方七〇〇兩
	實驗所教育衛生科	儀器書籍藥品及傢具	全	前列各處應用		25.000	英美德製
	材料科及油棧	房屋佔地一四五方二層磚築	一所 另油棧	管存五金銅鋼絕緣料儀器及油		37.000	每方二五〇兩
	材料科	櫥櫃各傢具	全	貯存各料		5.000	自製
	俱樂部	房屋佔地二十方三層及傢具	全	職工聚樂處		16.000	每方六〇〇兩
工廠附屬設備	地皮	現置六十八畝預備二十畝	八十八畝	現用及擴充		70.400	每畝以八〇〇兩計
	各處電力傳佈費	線桿電線開關控御器	全			6.000	
	各處電燈裝置	線桿電線開關電料	全			4.000	
	全廠水管裝置	井水塔噴鉢大小水管龍頭	全	原動室在外各處應用	一〇	10.000	
	全廠通風裝置	通風房等	全			1.000	
	全廠熱汽管裝置	辦公所各部及各工場	全	冬季應用		9.000	
	電話及無線電	對外以電話無線電對內以電話相通	全			1.900	
	狹軌鐵道及車輛	軌長約一哩油引擎車頭三部車輛	二十部	各處運貨交通		12.000	
	寬軌鐵道	約長十哩	全	重件運送		7.000	車輛由鐵道公司供給
	高架鐵道及拖車	長約二百四十呎高十八呎電機拖車	全	泥煤運卸	一五	5.000	
	起貨機	汽鍋提高迴轉式	一部	自船運出各料		4.500	
	運貨船及汽舟	運貨大駁船及100馬力汽舟	二部 一部	遠埠自運貨用		18.000	
總計	房屋 銀 六十五萬四千一百八十兩	地皮 銀 七萬〇四百兩	機器設備 六十八萬〇三百九十兩	共銀一百四十萬四千九百七十兩			

電機工場 (G)	瓷工場 (P)
1 交流發電接變電機部	1 攪黏泥料部
2 直流電動機部	2 坯坯德床部
3 交流電動機部	3 上抽部
4 直流電機裝配部	4 修光部
5 直流電機試驗部	5 膈沉部
6 直流電機漆飾部	6 裝路部
7 交流電機裝配部	7 口吹大窯 (煙窗直上式)
8 交流電機試驗部	8 同上
9 交流電機漆飾部	9 同上
10 電機線圈部	10 小試驗室
11 線圈烘漆部	11 蒸汽鍋爐 (烘黏坯及時用)
12 電機零件槍工部	12 製坩部
變壓器工場 (T)	13 曲窯廠
1 變壓器部	14 竄品檢查廠
2 供電力變壓器部	**引擎工場 (E)**
3 大變壓器試驗及漆飾部	1 油引擎部
4 紫銅廠	2 油引擎零件部
5 各種小變壓器部	3 蒸汽輪部
電屏細器工場 (D)	4 汽輪零件部
1 普通石板部	5 試驗部
2 電磁石板部	**其他各部**
3 風扇部	1 成器接電器部 (連電輪科)
4 油開關部	2 成器接電機部
5 修理離件部	3 成器接變壓器部
6 電爐部	4 總務部 (廠長辦公處)
7 家用電器部	5 工役科
8 電表部	6 會計科
9 石板工作及油漆部	7 揀郵科
10 石板裝飾部	8 工程部
11 各電器裝工部	9 繪圖部
12 各電器試驗部	10 圖文聚存廠
13 各電器裝飾廠	11 重要文件保險庫
電料工場 (A)	12 營衛處
1 自動車工作廠	13 衛生股
2 精製工作廠	14 會議廳
3 裝配廠	15 工程實驗所
4 試驗廠	16 教育科及課室
5 裝匣廠	17 俱樂部
6 電料檢查廠	18 起煤機
7 裝箱廠	19 材料部五金棧
機工場 (N)	20 材料部油漆棧
1 樹床部 (電料電器)	21 材料部鋼皮鋼接棧
2 大鐵床部 (電機變壓器)	22 材料部鋼皮棧
3 六角車床部	23 材料部絕錫料棧
4 創床磨床部	24 材料部考耳保棧
5 鑽床部	25 材料部儀器棧
6 車床部	
7 儀器科	
8 撲工部	

十年內中國電機製造廠之創辦計畫
第二圖說明（圖見卷首銅版頁）

鎮.

（丙）工人：——電機製造之出品,精巧而繁多,需用多數各有專長之工匠.此輩恆集於大城,習爲舒逸之生活.廠地如距鎮過遠,則患乏人而多停工.然因生活程度較低,普通工資可以減少,工人見異思遷者亦少.廠地如距鎮過近,則反是.惟患稅重而多繁費.故單就工人而論,此廠之地點實應介於市鎮鄉村之間.

（丁）擴充：——電機事業進步甚速.廠之附近必廣留餘地,以便擴充.

　　照現狀而論.吾國江蘇之吳淞或龍華,皆適於此廠之地點.而廠內外佈置當如第二圖.

（三）設備——一廠之設備爲出品成本中廠費之根據.若最初開廠之設備不善,則以後任何整革.終難使廠費充分之減低.成本難達理想中之低度.強與同業競爭,終伏一失敗之基.此亦歷來吾國製造家之殷鑒也.

　　廠之初設,篳路藍縷,多在蔓草榛莽之中,樹木伐竿.此時計及異日之設備,即當思原動力之何以穩妥充足,建築之何以區分耐久,機械之何以精當利便,運輸之何以廉而快,保險之何以簡而妥.及各種裝置折耗率之減少.稍一不慎,嗟噬莫及.故歐美各大工廠多聘專家爲之設計.吾國雖不易得此專家,或不願乞靈外人.則當於設廠時,詳考歐美各項工廠之成規.參以吾國之習慣詳爲策畫而定之.

　　電機製造廠因出品繁多,其設備不得不繁.姑就著者見解所及,擬定房屋機器設備,如第二表.茲依表中所列,擇要分論如下.

（甲）分部——依製造上便利關係.此廠主要之部份,可分爲電機,變壓器,電屛細器,電料,瓷品及引擎六大工場.而以機工,鑄工,鍛工,木工,及電鍍各小工場附麗之.其各工場位置當如廠內布置圖.

　　廠務及工程部爲廠中領袖最重要之機關.屬科中應設實驗所,教育科,衛生科,及俱樂部.此爲近代工廠所必備.

（乙）原動機—— 此廠須自供電一千冠脫,擬分用五百冠脫一部及二百五十冠脫二部均汽輪拖交流機式.重則同開,輕則單開.旣最穩妥且最節費.如得接外來電源,多一層保障,尤佳.

（丙）附屬設備—— 廠中電燈電話及交通各設備,均當以安全爲旨.使保險費近最低之值.

（四）職員—— 出品之成本固賴廠地優越及設備精當而減輕.然有時反增加者,蓋開廠時之職員有以操縱之也.因設備各件其購諸異邦者,則競賣者衆.其購諸本土者,則虛抬過高.職員苟無充分之操行及經驗,最易生弊而靡費.縱大體無妨而廠費已暗加.永積難返矣.

　　電機製造廠創立時之職員,尤非率爾操觚者所可勝任.著者竊謂無論何部之職員,必須共具下列之品格.

　　　（甲）誠實　　（乙）經驗　　（丙）學術　　（丁）羣誼

（五）資本—— 出品廠地及設備旣定.則一廠之大綱已立應需之資本總數不難精確定之.現推定此電機製造廠之資本及其收募辦法如下:

（甲）資本總數——

　　　　　自第一表　　全年出品合　　銀　1,862,920　兩
　　　　　　　　　　　減去淨利　　　　　　308,500　　〃
　　　　　　　　　　　每年毛支　　銀　1,554,420　　〃

據實際調查,自辦原料起,迄成貨售出收款時止,凡電機發壓器等出品爲期須五六月不等.凡電料各品爲期約三月.平均即約四月,或三分之一年.故廠中須常備流通資本等於全年出品毛支數之三分之一.即

　　　　流通資本……1,554,420×⅓＝　　銀　　518,140　兩
　　　　固定資本…自第二表房屋機器設備　　1,404,970
　　　　開辦經費……………………………………15,000

　　　　　應須資本總數　　　　銀　1,938,110　兩
　　　　　或　　　　　　　　　銀　2,000,000　　〃（二百萬兩）

(乙) 收募期及方法——資本總數已決定銀二百萬兩.當由若干發起人平均分任收募每發起人須將出品,廠地,設備各詳細計劃表向資本家往返陳說俟得有六成以上之總數.再登報招募.

收款期必須限定一次收清,旣免續收困難,且防中輟之虞.

(未完)

中華國民製糖公司近訊

中華國民製糖公司,創自民國九年,由馬玉山,嚴直方,諸君所發起,股本總額爲國幣一千萬元.工廠在吳淞蘊藻浜,占地一百九十七畝.裝製德國最新式煉糖機器,每日可出精糖千餘噸,計分大嚜第一號,卽市上通行之四溫半,中嚜第二號,卽市上通用之四溫二五,華嚜第三號,卽市上通行之四溫,以上係上白綿糖.國嚜第四號,卽市上通行之三溫七五,民嚜第五號,卽市上通行之三溫半,振嚜第六號,卽市上通行之三溫二五,以上係次白綿糖.興嚜第七號,卽市上通行之三溫,寶嚜第八號,卽市上通行之二溫七五,業嚜第九號,卽市上通行之二溫半,以上係黃綿糖.玉嚜白冰,直嚜黃冰.所有出品,均經政府特准,免納釐稅十年,爲吾國首先製煉精糖之嚆矢該廠於本年十月中開機製造,成績甚佳.十二月十九日,舉行正式開幕禮,頗極一時之盛云.

無線電波前進之新解說

倪　尚　達

我人對於無線電波前進智識,尚屬幼稚.故其應用上,理論上,應努力研究.則無線電傳訊,始克完全瞭解,並極其利世之能.此種研究,自由歐美學者,及大規模公司如美國無線電公司等,為有統系之試驗.據其最近報告,有關發新理,足為無線電波前進解說上,闢新逕;而對於無線電傳訊,有極大供獻者.茲略述於次:

無線電報發明後,第一期應用,在海洋間交通之巨舶.是時吾人只知無線電有波長及對數縮率 (Decrement) 二種特性.第二期在五洲各國間通訊.是時送信機所發電波,僅有對數縮率之說,漸覺陳腐,以電波方向新論代之.迄短波無線電傳訊試驗成功後,電波分極之說,爭載學報矣.

無線電中最大難題,約計有三:即靜電擾,(Static) 干涉(Interference) 與衰滅 (Fading) 是.回顧往跡,對此三端,未嘗無技術上之改良,以彌補之.至現時應用上,公衆認為解法者:則取方向接訊以去靜電擾;發連續波以免干涉;增長電波以減衰滅.惟未來之解法,或將有異.蓋就電波前進上,已有新識推論之電波分極之說;最少可給新法,明新理,以解決音訊與音擾間之困難也.

無線電波,與光波為同性,特其波較長而已.晚近光波四射之理論,無非根據光波振動,盡在垂直於其前進方向之平面內之解說.此種振動,得籍數學方法以解成互相垂直之二平面.而其任一平面內之波動,於實驗上,亦有法消滅之.此即光之分極.至於無線電波之應用,對其分極性之可能,即有先學倡說於前,而常人之置諸度外者巳久.弗氏 (Fleming) 曾言曰:阿儉氏 (Alessandro Artour) 於一九〇二及一九〇三年二件無線電傳訊專利,均依電波分極性而成.普通採用公式以計無線電波放射量者,僅及其垂直平面內所振動之電波.即通用接訊機,亦只能與該面內所振動之電波生作用.於是積久成習,誤解其在水平面內振動者,散入空際,不能與地面接觸,爲吾人所接受焉.惟飛機駛行,恆用下垂天線,以收發無線電訊.所得水平面內振動之電訊,較在垂直面內者未嘗有異.故就飛機天線線長方向而言,則放射電波,有垂直面分極作用.由飛機前進方向與天線相爲直角者而言,則放射電波有水平面分極作用.審乎此彼無線電波在二面分極者,對無線電收發,均有作用,爲不可諱之事實.

除前例外,關於水平面內分極電波之收訊發訊,曾爲各種有條理之試驗.總其結果,對無線電通訊上之效用,與在垂直面分極者,絲毫無異.且其水平分極面,延其前進方向,漸改其水平位置,而成傾斜.至一定距離,用尋常接信機接收之,甚屬便利.若移動接收機置於前述定距離之鄉近接收之,訊弱難聞.故利用此種現象,干涉之患,當可解決.

在無線電通訊上靜電擾,干涉,衰滅等三要點,前已提及.茲就現時學者公認之說,以電波分極之新理,作單簡之分析如下.

靜電擾: 由減少靜電擾研究史觀之,可分二時期,每期均有一學說,以爲其基.第一說,則謂靜電擾爲某種噪音,與電訊迥異.此種噪音,由連續之放電而成,無一定波長,得用相當濾音器濾去之.於是濾音器(Filter)發明製造,推銷市場.究其實,特將接收機,變爲選音嚴密而已.音差接音法,可以爲喻.但據精細實驗之結果,彼濾過之音,仍有若干不可去之靜電擾,與電訊近似.故用濾音器以除靜電擾,亦歸失敗.第二說,則謂靜電擾之物理性爲磁電波動,與電訊完全相似.惟其對接收機任何方向作用之,不若電訊波之專在一定方向內發生作用也.乃根據波動之理,以定抵消之法.而美國無線電公司,遂製成一種接收器.此器只接一定方向內之電波,餘則均無作用.故百分之九十靜電擾,宛如付東流而遠逝矣.利用電波分極之理,又成一種消除靜電擾之最新接收器.此器僅與某分極面內之電波發生作用,而此面之靜電擾爲極小量.

干涉:　連續電波送訊之機成,干涉消除之法進.自方向接收法行世後,消除干涉之效率更爲增進.若能與方向送訊法並舉,則干涉之患當更易免去矣.方向送訊法之研究,實爲電波分極實驗之成功所引起.故以試驗次序言,免除干涉,先應利用電波分極之鑑別性,可無疑義.

　送訊機送出水面分極之電波後,此種電波逐漸變換其水平方向.彼接收機專接垂直面分極波者.於水平面分極電波未變方向前,毫無作用.惟一經改變,即甚易接收.於是在送音臺鄰近若干哩外,發生一別特區.此區內之干涉爲最盛.(因接收垂直面分極波外,又能接收水平面分極波之故.)仿如噴水池,於噴口精高壓使水向外遠射,於其周圍之某距離,爲水之焦面,此面內外,竟能無點滴之水也.

衰滅:　衰滅現象在無線電通訊上,已經吾人覺察者,有三類.第一類爲日間與晚上之不同,因日晚週迴電波衰滅即生區別.大抵波長在一萬米達以外,不圓之界,漸漸消滅若將電波之長,從此減小,不同之界,即隨之而顯.至五十米達之極限,與前說却成相反現像.據最近試驗結果,三十或二十米達之電波,日晚間衰滅度,完全相同.第二類爲電訊強度,在日沒日出時之驟減.此種衰滅現像,對長波短波有同樣影響.第三類爲電訊強度之週期衰滅.此種現象於普通送音臺所發之波,爲最著.週期長短,亦復不一.自數分鐘至數秒鐘,甚至一秒百分之幾.却與能聞電訊,有同週率,以紛亂其聞度.此類衰滅以電波分極說研究之,最饒興趣.說者曾以其觀察所得,而作一結論曰:電波前進,似螺旋形,而逐漸變換其分極面.水平面分極波之長度爲四十或五十米達者,則於十哩外,變成二十或三十度之斜角.又於距送音臺百哩處,測得週期衰滅之現象最甚.依上述結果,吾人未嘗不可得新理,而思所以彌補週期衰滅之道矣.

　普通送音臺送出電波,得分二種.第一種爲地導波,依地面爲行程.第二種

1395

爲空際波,依空間電子層爲行程.長波無線電報,大概利用第一波.短波遠距
離無線電報,完全利用第二波.短距離接音器接收者,爲第一波.遠距離者,爲
第二波.在送音臺相距百哩處,二波強度,却相等.又如前述五十米達波長之
送音臺,所送出第二種電波,經十哩後即變換其分極面,自二十度至三十度.
由此推算,前進六十哩或九十哩後,其變換角將爲一百八十度.與實驗結果,
却相符合.至地導波,自同臺送出者,前進百哩後.因與地面接近之故,仍保持
其垂直分極面.於是空際及地導二波,定在百哩附近,其分極面相差爲一百
八十度,而相消矣.倘送音臺各種情形能守常不變,則該處之位置,亦得固定,
而爲無訊可接區.惟此種假定,爲事實上所不能有.故分極波情形,爲送音臺
各種變化所限制者,即釀成週期衰滅.由同理,若在距送音臺二百哩附近,水
平分極面,得變換三百六十度.此區域內之接收器,卽能接收多量之地導波
訊及空際波訊因二者次序不同,仍無干涉之虞.

　　實驗程序,繼續無已.一年或二年後,關於前說電波分極與衰滅之現象,當
更多發明,並可下準確之斷論也.聞現有孟氏者 (Mr. H. W. Nichols) 根據賴
矛氏 (Sir Joseph Larmor) 空氣上層爲電子之說,曾將電波分極與地磁力之
影響,大加研究,已得可貴之結果云.

電波前進之物理觀念:　吾人對於電波前進之物理觀念,迄今仍在五里霧
中.溯自弗氏及麥氏 (Faraday and Maxwell) 創電波學說後.繼起學者,除測得
其現象外,實際上之瞭解,殊鮮進步.晚近應用廣而研究者衆,據一般碩學之
臆說,則謂電波現象之澈底瞭解,照現時物理學程度,亦不難於短時期內達
到.吾人恆曰:無線電波,由振動空間『以太』而成.其性質與光波同.彼光波
之最長者,與電波之最短者,漸近等值.又吾人曾謂電波現象之暫時解說曰:
電波是一種能力,在電磁場間,有時現電性之現象,有時現磁性之現象.此種
臆想雖爲數理的而非物理的.卽其應用對電機工程似屬利便.但未可視爲
確切之論調.彼爲電機工程師者,恆視磁場爲實物,其性與靜電場不同.蓋磁

場發生,由若干導線圈之通電所致,實無靜電現象之同時發生也.由此說觀之,若曰磁場爲一種惰性力,因靜電場之移動而成,或須許多懸想以信之,但未亦嘗無使信之可能焉.

近世物理學家,已授吾人以電在導線中之物理畫像.此像維何?即謂電流在導線,爲無數負電子(Election)之往來.導線本身,有無數不動之正電子.解說者此,物像未嘗不顯.但此說僅能解電阻之消耗,未能白磁場之發生.故欲述磁場與電場之母子關係,當憶想正電子爲力之焦點,由之伸入空際.負電子與前者同,而作用相反.當導線無電流時,此二力互相抵消各守平衡.及電流通後,負者動而正者靜,二方力場,仍爲中和,故靜電現象無從發見.

負性電力場,在移動時,可想爲極薄平佈之質量.其運動能力即磁力.此磁力場所蓄能力,與動體所具之運動能力,有類似現象.信於此,則捨以前磁力場與電力場爲異物之誤解,而得憶成一幅前者爲後者貯蓄所之活動影片矣.

電磁器之作用,可借飛輪轉動以說明之.當飛輪開始運動時,須有極大能力.及其旋轉以後,用小量能力,抵消阻力,足保常動.是猶電阻耗之消失於導線也.若電流爲交流性,則負電子往返,時時改變其電力場移動之方向.而電子之加速度,須有相當能力以作用之.此種能力即爲電動力.苟對是說,能神思憶索,作爲電磁現象之圖解.則電波放射之物理觀念,當得之甚易矣.

天線爲直柱線時,電子在其間上下,爲有週期之移動.動時所成空際電力場,有量質及運動能力蓄貯之,並有彈性.其模型不難製造,曾有製者,作演講指示.此電力場範圍甚廣,伸張空際.惟其各小部非同時運動,凡有彈性者取單一方向,移運其間.自中心以往,有一定週期.磁力場無他,特由前者移動時之運動能力耳.電動力照著名程式,謂由磁力場變換或感應而成者,亦不過爲一種彈性電子惰性之反動.苟明於此說,則電波分極之實際意義,即可從而思索矣.

　　尋常放電器,有一直柱,導線電子上下移動時,電力場以其波長之四分之
一為範圍,有同樣之動.此場動時惰性力近於導線者,照波動常規,經彈性媒
質而前進,自始至終,全波各部,均在垂直面內振動,其現象與水浪相同.

　　放電器專射平面分極波者,有全線合接之導電圈,置於水平位.在此導線
圈內電子,自一方向而反對方向,旋轉移動.電力場亦有同樣旋轉.空間媒質,
近於電子者,受其影響隨之而轉.因其旋轉時位置之變換,影響及其四鄰遞
相作用,發生一種電動力,而進其前程焉.此種旋轉力,由媒質之波動,其波動
之速度及力量,均在水平面內.情形若此,固未可藉水波及氣波之動為喻.但
其模型,亦甚易製,以為指示.法用伸長之橡皮片,裝於垂直軸上,加以旋轉振
動力於此軸,則在橡皮片上,成許多輻射直線振動,頗似波形.

　　理想圖解,照現時物理智識,未能憶造.蓋物理學對前說媒質(或曰以太)
之本性,尚無相當之解說也.然瞭解之望,恐亦不遠矣.夫原子構造,已用電子
構造以說明之.電流之於導線及導電液內,亦用電子以解釋之.至電子與電
磁場之如何結構,為學者第二步之研究責任,可無疑義.彼為電機計劃師者,
固可視電子為細物及往來導線之說為滿足.然為無線電學者,非至電子如
極光射空,人目能覩之日,決難償窮研深究之慾.苟電子為實物,有質量之說,
能證明之.則新舊學說之見點,即得從而調解矣.茲姑否認磁力場單獨存在
之說,而作為電力場之運動能力,亦未嘗不可使吾人目前滿意也.

安徽石埭永濟橋建築之經過

庾宗灝　高觀四　朱有卿　合述

（上海揚子建業公司）

橋工之緣起　舒溪河上通徽屬,爲七十餘支河之總匯,下經蕪湖入江.每屆秋夏,山洪暴發,水面在一二小時內,有二三丈之漲落.石埭踞舒溪河之中段,又爲入徽屬之孔道.水涸即架木橋以利交通,水漲則以船渡之.民十夏季,洪水猝至,橋上行人,不及奔避,溺死數十餘人.地方士紳,屢議建橋,輒爲工艱費絀所限.近以水泥工程勃發,乃決議建鋼筋水泥橋,以工事畀我公司承辦焉.十二年六月簽約於天津啓新洋灰公司,八月開工.十三年四月至七月,水漲停工.十四年一月落成.

橋工之計畫　橋長六百十六呎,高四十呎,基闊三十四呎,面闊十九呎,凡十一孔,全部用鋼骨水泥建築.北部橋墩六座,均築於水面十二呎以下之山岩上.南部橋墩四座,均築於水下十一呎砂磧上.橋墩上下,俱有伸縮縫,縫與縫之結合處,祇有三吋水泥銜接,中實以一吋方鋼筋.因空間氣候有冷暖,則橋身必有伸縮.按諸學理,是橋之半,最大伸縮應有二吋.故規畫橋樣須準此法建築,此爲我國橋工最新之計畫,當亦爲工程界所應研究者也.

材料之運輸　石埭僻在皖南,與外江交通有二道:水道由舒溪河下行三百二十里至蕪湖,陸路經青陽至大通一百二十五里,山路崎嶇,行旅尤感困難.材料運輸,自以水道爲便利.但自蕪湖上溯九十里至西河,駁船吃水二呎餘深者,在平時尚可通行.再自西河至石埭二百三十里,水深祇數吋至一呎不等,河底純係砂礫岩石,起伏不便舟行,平時運輸貨物,均用竹筏,每筏載重八擔餘.橋工應需水泥四千桶,鋼條一百四十噸,以及工作器械等,均由津滬輪運至蕪湖,改由帆船運集西河,再由西河分裝竹筏上行,沿途周折,每次費時一月,方抵工次.僅就水泥一項,橋工局自向啓新購辦運至年餘,始獲齊全.餘如五金離件,及臨時亟須應用物品,不及待水路運輸者,每自大通僱夫挑送,行期雖較迅速,而運費有較原物價值加至一倍者.是則運輸材料之耗費需時,概可知矣.

工人之召集　石埭人民安土重遷,平時絕無巨大之工程,工人謹守成規,祇知舊法.是橋建築既採用新法,則工人非招自他方不可.我公司歷辦各大工程,訓練之工人無慮數千人,因擇已往之工作最優者,就通滬召集二百人,派員先後率往,途程遙遠,每一工人之川費往返,需墨銀十餘元,即此一端,所費已屬不貲.又爲土工木工石工機工紮鐵工水泥工種類極多,一旦萃集此類優良工人,自屬不易.今欲遣往遠地工作,工資之加增,則更不必言矣.至臨時小工,均係就地招集之皖北難民,爲數不下三四百人,并優給工資,藉償工賑之私願於萬一也.

施工之經過　橋工建築之重要部分在橋墩,而永濟橋之橋墩,因砂石錯雜,水流湍急之關係,其工程進行之困難,尤非建築尋常橋梁所可比擬.茲分別縷晰陳之:

(一)排石除砂　每一橋墩之基點確定,必先將橋墩四周之砂石排除淨盡,而排除砂石之工作,殊難着手,法以鐵箕編簍,令工人立『木跳』上,拋箕深入河心,前推後曳,將砂石撈起,輸送他處.按每一橋墩占地約寬六十呎,廣一百呎,在此範圍內之撈砂工作,平均約計三千八百工,歷時四十五日,方可竣事.而此項撈砂之方法,經各工程師之研求,與幾次試驗之結果,實爲山僻中最便利之法也.

(二)沉木箱塢　木箱塢長四十六呎,寬二十三呎,高十四五呎不等,四周塢牆係夾層,中寬二呎半,填以黃土,用搖車曳入墩塘之內,上壓巨石,使下緣與岩石面緊切,而後填入粘土,此沉木箱塢之情形也.

(三)排水　木箱塢布置就緒,即用抽水機裝入箱內,開機抽水.惟岩石形如蜂窠,水脈往往自石隙瀉出,有如噴泉,以致排不勝排故排至距底一呎時,須令工人將抽水機管四周岩石鑿去,或一較深之空塘,使石隙洩出之水,匯入塘內,再由機器吸出.抽水機用大小二種,大者每分鐘可排水八百加侖,小者每分鐘可排水四百加侖,設遇有墩塘水湧時,則併用之,此排水之情形也.

(四) 鑿岩石　塘內岩石露出水面時,即將岩面測定方地,僱用兩班石工,日夜開鑿.在第五六兩墩,深度爲四呎,闊十一呎,長三十四呎當開鑿時,石隙內泉水噴出,異常猛湧,石工工作,殊感困難.故用機器抽水不停,以便工作.同時更於抽水機之進水管下,逐漸鑿深,以便吸水焉.

(五) 搭木架　全橋木架用長松木爲之.每孔橋須三丈餘之松木九十五根.全橋共用長松木一千數百根.橋高架危,立柱架梁,甚爲艱險也.

上述情形,乃一年來自開工至落成之經過,工程上種種問題,頗足供諸同志之研究,用特略述如上,幸方家有以敎之.

世界最長之電話電纜

美國紐約與支加哥間之長距離電話電纜,已於二月前開始應用.此纜計長八百六十一英里,其中七百十七英里,架於空中,電桿之多,約在三萬六千之上.餘一百四十四英里,皆埋在地下.此綫於七年前開工,成後可同時通電話二百五十,電報五百,允稱世界最偉大之電纜矣.

山西水利狀況及今後之進行方針

曹瑞芝

曹君瑞芝在晉治水利有年,本年年會曹君寄此文來杭,囑代宣讀,惟收到遲遲,未克如願,今特印諸會刊,或爲欲知山西水利狀況者所樂聞,且閻督治晉,於此亦可覘一斑.惟原文甚長,不便全印,用爲刪節,尚希曹君諒之. 編者

(一) 山西水利狀況

山西水利狀況,可分兩項說明,一爲山西政府提倡水利之設施,一爲山西人民興辦水利之成績.民國六年秋,省政府設立六政考核處,當時爲提倡水利起見,頒發水利貸款條律,若人民無力興辦水利時,可依一定手續向政府借款自辦.於是各處人民風起雲湧,請款開渠.兩年之間,全省添加水地七千一百四十頃.以水地較旱地多收十元計算,山西全省每年添加富力七百一十四萬元,成績可謂偉矣.九年旱災時,閻省長派鑿井生徒十數人,在北京學習開鑿自流井法,學成回省,設立軍人鑿井事務所.同時又頒發獎勵人民鑿井條律,自此各處遂有自流井焉.其中最著名者,省南爲虞鄉,省北爲定襄,兩縣之自流井,水量較多,大收灌漑之利.十三年八月省政府爲擴充鑿井起見,專設山西鑿井事務所,刻正積極進行.十四年一月閻省長召集各縣代表開實業會議,通過一水利計畫案.該案乃一通盤籌算之計畫,利用科學方法,以促進水利之發展,實是山西水利之根本辦法.山西政府之對於水利,可謂竭力提倡矣.

次談人民興辦水利之成績.山西水利,有政府倡辦者,有官紳合辦者,有官督民辦者,有公共團體辦者,有私人自辦者,且有商辦者.統計全省共有水地五萬五千二百八十七頃,茲將幾處著名之水利,略述如下:

　　山西著名之水利省南有八大堰,省北有三大渠.汾河流至清源一帶,地勢平坦,水流和緩,人民攔河築堰,引水灌田.自清源而下共有大堰八道,俗稱八大堰,即清源一道,交水四道,祁縣一道,平遙兩道.前清光緒時,此數縣人民曾開水利會議,通過八大堰之章程.每年自小雪後三日起至第二年清明後三日,共一百三十五天,爲八大堰之水程有効期間,各道堰按各道堰的水程用水,絲毫不能紊亂.近年修理渠道,更增水地不少.至於省北之三大渠,爲三大公司所建設.一爲朔縣廣裕墾收水利公司,該公司爲劉勷功先生於前清宣統三年時所創辦,資本二十三萬元,開渠三道,共長一百四十餘里.據山西各縣渠道表上所載,灌田畝數爲一萬二千八百頃,每畝攤洋僅一角八分.二爲應縣大應廣濟水利公司,爲劉勷功先生於民國二年時所開辦,資本三十六萬元.開渠四道,共長一百八九十里,灌田約一千頃,計每畝攤洋三元六角.末爲山陰縣富山水利股份有限公司,該公司創辦於民國四年,提倡人爲杜子誠先生,股本僅五萬元,共開渠道六十五里,灌田四千五百頃,每畝攤洋一角一分.

　　以上八大堰和三大公司所開闢之水地,共有二萬零一百八十頃,約佔全省水地百分之四十,足稱山西之偉大水利矣.

　　(二)山西現在應行繼續興辦水利之理由

　　除上述之水利外,山西尚有其他無數較小之水利,統計全省每年水地收入約有五千五百二十八萬元.但現在尚有興辦水利之必要,茲述其理由如下:

　　就田地說,山西全省共有熟田六十餘萬頃,以水地與旱地比較,水地僅占旱地百分之八.換言之,山西尚有百分之九十二之田地,宜設法有以灌漑之.

　　就雨量說,山西雨量不足二十英吋者有五十一縣之多.據美國農事經驗,小麥每年需水約四十吋;棉花四十餘吋;黍穀等三十餘吋.可知此五十一縣之雨量,不及穀產需水量之一半.收穫不豐,宜其然也.

　　就水源說,山西大河小流,隨處多有.最著名者省北有滹沱桑乾,省南有汾漳沁等河,什九水流暢旺,惜未盡量利用耳.美諺有云,「水者錢也.」前年勘查汾河時,在河津一帶,親見汾水直入黃河,深有無限銀錢,付諸流水之感.至於地下水源,全省井灌之田,有六千七百一十頃,僅占全省熟田百分之一.可知地下水源之利用,尚復鮮少焉.

　　民國十二年冬瑞芝曾奉省長命勘查汾河,尋見汾河流至新絳一帶,地勢平緩,水流暢旺,地面與水面高低之差平均不及二丈,實是天然興辦水利之地.省政府前曾派人在此,試辦水利,因河底沙層過深,不易安樁築壩,卒未成就.鄙意最良之法,莫如安設機器,抽水向上,相地之宜,開渠導水,依個人計算,其地南北長約三十里,東西長平均十里,其中可灌之田,約有四百頃.安機器開渠道,共需洋十五萬元.以每畝三元八角之費,旱地變為水地,不謂不廉.目下旱地每畝價三十元,水地每畝價八十元,據此立言,為社會經濟設法,此後亦有興辦之必要矣.

　　(三) 山西水利上應當研究之問題

　　山西現在既有興辦水利之必要,我人對於水利問題,應為進一步之研究.鄙意山西水利上之應首先研究者,有三大問題;(甲)興辦水利感受之困難,(乙) 山西水利之缺點,(丙)科學水利與自然水利之取捨.

　　興辦水利感受之困難莫如省政府對於用水,無規定之水法.爭訟起來,審判官無水法可以根據,不得不就兩造勢力大小而為調停之判決.所以人民對於用水,毫無標準,強有力者,得以霸佔水利.在此種狀態之下,水利何能發達,幸省政府及早圖之.

　　山西水利之缺點甚多,例如水源之調查,應辦水利之縣分,水量之記錄,一切記載,都付缺如,雖有人起而研究,亦復無從.水量之與五穀生產量,有密切關係,過猶不及,皆無取也.加之各灌溉區導水無方,地下滲漏,損失甚多,欲求補救,勢非有精密之研究與調查不可.目下安常習故,坐失利源殊可惜也.

山西已有之水利,類皆自然水利,以人類原有之智能,就水流自然之狀態,引導開浚,以資灌溉皆其優點則輕而易舉,加惠於地方者甚大.但因陋就簡,設有困難,無從措手,科學水利則不然.以科學原理,應用機器,戰勝自然,如美國西部之水利,類皆絕大工程,耗費鉅萬.山西年來水田之增,年減一年,民國六年至八年,增加七千一百四十頃,而自八年至今,所增不過九千八百七十九頃,可見自然水利之利用,已將告竭,此後欲再繼續進行,舍科學水利其誰屬.

(四) 山西水利今後之進行計畫

本年一月閻省長頒發山西厚生計畫案,其中水利計畫對於前述山西水利上種種缺點,類有補救方法.該計畫分有四項:(一)制定水法.(二)調查水源.(三)量水,(四)試驗.制定水法,擬由法廳飭令有水利各縣,將該處水利習慣,按照法廳調查民商習慣辦法,詳細調查彙報.再請深通法學及習水利人員會同討論,擬具法案,由省議會通過,再行施行.調查水源,則擬分兩面進行.一面調查地面水源以便開渠,一面調查地下水源以備鑿井之用.量水之事,已定由工程人員勘查適當地點,設立量水站,時加記錄,以資研究.末官試驗已擬擇適宜地方試驗土壤性質和穀產需水之量,藉以節省水流,擴張灌溉面積,而增加農產收穫也.

(六) 餘論

總之山西之水利,省南有八大堰,省北有三大渠,可稱中國年來水利上之大成績.但所有水地僅佔全省熟田百分之八,餘百分之九十二尚無水利.亟宜積極進行.目下農產昂貴,地價增高,雨量缺乏,水源廢棄,科學水利之興辦,已屬無可遍緩.但規模宏大,手續複雜,普通農民,末由自辦,非得各界之扶助,勞難實現.卽如量水,水法,調查,試驗種種,亦非省政府加以提倡不爲功.此後如官廳努力羅致人才,學校努力培植人才,私人努力供獻才能,互相提攜,互相合作,則山西水利此後之成功,定有更足令人敬佩者矣.

安培德氏新式水銀鍋爐

(The Emmet Mercury Boiler)

謝樹人譯

自哈德和 (Hartford) 電燈公司之獨贊泊 (Dutch point) 工廠開始計畫水銀鍋爐與旋轉機之後,實足以引起一般人多大研究之興趣與價值,惟聞現時對於鍋爐內部之聯接,尚有少許困難而已,其能力謀實聽所得結果,約可供給一千五百啓羅華特(K.W.)發動機之用,在先以爲此種鍋爐熱度過高,易於損壞,但實際係一時誤解,今雖在進行之中,惟吾人相信不久即或實用於社會,且可爲工業界放一線曙光耳。

當一千九百一十四年,美人安培德氏 (W. L. R. Emmet) 即首倡是議,查安氏實一理想家,而併有勇敢任事之智能,渠每倡一議,縱反對者甚衆,亦必堅持到底,雖犧牲個人資財,亦所不惜也,例如安氏曾倡船舶應用電力發動之說,其時羣加以強悍之反抗,而在安氏,則謂電力旣可用於陸地,爲得不可用於航海不多時,美國各海軍巨艦,果均應用電力,至於水銀鍋爐,實今世一種新奇物品,不僅在計畫與構造上,爲吾人所從未曾經歷者,即在熱力學上,亦有多大之進步云。

哈德和鍋爐 (Hartford Boiler) 曾經十五次計畫,始克作成,其他在斯格蘭 (Schenectady) 奇異廠 (G. E. Works) 試做者,亦各有多少成績,若哈德和鍋爐,乃係火管式,他則多爲水銀管式,總上言之,計畫此種鍋爐之要點,約有數端。(一)因須用多最水銀,(二)熱度不能太高,(三)使各部得自由伸張,不易損壞,(四)須防止水銀氣洩至空中,或空氣入鍋爐內,以起發化作用,(五)水銀氣工作後,再凝結成液體,須立刻回流至原鍋爐內,至於旋轉機之計畫,則較爲簡便云。

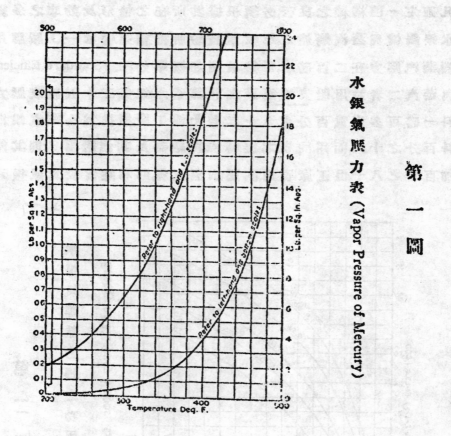

水銀氣壓力表 (Vapor Pressure of Mercury)

第一圖

上述鍋爐,前已在斯格蘭工廠 (Schenectady Work) 試用,該廠用是項鍋爐工作數週,開結果甚爲圓滿.當停止時,鍋爐內仍滿貯水銀,惟有少點養化汞,及其他固體存留鍋爐內.是故管內有過熱 (overheated) 及凹凸之弊.

水銀鍋爐之優點,殆因水銀蒸發 (當35磅表壓力.華氏812度) 後.用以發動旋轉機.再可利用其廢氣 (Exhaust) 之熱量,(照哈德和鍋爐約當二十九吋與空壓力及華氏四百一十四度) 使給水變爲蒸汽.此項蒸汽又可發動其他原動機.故水銀凝結器,即蒸汽鍋爐是也.是以熱量之用於有用工作者,遠大於僅蒸汽一部份耳.其原熱效率,(Thermal—Efficiency) 約與內燃發動機相等. (11,000 B. T. U. 相當一個 Kilowatt hour)

　　大凡確定一種機械之良否,必須根據其所在之情形,及効率之多寡,以爲標準.水銀鍋爐與蒸汽鍋爐之比較,據實驗所得結果.譬如一工廠應用蒸汽旋轉機,蒸汽壓力在二百磅者,可得最高之標準効率. (Standard Efficiency) 倘水銀與蒸汽二者並用,照安培德氏之計算,當水銀氣三十五磅表壓力之時,每燃料一磅,可多出電百分之五十二.若此種工廠,撤換爲全部水銀機械,多燒燃料百分之十八,而用同樣之旋轉機,凝結器及其他附屬品;則其能力約須增加百分之八十.但工廠實用高壓水蒸汽者,則利益當較爲減損云.

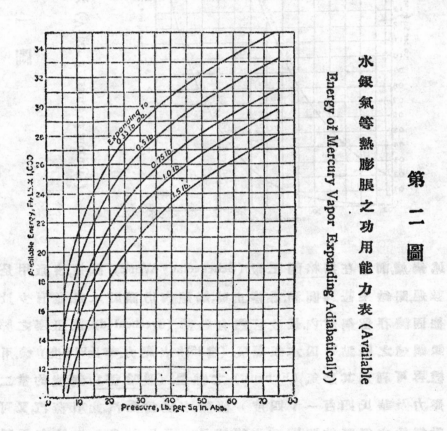

水銀氣等熱膨脹之功用能力表 (Available Energy of Mercury Vapor Expanding Adiabatically)

第　二　圖

　　第三第四兩圖,卽係哈德和水銀鍋爐之切面圖.旋轉機及凝結器(卽蒸汽鍋爐)證在鍋爐之上,故凝結之水銀,可利用其本身之重量,回至原鍋爐內.給汞唧壓機,(Feed Pump) 因之裁省.所需要者,僅一眞空唧壓機 (Vacumn Pump) 而已.至水銀管之接頭處,皆鍛接之,以防止水銀氣洩出,或空氣流入等弊.

　　鍋爐之燃料,係用油質.當火焰離開鍋爐時,即引其經過水銀加熱器.(Mercury heater or Economizer) 再而蒸汽過熱器, (Steam Superheater) 給水加熱器,(Feed Water Heater) 然後達於煙突.煙突之下,則置一吸引風扇 (Induced Draft Fan) 焉.至水銀氣,則由鍋爐經過旋轉機以達凝結器.迨復凝結爲液體,乃使其流入一罐內,(Sump) 再囘於原鍋爐.如此循環流動,毋須另加水銀.

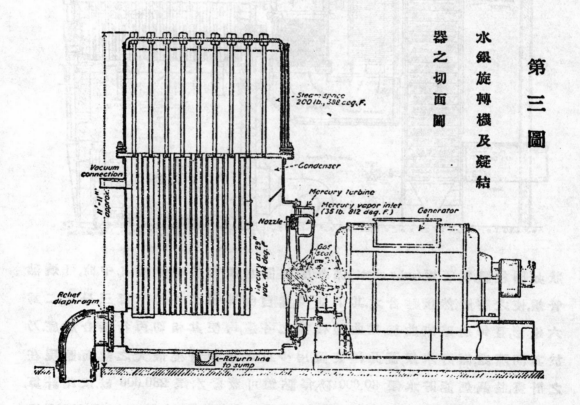

第三圖

水銀旋轉機及凝結器之切面圖

　　水銀旋轉機,係一層衝動式. (Single stage impulse type) 水銀氣由三十五磅高壓力,膨脹至於二十九吋眞空之低壓.鍋爐則爲直立式, (Vertical type)

第 四 圖

水銀鍋爐及加熱器過熱器之切面圖

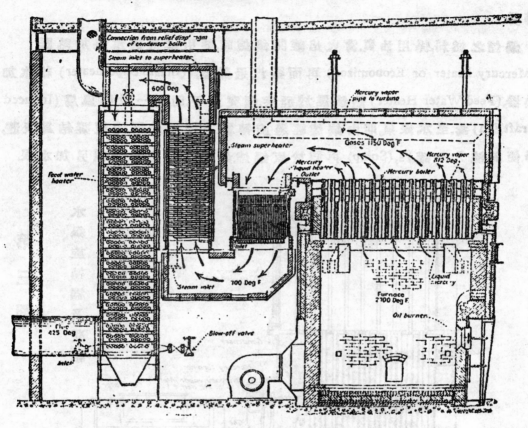

狀如圓柱體.制管板(tube sheet)係單層.裝置水銀管於制管板孔中時,可燒熱管端,使之膨脹,然後錘合之.其下部須能自由伸張.又各管下部三分之二為六邊形,且每邊略成曲線,凡曲線相當之各邊,均使其相切,再行接合於底.乃於其間隙處,滿貯水銀,蓋此種裝置,用少許之水銀,可獲最大之熱面.照現在之計畫,設鍋爐能貯水銀 30,000 磅,每點鐘可蒸發水銀 230,000 磅.依此計算,每點鐘可獲發動機之能力 1,900 K. W. 又蒸汽 28,000 磅. (200磅壓力.100°F過熱溫度) 今所試用者,因欲測驗其如何能耐久,故未得上述能力.但吾人相

信倘燒足時,必能達到是項目的也.

水銀旋轉機之計畫,與蒸汽旋轉根本無多大區別,惟葉片 (Blading) 係用製物鋼 (Tool steel) 造成,以防止水銀之侵蝕核罐內 (Gland) 則盛有煤氣,(Illuminating Gas) 當停機時,此罐內煤氣,即出塞凝結器及旋轉機之空隙處,藉以免除空氣之侵入,致起養化作用也.

水銀鍋爐之凝結器外殼,爲一直立圓柱體,各管均限制於上部一單層制板 (Single tube sheet) 上,其下部則被封閉,但各不相切,因之得以自由伸張,無他阻礙.

水銀罐(Mercury sump) 乃爲一種濾物器,中置傾斜之板,(Baffles) 上部則懸鐵絲網一面,然後投入液體內,倘水銀罐藏有養化物,必浮於水銀面上,乃藉此板以括除之.

以上所述,不過哈德和公司之一步改進者,但吾人倘有兩種重大之限制,蓋該公司現所造成者,實不易於洗潔,而蒸氣壓力亦較常稍低,近來計畫者,有將其形改變爲顚倒 V 狀,水銀即貯於此 V 管內,而瓦斯亦從茲經過焉,此種鍋爐之計畫,冀其壓力之增加,及管內易於洗潔而已.

蘇俄敎授浦浦夫之紀念

蘇維埃俄羅斯大學敎授浦浦夫(Prot. Alevande S. Popov)爲電學家之泰斗,本年四月出版之俄國電工雜誌名 Electritchestvo 者,特爲出一紀念號,備述浦浦夫敎授之功續,該誌發行於一千八百八十年,主其事者爲俄國工程學會之電工股,其出版品實有足多者.

日本電氣事業之今昔

陳　紹　琳

　　魏近日本電氣事業之發達,有一日千里之勢,無論製造應用莫不蒸蒸日上,較之三十年前,眞不啻天上人間.今略述其發達概況諒亦吾國人之所樂聞也.

　　1. 電燈　當愛迪生發明目下通用之白熱燈之前,弧光燈實爲唯一之電燈.五十年以前之歐美學者,多苦心於延長弧光燈之燃燒時間,而彼時在日本工部大學之英國敎授愛爾登氏,亦硏究此事.於 1878 年三月,將弧光燈當衆實驗,此時皇族公卿,莫不光臨,一睹異象,是爲日本電燈事業之誕生,距今不過四十餘年前事耳.此後應用之於軍艦之探海燈,以發電機爲其電源但當時之人不知電燈爲何物,當局者恐招誤解,致有禁止港內點弧光燈之趣聞.1879 年愛氏發明白熱燈之後,日本卽採用之,於 1885 年竟供諸實用矣.至於電燈公司之設立,則首推「東京電燈株式會社」此公司創立於 1887 年,當時之資本爲五十萬圓,今已增資至二萬六千萬圓,其電力則自三十 H.P. 而至四十餘萬 K.W. 於東京電燈公司創立之翌年,神戶亦設立電燈公司,其後大阪京都名古屋等處,亦逐漸得享用電光矣.

　　現在日本之電燈數,依 1923 年之調查,每百人中有四十餘盞.而今年春間,則更有每百人中有六十餘盞之說,較之歐洲平均每百人中祗有三十餘盞之數,日本亦可自豪矣.今將逐年電燈數之增加狀況,列表於下,以供參考.

電燈發達狀況

年次	需用家數	燈　　數	燭　光　數	K. W.
1903	——	332,232	4,161,985	14,407
1904	——	385,039	4,450,701	15,406

1905	——	464,410	5,188,192	17,960
1906	——	592,668	6,612,351	22,889
1907	194,935	781,820	8,649,122	29,939
1908	296,055	1,120,970	11,848,592	41,639
1909	415,205	1,466,560	15,156,132	53,956
1910	599,138	1,949,047	19,307,816	68,020
1911	977,950	2,817,830	28,418,694	89,907
1912	1,565,474	4,094,661	38,610,636	118,206
1913	2,180,604	5,595,062	51,621,679	144,779
1914	2,730,638	6,994,440	65,421,703	158,949
1915	3,051,925	7,538,329	70,896,311	166,259
1916	3,744,141	9,035,468	98,020,153	181,376
1917	4,243,430	10,317,303	123,058,080	193,001
1918	4,860,978	11,900,683	146,914,252	201,986
1919	5,694,506	14,167,685	181,532,462	237,234
1920	6,423,857	16,135,397	211,153,241	279,308
1921	6,985,845	18,113,149	256,181,122	327,705
1922	7,896,718	20,522,324	307,123,757	401,659
1923	8,305,218	21,687,810	334,162,382	430,014

2. 電力　　最初電燈供給用之發電機,爲安迪生直流發電機,125V,25 K. W. 其原動機爲三十馬工率之直立蒸汽機至 1889 年,始有採用交流者,其電壓爲100V.然此時之交流,倘在試驗期中,故所用者槪以直流爲主,於 1892 年日本最初之水力發電所,乃創立於京都之附近.其原動機爲二座 Pelton Wheels,

1413

各120H.P.轉動安迪生直流發電機二座,各80K.W.,此後水力蒸汽雙方並進,至1923年末,日本全國之總發電力,(含未落成者)為2,973,188 K.W.而其中則水力為2,144,208 K.W.汽力為786,452 K.W.瓦斯力為42,528 K.W.依前年水力之調查,凡水力之可利用者,有2800處,共可發生8,000,000 K.W.而現今已開發,及在計劃中者,共1500 處, 5,000,000 K.W. 各發電所之容量,日漸擴充,如大同電力公司之讀賣及大井兩水力發電所,均在四萬 K.W.以上,東邦電力公司之名古屋火力發電所為七萬 K.W.又在計劃中之天龍川水力發電所為十餘萬K.W.東京電力公司建設中之蒸汽發電所,為二十餘萬 K.W.等等,至於送電電壓,則現今最高者為154,000 Volts,於美國 220,000 Volts送電開始之前,日本竟占世界高壓送電之第一位,亦足欽佩矣.

3. 電信　於1854 年美國之提督沛氏,獻一電信機於當時之將軍德川家定公後,在橫濱實驗,以示國人,是為日本電信事業之鼻祖.後於1869 年在東京橫濱間(約四十八華里,)開始通信.此時兩地間之電線為No.8 鐵線,電信機為 Breguets Dial Telegraph. 而司機者,則招聘英人以當之,今則全國陸上電信線之延長,約五萬四千華里,而電信機數,則約有九千具.電信之收發局,概附設於郵政局內,除鐵道電信外,罕有特別設立電信局者.以上乃指有線電信而言,至於無線電信,則日本於馬可尼發明之後,即從事研究,今陸上無線電信局,共有百十餘所,船舶無線電信局,約有六百八十餘所矣.

4. 電話　於1876 年美之倍爾氏發明磁石電話機之翌年,日本即有輸入.惟當時之送話器,尚應用現今受話器之原理,故雖於東京橫濱間亦非大聲不得聞云.至1890 年時送話器漸加改良,始創立電話公司於東京.當時之裝戶,僅百七十九處.彼時所用者,皆係本國製品,其後美國製品亦有購入者,但不久即倣造改良,今則概不仰給於外國矣.現今全國裝戶共有四十三萬餘家,而在工事中者,尚有二十三萬餘家,今將日本各大都市於 1923 年之裝戶數目,列表如下:

	已通電話者	未通電話者
東京	84,046	81,445
大阪	48,495	42,711
京都	17,631	18,548
神戶	16,234	14,971
名古屋	15,146	14,329
橫濱	10,600	5,445

於完全裝通之後,裝戶與全國人口之百分比,爲 1.3%　與 1900 年之美國情形相似.（參考本誌第一號19頁錢君文.）至於無線電話,則全國共有東京(JOAK), 大阪 (JOBK), 名古屋 (JOCK) 三處,均於今年開始放送矣.

5. 電氣鐵道　於 1890 年,在東京上野公園,開第三次內國勸業博覽會之時,東京電燈會社,曾運轉一電車,以示衆人,是爲電車運轉於日本國土之第一次.五年之後,始創設市街電車於京都,資本金爲三十萬圓,線路延長約四哩.當時京都之人,咸以怪物視之.電車之前.常有人執旗或火把爲之開路,亦新事業創辦時之一趣聞也.其後各地次第敷設有如次表;

京都電氣鐵道	1895 年創立
名古屋電氣鐵道	1898 年創立
京濱電氣鐵道	1899 年創立
東京市街鐵道	1903 年創立
大阪電氣鐵道	1903 年創立
橫濱電氣鐵道	1904 年創立

日本之鐵道,係採用狹軌制,且各地多山,隧道處處皆是.爲加大運輸力及減少旅客困苦起見,有非改汽力爲電力不可者.故企業家,技術家,以及官廳莫不注意於鐵道電化問題.東京附近各處,數年內定可見諸實行,電業前途,當另闢一新紀元矣.今再列表於下,以示其發達之槪况.

年次	事業數	軌道延長(哩)	電車數
1903	———	93	344
1905	———	202	1,145
1907	17	292	1,456
1909	20	351	1,806
1911	39	704	2,470
1913	60	1,110	3,990
1915	68	1,321	4,417
1917	75	1,422	4,539
1919	78	1,481	5,013
1921	77	1,653	5,822
1923	98	2,613	7,352

6. 電氣製造　自 1854 年,電信機傳入日本之後,卽苦心模倣,於 1869 年竟有電機製造廠之設立.1873 年奧國萬國博覽會中,亦有日本電氣機械之出品,且得名譽之褒賞.嗣後大小工塲,次第開設,今則此等工塲,已不知其數.凡關於電氣者,不問大小種類,日本之不能製造者甚鮮.茲賦列表於下,其亦可以見日本電氣製造能力之爲如何矣.

年次	電氣機械及雜品 （以千元計算）	電　燈 （以千元計算）	電　線 （以千元計算）	合　計 （以千元計算）
1909	5,275	767	5,903	11,943
1911	9,031	1,897	13,926	24,854
1913	11,903	3,810	22,003	37,726
1915	14,320	4,422	16,323	36,065

1917	49,545	9,947	52,675	112,167
1919	74,027	11,815	48,458	134,300
1921	118,046	13,859	72,019	203,924
1923	82,721	15,721	90,803	189,245

　　日本電氣事業之概況已如上述.於短期間內,日本竟能一躍而得駸駸於
歐美之間,雖云時機有以造之,而其國民毅摯之性,實爲其主要原因也.又日
本爲一天惠之水力國,無論窮僻鄉野,概能在電光之下生活者,其亦水力發
達之所致乎.木管一條,水輪發電機一組,其設備之不完善,有如兒戲,但鄉
間人之善於利用自然之力,令人驚羨不置.目下已開發及尚在計劃中之水力
已超過其能利用者之半,若再過數十年,則日本之水力將開發殆盡矣.有一
日本之水力事業家言,『日本實業界之有今日,水力有以致之也.又水力與
蒸汽雖於需用者言之,無甚差異,然一則侵蝕國家之富源,使之漸臨於盡,而
一則用之不竭,故於國家之經濟上言之,水力之優,不知高出於蒸汽者幾千
百倍矣.』徵諸事實,此言殊有至理,國人其亦知有所取法乎.

LIGHT WAVES AND OTHERS

By L. A. HAWKINS, ENGINEER, Research Laboratory,
General Electric Company

What are the longest and the shortest waves on earth? The longest wave on earth, or rather on water, is the tidal wave, which near the equator has a length from crest to crest of about 12000 miles. The shortest wave commonly known is probably the tiny ripple produced by a light puff of wind on a road-side puddle, with a wave length of perhaps an eight of an inch.

What sort of a frequency converter would it be that could change all the energy of a tidal wave into such tiny ripples? We may at least say that it would be a remarkable apparatus.

And yet every electric lamp operating on the usual sixty cycle lighting circuit is producing a greater change of wave length than from tidal wave to tiny ripple and doing it with 100% efficiency; for the sixty cycle electric wave is about 3000 miles long, while the longest light wave is only about three one hundred thousandth of an inch, and the heat waves to which the rest of the electric energy is converted, are most of them less than a ten thousandth of an inch long.

Within this astounding range of wave lengths spanned by our electric lamp, between the extremes of electric power transmission and light, lie all the radio waves, whose lengths are known in meters nowadays to nearly everyone, then the so-called Hertzian waves, of which the shorter ones, from about one tenth to a hundredth of an inch, were first successfully explored by our Nela Park research Laboratory three years ago, and then the heat, or infra-red, waves, with a range of about three hundred to one.

And even when we reach the light waves, we are far from the lower end of the scale. Just beyond lie the ultra-violet, and then the X-rays, and finally the gamma rays from radium, two hundred thousand times shorter than light waves, so short that to measure them in inches or millimeters would be more awkward then to measure the thickness of gold leaf in miles or kilometers, so that special units like Angstroms or millimicrons are used to describe them.

This enormous "gamut of radiation," as it is termed, is tabulated in terms, borrowed from music, of "octaves," an octave representing a range in which the wave length is halved.

If we may borrow this convenient terminology, we may say that the range of wave lengths, from power transmission to gamma rays, represents more than sixty octaves. Of these, less than one embraces all that we ordinarily term light, from the longest red to the shortest violet. Furthermore, nearly all the energy of radiation we receive from the sun falls within three octaves, with its maximum lying within the visual or light range, but extending a short way into the ultra-violet and further into the infrared.

During all his life on earth, up to less than half a century ago, man has lived content with this tiny band of color radiation, ignorant of the vast ranges on either side. Like a race growing up on a small island in the middle of the ocean, content with the resources at hand and ignorant of all the rest of the world—its towering mountain ranges and broad plains, its vast forests and mighty rivers, its endless arctic snow fields, its steaming jungles and burning deserts, so, for the hundred thousand years or so man has been on earth, while he has grown and multiplied, developing from the savage state of cave dweller, distinguished from the other predatory beasts only by a large brain, to the estate of civilized man, organizing governments, building cities, establishing industry and commerce, creating literature and the arts he lived contentedly with the three octaves of solar radiation, up to less than half a century ago.

It is within the last fifty years that man has expanded his three octaves to more than sixty, as the direct result of scientific research. First came the long waves of alternating current power transmission, then the shorter Hertzian and radio waves, then on the other side of the solar band, came X-rays and the gamma rays of radium, and less than three years ago the last of the intervening gaps was filled.

This enormous expansion of the radiation range known to, and much of it used by, man has brought him many great benefits, our present industrial efficiency would be sadly reduced were our electrical transmission systems obliterated, so thoroly has electric power supply become interwoven with our industrial fabric and so essential a part has it become. With the loss of radio, cummunications would suffer and the entertainment and instruction provided by broadcasting would be gone. Surgery and therapeutics would lose most valuable tools were they deprived of X-rays and radium.

But after all, apparently none of these radiations was utilized fifty years ago, and not only were there "cakes and ale" in those days but civilization had reached a high level and there probably was nearly as much happiness then as now, tho of a simpler kind. Apparently, therefore, we could dispense with all radiations outside the three octaves which comprize the great part of solar energy, and still live and be happy. We say "apparently," for we cannot be sure that outlying radiations, the relatively feeble, are not in some way necessary to our vital processes. Indeed, five years ago it might have been assumed that we could dispense with the ultra-violet part of the solar energy, but recent research has shown how vital to plants, animals and man are the ultra-violet rays.

Rickets, bone disease, and other ailments formerly attributed solely to under-nourishment, may result from the absence of ultraviolet light. The medical profession is utilizing ultraviolet light, apparently with frequent success, to cure such diseases, to combat superficial lesions, and to build up increased resistance to deep-seated infections, tubercular and other. Plants, seemingly, require the ultra-violet stimulus in the production of chlorophy. It therefore seems reasonably certain that, without the small division of the solar radiation which lies in the ultra-violet, life on this earth would not have evolved into its present forms.

Similarly we may, from the days of Pithecanthropus Erectus and before have been utilizing unconsciously radiations far outside the three octaves that our main dependence. This seems particularly probable as regards the very shortest waves, the gamma rays from radium and other radioactive matter. The ionizing effects of these rays are everywhere on earth, feeble, but constant and all-prevading, and may have had a part in chemical reactions essential to the evolution of man. We know that, indirectly, they have been most necessary to evolution. Thirty or forty years ago there were apparently irreconcilable incon-sistencies in the estimates of the age of this earth. Physicists, calculating from the measured rate of loss of heat from the earth's surface proved that the earth must have been in a molten state only one or two million years ago. Geologists, basing their figures on the rate of geological deposits, demanded twenty to thirty million years for the formation of the strats of the earth's crust. Biologistes, knowing how slow are evolutionary processes, were content with nothing less than a hundred million years for the development of present species of flora and fauna. For a time the physicist seemed to have the best of it, for his figure-were derived from direct measurement of present phenomena, not from estima-tes dealing with the distant past; but then came the discovery of radium and other radioactive elements, and the whole foundation of the physicist's calcula-tions cracked in bits and sank out of sight. A new source of energy had been found capable of multiplying many fold the effect of the latent heat of the earth's mass. As the physicist learned gradually how to incorporate this new factor in his calculations, he became willing to grant the geologist and biologist all they asked and much more, Today, all branches of science are coming to an agree-ment that the formation of the earth's crust took place more than a billion, and probably more than a billion and a quarter, years ago.

So whether or not gamma rays are in any way essential to the maintenance of life and civilization at the moment, it is certain that, without the radio-active material of which they are a product, evolution would never have had time to reach the mammal stage.

The case of radio-active material is an exception to the old saying that all earth's energy comes from the sun. Ratio-active energy comes from that stored in the atom itself and is neither affected in any way by solar radiation nor by anything that man has yet been able to do. The last octaves of the "gamut of radiation" are like Kipling's famous feline "that walks by himself, and all places are alike to him." Man may take them as he finds them, and utilize them as he is learning to do, but they remain as yet uncontrollable, like the essentially undomesticated cat, "waving his wild tail and walking by his wild lone."

The rest of the sixty octaves man produces now at will, tho he must always begin with the three octaves of solar energy. From that energy, stored in coal fields or in hydraulic heads, he generates the long waves of electric energy for power transmission. From electric energy in turn he produces the other octoves, radio, and Hertzian, infra-red, visual, ultra-violet, and X-rays. Thus, in another sense, the incandescent lamp is a transformer,—a transformer of time, As it receives its current from a steam-operated power station, it is releasing for this minute's use the solar energy of tens of millions of years ago. Doubly remarkable, then is this simple incandescent lamp, as a frequency converter with a ratio of more than a trillion to one and as a time transformer of perhaps a hundred million years.

It is only in the light range that man can usefully supplement outdoors the solar radiation in the three octaves where it reigns supreme. The New Yorker, standing in Times Square on a bitter January night, endures the same degree of cold that made the savage redskin shiver who perhaps stood on the same spot five hundred years ago that night. He has warmer clothes to protect him and incomparably better shelters to seek refuge in, but the rigor of winter cold is not softened one degree by all the marvels of civilization that surround him. When the sun goes down, the cold becomes more bitter, just as it did five hundred years before. But, whereas his dusky predecessor on Manhattan groped in darkness, our modern New Yorker is walking in a blaze of light. If we cannot repair the loss of heat at sunset, we can and do repair the loss of light. On all our streets in city, town and village, bright lights burst forth at nightfall to hurl back the gloom with their defiant beams. Motor head-lights sweep the dark from highway and from country road. Higher and higher standards of illumination on streets, on boulevards and parkways, and now on highways, are proclaiming that, in the field of light, and there alone, man is winning his independence of the sun. There is philosophic truth in the characterization of electric light as the "only rival" of old sol.

通　俗　工　程

電燈淺說

吳玉麟

歷史　五十年前愛狄生氏煉製炭絲,通以電流,使其發熱生光,是爲近代白熱電燈之嚆矢.後四年愛氏創辦電燈公司於紐約,其所製之炭絲燈泡,頗受當時社會之歡迎.但草創伊始,缺點甚多.厥後愛氏黽勉從事,力求改良,故電燈製造,年有進步.迄乎前淸末葉,科學家利用電爐之高熱冶煉炭絲,遂造成所謂金化炭絲電燈,(Metalized Carbon Lamp)較諸愛氏原製,光彩旣佳,耗電又省,故得以風行一時.然自鎢絲電燈盛以後,該項燈泡,漸有相形見拙之勢,銷路式徵,已在淘汰之列矣.

自光宣以來,炭絲燈之根本弱點,日以顯著.探究家遂移其目光於金屬絲燈泡,以謀另闢途徑.於是鋨絲鉭絲鎢絲諸燈,接踵而與.然多曇花一現,不久消滅,其中惟鎢絲電燈,能與時俱新,至今猶方與未艾也.

民國元二年間,奇異公司將鎢絲燈泡,盛以淡氣製成,所謂『哈夫』電燈,其光與太陽無大異,用之能使黑夜耀如白晝,而其耗電僅及普通電燈之半,故當時人士,莫不歎觀止焉.

白熱電燈之特性.

甲.效率　依交氏定例Wien's Law輻射體之熱度愈高,則其發光之効率亦愈大.例如眞空式燈絲之熱度爲攝氏二千一百度,每燭光耗電一華脫.盛氣式燈絲熱度爲二千五百度,而每燭光之耗電僅半華脫,亦可見燈絲熱度與其發光効率之關係矣.然燈絲熱度高,則其沸化速;沸化速則燈之壽命短.故燈絲之熱度,亦有其最高限度焉.

乙.壽命　電燈之壽命,有物質與經濟壽命兩種.自電燈初用時起,至絲斷時止,所經過之鐘點,謂之物質壽命.自電燈初用時起,至其燭光減至十分之八時止,所經過之鐘點,謂之經濟壽命.因普通電燈之壽命,爲一千小時.過是以往,燭光日以少而耗電日以多,故不若換新燈之較爲經濟也.電燈燭光之減少,半由於燈絲之沸化,其表面漸呈凹凸不平之狀,而失其發光效率.半由於燈絲沸化之分子黏附於燈泡之內面,致所發之光,不易傳出也.

　　丙.電壓變化與電燈壽命及燭光之關係　　由是言之,電燈壽命之長短,全係於燈絲沸化之遲速.電壓過高則燈絲之熱度驟增,而壽命因以短促.若電壓過低,則燭光銳減.無論過高過低,皆足以引起用戶之不滿,故規定一適宜之電壓而維持之,實爲辦電燈工程之先決條件也.

　　丁.電燈開關次數與壽命之關係　　凡金屬抵抗電流之力,與其溫度爲正比例.當開關初開時,燈絲溫度尚低,故其電抵抗力亦甚薄弱,於是電流乘虛而入,致燈絲熱度驟高,沸化增速,燈絲不無損傷.開關每開一次,燈絲即遭一次打擊,故開關頻繁,爲電燈短命之一,因此用電燈者不可不知也.

鎢絲電燈 (Tungsten Electric Lamps)

　　甲.鎢絲之優點　　今日電燈所用之燈,絲多係鎢製.按自有白熱電燈以來,金屬絲燈泡之行於市者,不下數十種,然多係起倏滅,鮮克持久,惟鎢絲燈泡,歷刦不磨,稱電燈中之魯靈光殿,實以鎢絲之獨天厚故也.蓋鎢絲之優點有四:原子量重,不易沸化,一也.鎔解點高,能耐熱度,二也.阻電力強,可用粗絲,三也.性質堅韌,不易摧折,四也.故鎢絲實爲電燈絲最適宜之原料也.

　　乙.鎢絲電燈之種類　　鎢絲燈分眞空式與盛氣式兩種,眞空式者其泡中空氣用機器抽出,防燈絲之養化也.然泡中氣壓既無,燈絲沸化甚易,故熱度不能提高,而效率亦因之而低,此眞空式之缺點也.近年以來,電燈製造家鑒於眞空式之弊,於燈泡中空氣抽出後,又實以淡氣,名之曰盛氣式.（Gas filled Type）即今日市上所盛行之『哈夫』燈泡是也.按盛淡氣之作用,在使燈絲無從養化,而泡中氣體又可防止燈絲之沸化,故雖熱度加高,而燈絲不致有過分之消蝕.此種燈泡効率甚高,而光彩亦較與空式爲光明.然因製造手續之繁,成本亦鉅.總之眞空式價廉而耗電多,瓦氣價昂而用電省,二者各有短長,孰舍孰取,須將物質之需要及經濟狀況,通盤籌劃,未可以率爾斷定者也.

美國汽車事業發達史

柴志明

就廣義言之,凡藉機械力以運行之車輛均得稱爲機車.Motor Vehicle故機車可分三種:(一)蒸汽車,Steam motor (二)汽油車,Gasoline Motor (三)電動車.Electric Motor 各種依次發明,循序進步;惟今日之汽油車,其發達遠勝其他兩種,故吾人恆以汽油車爲各種機車之代表,而稱之爲汽車.

一七七〇年法人喀諾 Cugnot.始造蒸汽車.其車凡三輪,燃鍋爐發蒸氣,蒸氣推動汽機,車即前進,計每小時僅行二哩半,若與今日之汽車速率每小時行百哩相較,何啻天壤!英國之汽車始祖當推屈維雪克.Trevithick屈氏費三年試驗功夫,於一八〇三年造成蒸汽車一輛.車輪徑長十呎,每小時能行十哩.迨至一八二三年,復經詹姆斯 James 之改良.英國汽車事業漸形發達,長途汽車,公共汽車,同時勃興焉.

一八七〇年以後,汽車發達之重心移至法國.一八八八年,法人薩保雷 Serpollet 之三輪蒸汽車造成,蒸汽車遂異常發達.同時汽油車亦漸萌其芽.一八八四年德人但蘭 Gottlieb Daimler 發明汽油車.其機械係四循環 Four-cycle.翌年德人斑士 Carl Benz 又發明一種汽油車.其機械係兩循環,並用電氣火星機關 Electric Ignition System 矣.但蘭與法國潘哈特雷華沙 Panhard and Levassor 車輛公司訂立合同,開始製造汽車.閱八年之試驗,方竣其功,其汽車之構造,與今日之汽車大致相仿,此三十年前事也!一八九六年世界第一次汽車競賽,在法國舉行,自巴黎至馬賽,第一名以六十五小時駛至.其進步不可謂不速.自此以後蒸汽車遂大衰.

三十年前,美國無汽車事業之可言.自一八九五年芝加哥舉行第一次汽車競賽後,汽車公司遂風起雲湧,遍行國中.推其演進之跡,可分四期.

第一期　　　一八九五——一九○○年　　　萌芽時代
第二期　　　一九○○——一九○八年　　　製造時代
第三期　　　一九○八——一九二二年　　　發達時代
第四期　　　一九二二年——　　　　　　　私有時代

第一期　芝加哥時事提報 Times-Herald 主筆柯爾薩氏 H. H. Kohlsgat 偶閱法國畫報,見汽車競賽之事,足以引起社會之興趣,而鼓勵汽車之製造也;乃醵資一萬元,以五千元作獎金,五千元作籌備費.登報後,陸續報名者,竟有六十餘人之多;然多數爲寒酸之發明家,咸向柯氏索款製造車輛,以便競賽.柯氏不得已,遂以此事直陳於克里夫倫大總統,請求派陸軍部籌備競賽事宜,因汽車之成功與陸軍之輸運關係至爲密切也.總統從其議,遂由梅理將軍主其事.梅將軍延聘委員八人.凡與賽汽車均經委員察驗焉.

一八九五年十一月二十八日感謝節,爲競賽日期,適逢大雪.往觀者雖擁擠之至,然能久冒風雪,目擊終點者,僅五十人耳!賽程凡五十二哩.自芝加哥約克生公園出發,至伊文思頓駛回.第一名爲寶耶汽車公司 Duryea Motor Wagon Co. 所得獎金二千元.其後八名均有獎金云.

此次競賽雖遇大雪,然結果良佳.羣見汽車之可爲交通利器也,遂爭相製造.自一八九六年至一八九九年四年中所創辦之汽車公司至今日猶存在者,如左:

海恩司安潘生汽車公司　　　Haynes Apperson Automobile Co.

司單來汽車公司　　　　　　Stanley Motor Carriage Co,

文頓公司　　　　　　　Winton Co.

渥爾芝汽車公司　　　　Olds Motor Works

奧吐卡公司　　　　　　Autocar Co.

此萌芽時代之情形也。

第二期　第二期在汽車發達史上佔重要之位置。蓋今日全國之大汽車公司十之八九成立於此數年之中。今將本期內各公司成立之先後列表如左:

一九〇一年　　華德 White　　愛爾麼 Elmore

一九〇二年　　加地來 Cadillac　　奧朋 Auburn

一九〇三年　　比斯安樂 Pierce-Arrow　　弗蘭克林 Franklin

　　　　　　　麗特 Ford　　渥弗倫 Overland

一九〇四年　　別克 Buick　　馬克斯威爾 Maxwell

一九〇五年　　李霍 Reo

一九〇〇年紐約芝加哥二處依次舉行全國汽車展覽會。從此每年舉行以資觀廳。亞力山大文頓氏 Alex. Winton 是年加入法國汽車競賽,震動全歐。美國汽車與歐洲汽車競賽,是其嚆矢。

本期中關於汽車發達有可述者;如美國汽車俱樂部樹立路牌,編印行路指南,鮑叟 Bowser 創設汽油貯藏站,哈得福 Hartford 發明震動減少器,瓊斯 Jones 發明速度表,均足以便利汽車之應用,而增加汽車之製造,一九〇〇年之汽車僅有一汽缸,一九〇一年則有二汽缸四汽缸,一九〇五年且有六汽缸矣!故汽車之製造,其進步以本期爲最速,誠製造時代也。

第三期　本期之始,麗特 T 式引擎汽車上市。一年之中所造之車竟達二萬餘輛,前此未之聞也!是年 *全美汽車公司 General Motors Corporation 成立,全美汽車公司與麗特汽車公司共執汽車事業之牛耳,而汽車之發達乃蒸蒸日上,今將六年之產額列左,可知本期汽車之發達矣。

年　份	產　額	較去年增加之百分數
一九〇七	四四,〇〇〇	…… …… …… …… ……
一九〇八	六五,〇〇〇	四七.六%
一九〇九	一三〇,九八六	一〇〇.〇%
一九一〇	一八七,〇〇〇	四三.〇%
一九一一	二一〇,〇〇〇	一二.三%
一九一二	三七八,〇〇〇	八二.〇%

　抑尤有進者,美國汽車之發達與薩而登專利權 Selden Patent 之判決無效,關係至鉅.先是巳得專利權之汽車公司有執照汽車公司總會 Association of Licenced Automobile Manufacturers 之組織,無專利權者,不准自由製造.本期經福特氏獨力抗議,紐約法庭於一九一一年一月始將薩而登專利權判決無效.自後無論何人,均得自由製造.汽車製造之門戶大開,汽車事業亦因以猛進矣.

*全美汽車公司乃下列諸公司之大組織也.

歇佛來汽車公司	Chevrolet Motor Co.
別克汽車公司	Buick Motor Co.
加地來汽車公司	Cadillac Motor Co.
渥克倫汽車公司	Oakland Motor Car Co.
渥爾芝汽車公司	Olds Motor Works
北道引擎製造公司	Northway Motor and Mfg. Co.
全美貨汽車公司	General Motors Truck Co.
威士頓摩公司	Weston Mott Co.
約邱威公司	Jackson-Church-Wilcox Co.
強平火星機關製造公司	Champion Ignition Co.
密歇根汽車零件公司	Michigan Auto. Parts Co.
密歇根翻沙公司	Michigan Casting Co.

本期關於製造上之發明,有足稱述者:一九一一年李蘭 H. M. Leland 創製電動開車機,一九〇八年施白林 F. Seiberling 創製造胎機器,一九一二年發明黑炭及加速劑,均足增進車胎之製造,一九〇九年修築印第安那省城高速度競賽路,是爲高速度汽車製造者之大試驗場,汽車之發達與有力也.

第四期　　自興汽車以來,平均市價每輛在千元以上,非富有之家,無力購備.迨至一九二二年福特汽車公司各工廠中,對於製造,管理,各方面力求經濟,遂有各種汽車市價一律減去五十元之效果,翌年又宣佈分期付款購車辦法.中等階級每月收入在百元二百元之間,以前無力購備汽車者,出入亦以汽車聞矣!各公司鑒於福特汽車減價之收效宏大,遂爭相步其後塵,於製造管理各方面,力求經濟.汽車市價因以大減,而成今日全國有汽車一千五百萬輛,平均每七人一輛之情勢.故本期乃私有時代也.

關於製造上之進步,則有四輪製動器及海爾氏 J. E. Hale 發明之低壓車胎,又名汽球車胎.其他如分油器,濾氣器,以及車身之油漆,均有改良.預料一字式八汽缸汽車,將於最近數年中大盛也.

現在世界汽車事業,以美國爲最發達.推其原因約有數端:(一)美國富於石油,故汽車燃料取之甚便.(二)美國公司組織完備,資本宏大,故出貨迅速,產額日增.(三)幅員廣大,道路完整,便於行旅,又因商業發達,各商店運用貨品,以汽車爲最便.(四)汽車公司推銷出品,極意招徠,購買車輛每可分期繳費,且可以舊車貼價交換新車,又各公司出品零件大小準確,設有損壞,用戶可隨時向經售處購置配換,無枘鑿不入之弊.(五)國民平均財富,較他國爲高,故購買能力亦高焉.

附錄一九二三年世界汽車統計表及歷年美國汽車產額及註冊車輛數目表,閱之可知美國汽車事業發達之情形矣.

一 九 二 三 年 世 界 汽 車 統 計

國名或地名	客　車	貨　車	汽車總數
美 利 堅	13,464,608	1,627,569	15,092,177
英 吉 利	469,490	173,363	642,853
加 拿 大	554,874	87,697	642,571
法 蘭 西	352,259	92,553	444,812
德 意 志	100,329	51,739	152,068
澳 大 利 亞	109,157	8,934	118,091
阿 根 廷	85,000	850	85,850
意 大 利	45,000	30,000	75,000
比 利 時	45,000	12,000	57,000
西 班 牙	45,000	8,000	53,000
印 度	44,875	3,784	48,629
日 本	8,000	2,500	10,500
中 國	8,673	973	9,646
世界總計	15,847,824	2,175,760	18,023,584

表中自美利堅至印度,俱順序排列.其餘車數較少或地處偏僻諸國,俱未錄入,以節篇輻.

美 國 汽 車 產 額 及 註 冊 車 輛

年份	產　額	較上年增加之百分數	註冊汽車	較上無增加之百分數
895	300		300	
1900	5,000	29 %	13,864	60 %
1905	25,000	13.8%	77,988	34.5%
1910	187,000	43 %	468,497	50 %
1915	892,618	56.7%	2,445,666	43 %
1920	2,205,197	11.5%	9,231,941	22 %
1921	1,661,550	24.6%	10,463,295	13 %
1922	9,659,064	60 %	12,238,375	17 %
1923	4,086,997	53 %	15,092,177	23 %

原文附表甚多,因印刷費鉅,不得不爲割愛,讀者如欲窺全豹,請即函知本編輯部爲荷.　──編者

用 煤 常 識

徐 名 材

　　煤爲工廠動力之原,人人知之.但用煤者對於選擇之方,利用之術,恆不加注意,購買無一定之準繩,銷費憑工役之操縱,職耗巨資,莫知撙節.據歐戰時代美國政府之調查,最大電力廠燃煤一噸,能生電一千馬力,普通工廠平均僅發電一百二十馬力;若以價值計之,即電力廠費銀一元所發之電力;工廠備機自製,須費銀八元三角三分.雖二者設備不同,不宜相提並論,但當時各工廠經政府之指導改良,而電力產量即突進,有較原額增三倍以上者,足徵因用煤之不得當,而消耗金錢於烟爐中者不知凡幾.美猶如是,而況吾國.略述正當用煤方法,以爲主持廠務者之參考,或亦國人所樂聞也.

　　煤爲原料之一,歲耗多金,爲惜費計,自以選價廉者爲要圖.但煤質有高下,火力有強弱,價廉而生熱或少,用廉價之煤,未必能得廉價之蒸汽也.用煤目的,在於生熱,以熱量與售價相比,選擇熱力最廉之煤而用之,較之僅計煤價者爲進矣.顧同一熱力之煤,而燃燒或有難易之分,易者用力少而費輕,難者用工多而費重,僅恃最廉價之熱量,仍未必能得廉價之蒸汽也.故選煤之法,二者須兼籌並顧,就煤力言,旣須以最廉之價,得最大之熱量,就性質言,又須與工廠設備相稱,不至有費時耗金之虞,此其大較也.若分析言之,須注意者,約有下列數端.

(一) 煤力足.　汽鍋發生之蒸汽,其汽壓須達相當高度,方能應工廠之需要,故選煤以此爲第一義.若煤力不足,雖價廉質美,不宜採用.

(二) 來源穩.　來路穩定,取用便利,若供給常斷,臨時改用他煤,必致困難叢生.

(三) 運費輕.　運費爲煤價之一部分,煤在產地價值或相等,而以運費高下之不同,到廠成本隨之而異,故以路近費輕者爲相宜.

（四）儲藏便.　煤有堆儲經年損蝕無幾者,亦有因多含揮發質或硫分之故,易爲空氣侵蝕,或致自行燃燒者,購時不能不注意.

（五）增熱易.　工廠用汽雖有定量,而緊急時或須增加,故同一質地之煤,尤以當加速燃燒時,能發生逾量蒸汽者爲上選.

（六）發烟少.　煤燃燒時發烟多寡,隨汽爐構造而異,不能槪論,平常易發濃烟之煤,用機器加煤法,可以無煙燃燒,即一明證,但發煙多,則煤中炭質未盡燒淨,即自烟突放出,所含熱量,無形消耗,故在同一設備之下,自以選烟少者爲宜.

（七）硫質低.

（八）灰分少.　硫質多,易致爐柵等物之鏽蝕,灰分多,則發熱之成分減少,故均以少爲貴.煤礦中恆用冲洗法減去二者之合量,大約含灰分百十硫質百四之煤,可洗去五分之一.

（九）修理省.　修理費用,視煤之燃燒狀態爲衡,灰質易熔者,遇高熱即熔化,冷復硬結,有損蝕爐底爐牆等之虞,改換修理,耗費隨增.故灰質熔度,亦爲選煤一要點.

（十）用工省,除灰易.　生火除灰,均須工力,爲蒸汽成本之一部分,故以燃燒易而除灰不費力者爲佳.

　　煤之成分,約別爲五,曰水分,曰膠質,（一名揮發物）曰固定炭質,曰硫質,曰灰分.檢定此五種物質分量之方法,名曰物質分析,普通驗煤,即用此術,其大槪如左.

　　甲.水分.　取煤樣重約一公分,秤準後以低溫度熱之,約一小時取出,待冷後覆秤之,其所失之重量,即爲水分.

　　乙.膠質.　含量富者燃燒易,而發烟亦多,檢定方法,取已去水分之煤,置有蓋小鍋中,在高溫度（約攝氏表950度）熱七分鐘,冷後覆秤,其所失重量,即爲揮發物之重.

丙.灰分.　膠質遇熱化氣後,其留遺鍋中者卽爲焦炭,內含炭質及灰分.除去鍋蓋,置空氣中燒至極熱則炭質化去,而所留者爲灰分;其含量多寡,取已燒後之重與空鍋之原重相減卽得.灰分係矽酸鋁等合成,燃燒時不能生熱,購買輸運,均以煤質計算,旣有虛耗金錢之虞,而灰渣過多,清除又復需費,故煤中灰分以少爲貴也.

丁.固定炭質.　卽焦炭中所含之炭質.以所用煤樣之重作百分計,減去水分.膠質.灰分等之百分數,所餘者卽爲固定炭質之量.

戊.硫質.　硫質燃時,發生硫養=氣,性能侵蝕鋼鐵.故含硫以少爲佳,其多寡可用化學方法檢定之.

煤之熱力,可從分析計算,亦可用量熱器直接檢定.量熱器內有一密封圓罐.以容高壓養氣罐外容水,以收熱量,置煤罐中,加入養氣,通電燃之.其發生之熱,傳至罐外之水,由水之重量及其溫度增加之數,卽可計算熱量之多寡.但是器價值頗貴,佳者約須千元,試驗手續又繁,非熟習者不易得精確結果,國內試驗所中有此設備者,尚不多覯也.

計算熱力之法,可用下列方程式:——

$$每磅熱力 = \% (81.5 \times 炭 + 甲 \times 膠.)$$

式內炭爲固定炭質之百分數膠爲膠質之百分數卽由物質分析所求得,每煤百分中之含量;甲係一定數其大小隨膠質而異,大約膠質在百分之十五下者,甲作130計,十五與三十間者,甲作100.三十至三十五者,甲作95,三十五至四十者,甲作90,依此推算,其所得熱量,較之用量熱器所檢定者,相差恆不出百分之二也.

煤之種類,約別爲六,一白煤,二低質白煤,三高質烟煤,四普通煙煤,五低質煙煤,六褐炭.

白煤　體質堅硬.光澤可鑑.含炭質多,而揮發物少,著火不易.無燄無烟.熱力不甚高,而價亦最貴,故以家用爲最宜,不合普通工廠之需也.市售白煤有大如卵者,有小如米者,熱力相等,而小者灰分較高.

低質白煤　燃燒無煙,狀同白煤,而堅硬遜之.炭質亦不如白煤之高.

高質煙煤　此煤含炭較煙煤爲多,燃燒時發煙甚少,故亦可視爲無烟煤之一種.其佳者熱量較他煤爲高,適合汽爐之用,軍艦商輪尤爲相宜,質地鬆脆,遠道轉運,易成煤屑,或不爲用者所喜;第新式汽爐之有加煤機者,即粉碎無妨也.

普通烟煤　色黑或棕,種類甚多,有發煙甚少不易硬結者,宜爲汽爐之用.有燃燒未盡硬結成餅者,合製焦炭之需.有化氣甚多光餤甚長者適於製造煤氣及工廠熔爐之用.

低質烟煤　質鬆色黑,含水甚多,露置空中,則水氣蒸發,而化成粉屑,且有自行燃燒之虞,輸運時須閉置車中.揮發物多,製氣頗宜.

褐炭　色棕熱量少,含水甚多,破碎極易,故不能經長途輸運有製成煤屑或炭結者,亦有主張製造煤氣爲發電之用者,將來或成重要燃料,亦未可知.

各種煤質,高下不齊,約略言之其成分區別,大概如下.

種類	水分	膠質	炭質	灰分	熱量(每磅)	灰之鎔度
白煤	2.8	1.2	88.2	7.8	13300 B.T.U.	
低質白煤	4.6	13.5	76.7	5.2	14400 ,,	2600°F
高質煙煤	8.6	32.4	51.3	7.7	12800 ,,	2350°F
普通烟煤	10.1	32.7	41.5	15.7	12000 ,,	2100°F
低質烟煤	22.4	41.2	32.2	4.2	8100 ,,	
褐炭	34.4	25.9	30.9	8.8	7700 ,,	

就上表觀之,灰分多寡,參差不一,與煤之種類無直接關係.水分高下,亦因氣候及煤層之不同,時有出入,不能概論.惟膠質及固定炭質二者,循序增減,膠質愈多,即固定炭質愈少,普通分類法,即以二者之比例爲標準也.灰之鎔度低者,遇熱即熔,冷成硬質,清除費時,故熔度之檢定,亦恆爲選煤之一助.

煤之生熱由於其中炭輕二質與空氣中養氣化合之所致欲求盡煤之用,以燃燒完全為第一義燒煤不宜太速以每小時每方尺四五十磅為適當,煤層宜薄而匀,加煤宜少而頻煤渣宜鬆散不宜硬結空氣宜流通,不宜太多即有勤敏之工役,亦不能刻刻留意,而使加入之煤適當燃燒,以發生最高之熱量,故用煤多者,自以採用加煤機器為宜外國工廠中因此節省靡出者,比比皆是,如某廠昔用每噸七元之煤,年費八千四百金自添置加煤機後,改用每噸四元之煤,而年費不及五千金;日本某煤礦因裝置加煤機而能利用熱量不及褐炭之廢煤其例甚多也。

欲知燒煤之是否合法可視爐氣之熱度及成分檢量而得蓋突排出之氣所含熱量,不宜太多,故宜時時檢驗熱度,以為燒煤遲速之標準至爐氣中炭養二氣成分太低,即燃燒不完全之證,大抵普通爐氣含炭養二氣約百分十至十二,用機器加煤者達百分十二至十六,可以化學分析法檢定之,或用炭養二量表自動紀錄者,較分析尤為便利辦工廠者能就熱度成分二端,加以考察,可免虛耗熱量之虞若更能注意煤之性質,擇其宜於工廠設備,而熱量代價又最低者購用,自獲最經濟之用煤法,不至虛擲千百金錢於爐煙漂渺之中也。

國內工業不振,每以成本太貴,不能與舶品競爭,其原由不一,而工作之不能經濟,實為主因,煤為工廠必需,廠銷鉅額,或惟價廉是求,或以易燃為尚,質劣熱少,真之措意;即選擇得當,而燃燒不合法,仍不能盡煤之效用,無形損失,何可勝計,苟能依據學理,精事探討,誠輕成本,效可立見或亦振興工業之一助也。

雜　俎

美國硬式氣艇之遇險

美國海軍部自造徐柏林式氣艇 Shenandoah 號,於一九二三年九月落成以來航行成績,素屬滿意.曾遍歷美國重要都市;參與艦隊會操,椗泊軍艦繫椗之上;於一九二四年正月遇每小時速度七十英哩之颶風,吹斷繫纜,卒能安然駛回原處,故海軍部有用以探險北極之議,後因事未果.不幸於本年九月初航經屋海華省,遭暴風吹壞墜地,艇員遇難者十四人,餘均得救.此艇原名 ZR-1 號本誌第二期中,曾有其照像,及構造上詳細記載.當其建築之先,曾經航空製造專家精密設計,仿歐戰時協約各國俘獲之徐佰林氣艇 L-49 號而改良之艇身骨架力量及應力,由海軍部指定技術委員會複算委員中有科學家,有建築師,有造艦,土木,機械諸著名工程師,各人所學不同,見解及計算方法各異,而計算結果僉以為此艇之設計為可用.此次經此事變,實與美國工程界以重大打擊.然每一次失敗,即多一次教訓,徐柏林氣艇之得至今日,其間已經無數次改良與進步.究竟發明以來,為期甚促,難臻完善.此次遇險,何處為弱點,尚未完全證明,記者不敢妄斷.僅知屋海華省於秋季多旋風,嘗有數屋並穩,中間吹倒,兩旁無損者.以六百八十一尺長,輕如浮羽之龐然大物,設艇身半段,遇此旋風,首尾兩端,風向相反,則骨架受力,有如橫梁,風力過大斷難倖免斷折.總之吾人於風之內部情形,所知尚淺;觀象台之記載,尚欠精確,低速度之海舶,賴其報告,固可應用,氣艇航行,每日夜可千五百英哩空中風向,瞬息變化斷非一時一地之氣象報告可以適用也.將來氣象台加多,報告詳密,航行當念可安全.現在英美法義各國政府,對於氣艇構造計劃,仍繼續進行,不以此次事變而作因噎廢食之舉記者與此艇設計總工程師 Burgess 君,有同業之誼,亦深願其勿因小挫自餒,他日造成更偉大之成績,

爲遇難者吐氣也。　　　　（莘兢）

鉛四愛瑟耳(Lead Tetraethyl)與內燃引擎之效率

鉛四愛惡耳者,能除汽車飛機內燃引擎之『早着,』(Pre-ignition)最爲有效之物也.西名爲 Lead Tetraethyl 或 Lead Tetraethide, 化學式爲 Pb (C₂H₅)₄, 係一液體鉛炭氫化合物,發明於一八五四年.六十餘載來,除少數科學家而外無知之者.非彼無用於世,世人莫知其用耳.按內燃引擎如汽車飛機所用,以能用『壓率』(Compression ratio) 愈高,則效率愈高,因之燃料消耗愈少.但普通汽油,若用壓率稍高時,則汽缸內每有『早着』之患.衝動作響,如敲鎚然 (Knocking) 反損該引擎之效率.歐戰時美人殫精竭慮,研究可加於汽油之化合物,而能除此種『早着』之病,孜孜數載,而有C. F. Kettering 及 T. Midgley, Jr. 二氏鉛四愛惡耳用途之發明,時民國十一年也.普通汽油中,加以千分之一或一千四百分之一鉛四愛惡耳後,用之於高壓內燃機引擎中,大加其效率.減少汽油消耗量至百分之二十五,其有功於汽油,汽車,飛機各業,誠非淺鮮.美人視汽車爲必需品,所用汽車占全世界大半數.通國計千餘萬輛,一聞鉛四愛惡之名,爭相用之.於是數十年無聲無聞之物,一時風行全美.兩年之間,愛惡汽油(Ethyl gasoline) 之消耗量,竟達二萬萬加倫之多.汽油站之用之者,以二萬計.其推行之速且廣,於斯可見.然物之有利者輒有害,鉛四愛惡耳,固毒物也.在高濃液時,其毒方之歐戰中最著名毒氣 (Mustard gas) (或芥氣)之毒,約一與二十五之比.故製造是物者,恆極力防範,週而且密,以期得其利而不遭其害.用之者則因汽油中所含之濃度極低,初無妨礙.至於內燃引擎所排洩之廢氣,雖含有鉛化合物,量更微渺,散布於空氣中,當亦無礙公共衛生.故愛惡汽油誕生以來兩載平安.不料去歲十月美紐結西省美孚油公司因造是物而工人中毒者不少,其中五人竟以毒死,於是全美輿論大譁,羣責售愛惡汽油者.美政府乃派調查團研究是物之用果否有礙於公共衛生,同時售家亦自動暫行停售,以待政府調查之結果,鉛四愛惡耳果可用而無礙公共衞生耶,抑可以代以其他無毒之物而收同等之效否,此正美國科學家年來積極研究而尚未能解決之問題.吾人對此題之發展,即不實事研究,亦可不加意乎.　　　　　(家覺)

美國飛機載運艦『雷克新登』之落成

『雷克新登』(U. S. S. "Lexington")爲美國最新落成之飛機載運艦.自華盛頓會議後,各國裁減軍備,美國乃將原有戰艦計劃,改造運送飛機之大艦,備將來空中戰爭之用.美國海軍部預擬在最短期內,完成三艦:第一艦名『賽頼吐茄』(Saratoga)於今春下水,目下尚未應用.第二艦即『雷克新登』與前艦爲兄弟舟,完全相似,已於十月三號落成.第三艦亦在計劃中,尚未定名.目下已在應用中者,祇有『龍格雷』(Langley)名之以光飛機發明者之名,其艦爲煤船『木星號』(Jupiter)所改造,軍艦之用蒸汽輪電機轉動者,此實第一.

『雷克新登』及『賽頼吐茄』爲西半球僅有之大船,在軍艦中足爲世界之王.該艦計長八百七十四英尺,闊 (Beam) 一百零五英尺.舟中之原動機,計有三萬五千二百啓羅華瓦特之蒸汽輪發電機四座,二萬二千五百馬工率之感應電動機八座.鑪爐計十六具,燃料均用石油,以減舟之載重.旋動輪 (Propeller) 有四,每輪上有四萬五千之馬工率.輪行每分鐘三百十七轉,舟行每點鐘三十九英里.電燈,轉舵,起錨,風扇等等,有六座直流電機以供給之,每座計七百五十啓羅華瓦,特另以蒸汽輪轉動之.艦中共有之電能,以美國現有之戰鬥艦, "New Mexico," "California," "Tennesee," "Maryland" "Colorado"及 "West Virginia"等等,六艦共有之電能,較之尚歉不及,偉大可想.

該艦之承造者爲『貝塞爾享造船公司』(Bethlehem Ship Building Corporation). 舟中之電機及蒸汽輪,則由奇異公司 (General Electric Company) 包辦云.　　　崇植

工程書籍紹介與批評

本欄自上期添入後,願豪讀者歡迎惟稿件來自各處,彼之所非或即我之所是,批評之標準不同,議論之態度各別.有批評過於奇刻者,編輯部對於原著者,頗有不安之處,尙望閱者自加鑒別,著者盡心校正,則幸甚矣.

影宋本李明仲營造法式

蒙江朱啓鈐刻印　　　　商務印書館出版

每部八册　　　　定價十元

是書爲中國建築術上稀有之書,珍貴可想前書共入册,關六册解釋建築物方面之工程及美術,後兩册則爲圖案,精細可愛允稱善本.甲寅週刊第十五期書林叢訊內有闞君宣穎之文,頗多闡發,因轉載之如下:

按李氏此書有宋崇寧紹聖兩次刊本.著錄於陳振孫書錄解題及晁公武郡齋讀書志.顧宋槧久佚四庫本乃范氏天一閣所進.後從永樂大奥中補其殘缺.卽後遭王所藏影宋完本.亦幾經藏書家竭力購求.珍爲鴻寶.今存江南圖書館者.爲張美川影抄本.四庫以外.餘此吉光.朱君乃據以與四庫諸本對勘景寫精麗.復從京師老匠.增繪木作圖樣.以證異同.開藝林之新境.發往哲之幽光.信乎偉觀也已.

朱君自序.標舉數義.皆有可稱.約寫其詞.用供研討.

——列朝營繕.皆取辦於賦役.宋代功限料例.當與晚近官價有別.按汴故宮記東京岳紀諸書所載竭天下之富以成偉觀.靖康刼後.輦來幽燕.伊古帝王.彙并侵略.遷人重器.誇耀武功.巨製宏工散亡摧毀.幸有明仲此書.古物雖亡.古法尙在.後人有志追求.舍此殆無途徑.法式所舉.證之遼金塔寺.元明故宮.造法固多符合.按之圖清會奥檔案及則列做法.亦復無殊.益信南宋至今之營造.靡不由此書衍釋而出.——夫居今圖稽古.非專有愛

於一名一物也.蓋古英傑之宮室器服,比類具陳,下至斷甍頹垣零榱敗楮.一經目擊,而手觸即可流連感歎,想像其為人,較之圖史詩歌,興起尤切.而濬發智巧,抱殘守闕,尤其顯焉者也.

右論闡發精鑿,吾無間然.但自五代紛亂數十年,隋唐文化已漸移而北.故兩宋之所承襲,較之遼金猶有愧色.王朴佐周以治城邑道路,顧著宏規.宋太祖造汴京,乃故令平直之道路,化為繚曲.古代經涂九軌之制,至此幾無所遺.抑可歎矣.汴京宮殿據宋人小說所載皆漆窗素瓦.以此見其儉陋.南渡而後,抑又可知.故其時使人至北,輒震驚於其壯麗工巧.見諸宋人記載者,不一而足.周煇北轅錄,蕭牆取則東都,終殫土木之費.然則李氏生當哲徽之際,其所見聞,亦不過爾爾.仍不足以概近千年來之建築學術.是又論古者所不得不辨也.所惜者前乎此之漢唐,與後乎此之金元,皆無遺書以徵若古之士.則此書卒不得不視為靈光之存.質之朱君,當不河漢斯言也.　　　　（宜穎）

材料强弱學　徐守楨著

商務印書館發行　定價大洋四角

材料強弱學,為機械與土木工程各項設計之基礎.但國人對于此道,絕少譯著,初學深感不便.徐君守楨本其歷年教授之經驗,而著此書,自非閉戶造車者可比.全書不及百頁.而于工程上各種重要問題如梁,柱,軸,鈞,鉚釘接榫,及鋼骨三合土之計算,無不具備.書中說理明顯,避去高深算學,以圖案助證公式,對于初學,最為相宜.我國工業學校敎育,大抵注意于代數式之計算,而略于幾何式之圖解,結果則學生自動之想像能力,每難發達.此書能兼顧公式圖案,且于每章之末,附有習題,以之充新學制高級工業學校敎材,顙足以啓發思想,增進理解.即工廠繪圖生及練習生,欲用以作參考自修書者,讀之亦無不便也.　　　　（昌祚）

實驗電報學 　曾清鑑譯

上海商務印書館出版　　定價六角

　　此書出版於今年春間,或為電報學中之唯一中文書籍,據作者自序言,是書乃摘譯西國電學家言之菁華.且作者閱書至數十百種之多,經驗在二十餘年之上,其書宜有莫大價值,乃考其內容殊有未盡然者.

　　第一章發電之理,只及電池之一種電報用電,頗多取給於發電機作者不著一字,未知何故.第二章磁氣遺略,取材膚淺.第三章通電報之器,尚無大疵惟樞件只及於簡單電報 (Simplex Telegraph,) 模式自動各種未道一字.第四章電報工程要略,似太簡陋.第五章電線之病,不及三頁,鄙意何不併入第六章測量法內,較為合體.測量法內除一耗阻測量法(Measurement of Resistance)外,一無所有.而其法又為用正切電表直接測量之一法,如Wheatstone Bridge,如 Murray Loop如 Varley Loop, 均未提及.餘如絕緣耗阻 (Insulation Resistance)之測法,電池內阻之測法等等,一律皆在刪除之列.磨而司點查記號,另成第七章,材料配置,似欠酌量.末章為收發電報規則,雖無關學理,亦足參觀焉.

　　譯名一節,殊多問題.曾君以酸釋強水導體為引電質, detector 為小測電表,Dynamometer 為纏秤, Tin 為馬口鐵等等,一誤於日本之譯名,再誤於工匠之術語,三誤於作者之草率,致書中隨處皆有不甚準確之譯名.電橋一名,意者當為Wheatstone Bridge之簡譯,乃曾君用以譯磨而司報機上之『螺絲接線頭』(工匠俗名,) 橋字之義何取,實難臆測.鄙意此名可譯為接頭,接榫,或電榫等等.雖不高妙,然尚可用,質之曾君,意云如何?

　　總之,是書內容,不出我國電報局中之所有.要知中國電報局簡陋異常,其機件其制度什九不足為訓曾君據為藍本,無怪其書之殘缺不全,類似歐美二十年前出版者.作者自云:『取材專適我國近今各局之所用,非所用者略之』曾君之意,為一般電報生而設,未始不可.但商務書館誤印為新制高級工業學校教科書,有累於曾君盛名者,殊非淺鮮焉.

　但原書有一特長,對於中國電報情形制度,陳述甚詳,電報生得之,未始無補,較諸一本應有盡有之電報學,或反切於實用也.　　　　　(受培)

今世中國實業通志

吳承洛著　　印刷中

　吳君承洛乃我黨飽學之士,現任北京工業大學化學教授,著述之刊行者不在少數.近年又復感於國內實業之無統計,一時欲於某種工業,得一可靠之紀載,顧覺困難,乃大發宏願,由調查參考等等,編成此『今世中國實業通志』一書,有助於工程界者實非淺鮮.原書分五十八篇.計有煤礦業,煤氣煤膏焦炭業,石油業,鐵鑛鋼鐵業,銅鑛業,(銀鎘附,)金礦業,錳礦業,錫鉛鋅鋁鉬鎢汞等礦業,土石類礦業,陶瓷業,水泥業,磚瓦業,玻璃琺瑯業,麵粉礪米業,罐頭糖菓餅干粉食類業,茶葉業,煙草業,糖業,酒釀業,(醬油汽水附,)植物油業,林木墾殖業,樟腦業,樹膠橡皮業,染料鞣料業,紙業,火柴業,(爆業附,)鹽業,(膏鹽附,)鹼硝鉀礬硫酸等業,顏料油漆等業,皂燭類業,化裝藥料業,肥料骨粉業,皮革業(皮膠附,)屠宰業(歐脂蛹油附,)蛋粉乳品業,魚業,蠟業,棉業,紙業,織業,麻業,蠶繭絲綢業,獸毛業(髮網附,)毛織業,道路業,鐵路業,河海水利業,航業,造船業,航空業,電業,自來水業,貨幣爐坊業,軍械業,機械及雜種製造業,金融經濟及貿易類業,實業研究及學術機關等等.是書竭一人之力,搜羅之富有如此者,實非易得,用特介紹,以廣流傳.至於批評,當俟窺全豹後,再問吳君請益焉.　　　　　(編者)

試　驗　報　告

雷峯塔磚頭試驗報告

淩　鴻　勛　　楊　培　瑔　　施　孔　懷

一.磚之來源　杭州雷峯塔,藏有佛經,爲西湖十景之一.自去秋坍圮後,坍倒之磚,羣相爭取.事關公物,官廳爲之保管,禁止攜取.本年九月,本會在杭州舉行年會,蒙杭縣陶知事,贈送十塊,由會長徐君君陶,攜來滬上,在南洋大學材料試驗室,作工程試驗.

二.試驗目的　晚近中外人士,對於我國古物,靡不珍愛,以其質地精良,製法完美,非時物所可比.本會此次試驗雷峯塔磚,其目的在確定古磚之強度,以便推測古代製磚法之優越,其亦考古之意也夫.

三.試驗方法　試驗分橫撓,擠壓,及密度三種.應用十萬磅材料試驗機器,依據規定標準,作縝密之試驗.十塊中除三塊損壞不能試驗外,共試七塊.

四.試驗結果　橫撓,擠壓及密度三項試驗結果及記錄列表如下:

雷峯塔磚頭試驗
橫撓試驗記錄及結果

磚頭種類……手製青磚　　　　　跨度………………十吋
試驗日期……十四年九月三十日　磚頭放法………平放

試驗號數	大 小 吋 數	最大橫撓力磅數	最大橫撓力每方吋磅數
一　號	$14\frac{1}{4} \times 6\frac{7}{8} \times 2\frac{1}{4}$	1010	436
二　號	$14\frac{1}{8} \times 6\frac{3}{4} \times 2\frac{1}{4}$	1220	533
三　號	$14\frac{1}{4} \times 6\frac{1}{2} \times 2$	870	502

四　號	14⅜×6¾×2¼	900	395
五　號	15　×6¾×2¼	1510	664
六　號	11¾×7¼×2¼	960	393
七　號	11⅛×6¾×2¼	2640	1160

最大橫撓力平均每方吋＝583磅

擠壓試驗記錄及結果

磚頭種類……手製青磚　　　　磚頭放法……平放

試驗日期……十四年十月一日

試驗號數	重量磅數	擠壓面積方吋	每立方呎重量磅數	最大壓力磅數	最大壓力每方吋磅數
一　號	4 ¼	5 11/16×5 13/16	99.0	94,190	2,850
二　號	4 ⅜	5 11/16×5 9/16	106.0	80,980	2,560
三　號	3 13/16	5 11/16×5 11/16	102.0	96,810	3,000
四　號	4 ½	5 ¾ × 5 ¾	104.5	99,650	3,010
五　號	4 1/16	5 ⅝ × 5 11/16	97.8	90,850	2,840
六　號	4 5/16	5 ⅝ × 5 ¾	102.3	97,480	3,010
七　號	4 ⅞	5 ⅞ × 5 ⅞	103.2	99,140	2,875

每立呎重量平均＝102.8磅

最大擠壓力平均每方吋＝2,878磅

擠壓試驗記錄及結果

磚頭種類……手製青磚　　　　磚頭放法……側放

試驗日期……十四年十二月十七日

試驗號數	擠壓面積方吋	最大壓力　磅數	最大壓力每方吋磅數
一　號	7 ¾ × 2 ⅛	15,290	924

二 號	7 1/2 × 2 1/8	28,650	1,800
三 號	——	——	
四 號	7 3/8 × 2 1/8	27,280	1,740
五 號	6 1/2 × 2 1/8	23,060	1,665
六 號	5 1/2 × 2 1/4	17,830	1,440
七 號	4 15/16 × 2 5/16	47,230	4,090

最大擠壓力平均每方吋 =1,943磅

五.塔磚試驗結與其他古磚及時磚之比較. 今春本會試驗滬上造房應用之各種機製紅磚及手製青磚,前年北洋大學試驗太原及南京城磚.茲將結果,共列下表,精資比較:

雷峯塔磚頭與其他磚頭試驗結果比較表

比較項目 磚類	最大橫撓力 每方吋磅數	最大擠壓力 每方吋磅數		每立方吋重 量磅數	備 註
		平 放	側 放		
機製紅磚	661	2,677	——	107.3	本會試驗五種紅磚 平均結果
手製青磚	611	3,499	——	110.0	本會試驗一種青磚 結果
太原城磚	690	——	1,250	——	北洋大學試驗結果
南京城磚	490	——	1,455	——	北洋大學試驗結果 該磚經過千年
雷峯塔磚	583	2,878	1,943	102.8	本會試驗結果該磚 經過千年以上

六.討論. 觀試驗結果表,悉所試七磚,強度相差甚巨.中以第七號為最佳,扣之發鏗然如金石之聲,其硬如石.所以橫撓力及擠壓力獨強,重量亦高.其故想係該七磚非一窰所出,或即出自一窰,而因在塔上位置之內外,受風浸雨蝕之不同,至有此差.照現在塔磚平均強度而論,係中等造房磚實地.其橫撓力,比之太原城磚較低,比之南京城磚較高.其側放擠壓力,比之太原及南京

城磚均高,其每立方呎重量,比之近今青紅磚稍輕,然其橫撓力及平放擠壓力與現時之機製紅磚及手製青磚,無甚軒輊,磚在空中,雨時吸收雨水,晴則將水份蒸發.嚴冬奇寒,隙縫中水份,因而結冰;當陽春日暖,則凍解冰融,時濕時乾,時凍時融,於磚之堅強,關係實鉅,雷峯塔建築年代,考古家紛紜其說,然想必在千年以前.經風霜雨雪千年之侵蝕,而其強度,猶能與時磚相比擬,古時之製磚法,不亦優美也乎.夫工藝日趨進步,乃文明原則,時磚之不及古磚,非製法之退步,想因製造家冀獲厚利,祇求工省製速,而於原料之選擇,製造之縝密,皆不計所致.願我國製造家,注意出品之精良,而毋徒出產迅速之是求也幸甚.

本會新會員表 (續 233 頁)

(續 233 頁)

姓　名（字）		（職業地址或住宅地址）	專門
張謨寶（雲青）	Chang, M. Y.	（職）南京河海工科大學	土木
陳宗濱	Chen, T. H.	（職）吳淞永安紡織公司第二廠	機械
錢昌時（雍黎）	Chien, C. S.	（職）南通大生紗廠	紡織
錢鴻範（箕傳）	Chien, H. V.	（職）上海圓明園路8號怡和機器公司	土木
丘葆忠	Chiu, P. C.	（職）南京河海工科大學	河海
周延鼎（君梅）	Chou, Y. T.	（職）上海香港路10號萬國生絲檢驗所 （住）上海古拔路90號	管理
周維幹	Chow, W.	（職）廈門沙坡頭電燈廠	電機
傅　銳（无退）	Fu, F. Z.	（職）上海甯波路9號裕華墾植公司 （住）上海愛文義路聯珠里1561號	土木
許瀛洲（壽之）	Hsu, C. Y.	（職）上海東有恒路亞洲機器公司 （住）上海寶山路信義巷24號	機械
徐節元（夢周）	Hsu, C. Y.	（職）上海交通部南洋大學	土木
徐守楨（崇簡）	Hsu, S. C.	（職）杭州報國寺工業專門學校	冶金
徐恩第（東仁）	Hsu, U. D.	（職）上海南市華商電氣公司 （住）上海高昌廟江邊碼頭8號	電機
薛祖康	Hsueh, T. K.	（住）無錫裏黃泥橋下34號	機械
胡儒珍（孟超）	Hu, Y. T.,	（住）上海閘北川公路甄慶里1325號	土木
高　鑑（觀四）	Kao, C.	（職）南通公園路揚子建業公司	土木
顧公毅	Koo, C. N.	（職）浦東陸家嘴南洋兄弟烟草公司電氣部	電機
凌其峻	Ling. C. C.	（職）上海大夏大學 （住）上海海格路242號	一
陳敬宜（本義）	Liu, C. Y.	（職）奉天航空處	航空

鈕澤全 (步雲) Neu, C. T.　　　（職）北京交通部關慶車輛處　　　機械

范壽康 (谷泉) Van, Z. K.　　　（職）無錫周三浜慶豐紗廠　　　電機
　　　　　　　　　　　　　　　（住）無錫北塘張成衖東18號

王 瑆 (季梁) Wang, C.　　　（職）杭州報國寺公立工業專門學校　　　化工

楊樹松　　　　Yang, S. S.　　　（職）上海工部局工程處測量部　　　土木

楊孝述 (允中) Yang, S. Z.　　　（職）南京河海工科大學　　　電機

易俊元 (更生) Yee, T. Y.　　　（職）青島膠濟鐵路局工務第一分段　　　土木

葉 鼎 (扛九) Yeh, T.　　　（職）青島膠濟鐵路局工務第一分段　　　土木

謝雲鵠 (芝蓀) Zia, Y. K.　　　（職）上海閘北水電廠　　　土木
　　　　　　　　　　　　　　　（住）上海閘北廣東街岐家里13號

刊印『會務特刊』啓事

本會成立於今已逾八年.邇來會務日形發達.會員日報增加.顧於本會宗旨應辦事業,如發行會報,審定名詞,調查實業,試驗材料,搜集藏書,提倡論文,注重參觀,鼓吹公益,推廣職業及聯絡後進諸大端,多有進行未普.此皆會與會員,截然兩體.未能相互利用.其弊在聲氣不應.消息不通.專恃季報.無以資聯絡,迅赴大好時機而收合作實效.故第八屆年會中議決.本會亟應發行短期出版物.故始發行會務特刊.

該刊內容專載會務.約分下列數種:—

甲,總會會議錄,乙,分會分部報告,丙,委員股通函報告,丁,國內外會員消息.本刊體裁仿月刊格式,每月一期,每年十二期,每期頁數,不拘多寡.各會員尚希將應列文件,源源賜寄.俾臻完美而宏實效.是則本會所馨香以禱者也.

第一期會務特刊,已於十二月一日出版,

第二期定於十五年一月一日出版.

凡未曾收到該項特刊者,希函知本會書記處是幸.

會刊辦事處：上海江西路四十二號B字

編 輯 部：總編輯　　　　王彙植

土木工程及建築　李垕身　鄒恩泳
　　　　　　　　孫寳墀

電機工程　朱樹裕　謝　仁　陸法曾
無綫電工程　張廷金　李熙謀　朱其清
探鑛工程　李　儼　張廣輿　王錫蕃
機械工程　孫雲霄　錢昌祚　顧毓成
化學工程　徐名材　吳承洛　侯德榜
通俗　馮　雄　惲　震　楊肇燫

廣告部：　　　主任朱樹怡

印刷部：　　　主任張延祥

寄售處：　　上海商務印書館
　　　　　　上海中華書局
　　　　　　上海世界書局

分售處：　　北京工業大學吳承洛君
　　　　　　天津津浦路局方頤樸君
　　　　　　美國Mr. P. C. Chuang, 500
　　　　　　　　Riverside　Drive, New
　　　　　　　　York, N.Y.

定價：　每期大洋二角, 六期大洋一元.

郵費：　每期本埠一分, 外埠二分.

廣　告　價　目　表

地　　　　位	全　頁	半　頁
底　頁　外　面	八十元	四十八元
封面裏面及底頁裏面	六十元	三十六元
封面底頁之對頁或照片對頁	五十元	二十八元
尋　常　地　位	四十元	二十四元

RATES OF ADVERTISEMENTS

POSITION	FULL PAGE	HALF PAGE
Outside of back cover	$ 80.00	$ 48.00
Inside of front or back cover	60.00	36.00
Opposite to inside cover, or picture	50.00	28.00
Ordinary page	40.00	24.00

1449

1452

中國工程學會會刊

工程

THE JOURNAL OF
THE CHINESE ENGINEERING SOCIETY

第二卷第一號 ★ 民國十五年三月

Vol. II, No. 1.　　　　March, 1926.

中國工程學會發行

總辦事處上海江西路四十三B號

◀中華郵政特准掛號認為新聞紙類▶

CRITTALL METAL WINDOWS

葛烈道鋼窗公司

◀ 號 二 字 Ａ 路 江 九 ▶

◀ 六 六 九 央 中 話 電 ▶
　 一 三 九

本公司爲英國唯一著名之鋼窗製造廠開辦迄

今已逾五十餘載專門製造各種鋼窗鋼門以及

銅窗銅門等項前因鑒於中國各埠需用鋼窗之

殷故特在上海設立分行天津漢口等處亦均置

有經理處至於物品優美價格低廉交貨迅速等

等早承各華友所公認是以中國各大公司如

鹽業銀行

金城銀行

中央信託公司

華安合羣保壽公司等所用之鋼窗均由本公司

承辦倘蒙賜顧極誠歡迎

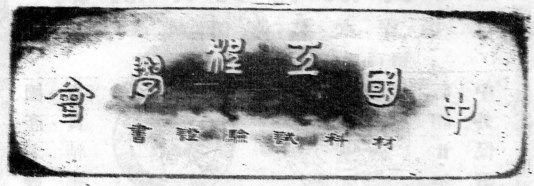

1458

中國工程學會會刊

「工程」第二卷第一號目錄

（民國十五年三月發行）

中國工程學會總會章程摘要

第二章　宗旨　本會以聯絡工程界同志研究應用學術協力發展國內工程事業為宗旨

第三章　會員(一)會員,凡具下列資格之一,由會員二人以上之介紹,再由董事部審查合格者,得為本會會員:一(甲)經部認可之國內及國外工科大學或工業專門學校畢業生并有一年以上之工業研究或經驗者. (乙)曾受中等工業教育并有五年以上之工業經驗者 (二)仲會員,凡具下列資格之一,由會員或仲會員二人之介紹,並經董事部審查合格者,得為本會仲會員:一(甲)經部認可之國內或國外工科大學或工業專門學校畢業生,(乙)曾受中等工業教育,并有三年以上之經驗者. (三)學生會員,經部認可之工科大學或工業專門學校二年級以上之學生由會員或仲會員二人介紹,經董事部審查合格者,得為本會學生會員.

第六章　會費(一)會員會費每年三元,入會費五元. (二)仲會員會費每年二元,入會費一元. (三)學生會員會費每年一元.

● 前任會長 ●

陳體誠	(1918—20)	吳承洛	(1920—23)
周明衡	(1923—24)	徐佩璜	(1924—25)

★ 民國十四年至十五年職員錄 ★

● 總　會 ●

董事部	張貽志　茅以昇　吳承洛　李照濂　薛次莘　陳　蔭
執行部	(會　長)	徐佩璜	(副會長)	凌鴻勛
	(記錄書記)	徐名材	(通信書記)	周　琦
	(會　計)	張廷薪	(庶　務)	徐恩曾

● 分　會 ●

民國十四年至十五年

美國分部	(會　長)	莊秉權	(副會長)	薛應翔
	(書　記)	徐宗漱	(會　計)	丁嗣賢
北京分部	吳承洛　陳體誠　王季緒　許鑑清　葉澤霈
上海分部	(部　長)	徐恩曾	(副部長)	裘志憲
	(書　記)	朱其清	(會　計)	朱樹怡
天津分部	(部　長)	胡光麃	(副部長)	蕭蘅蕃
	(書　記)	方頤樸	(會　計)	葉自立
	(庶　務)	李　澂	(代　表)	羅　英
青島分部	(部　長)	胡瑞行	(書　記)	王繩善
	(會　計)	侯家源		
杭州分部	(部　長)	徐守楨	(副部長)	王　建
	(書　記)	李　毅	(會　計)	鄭家麟

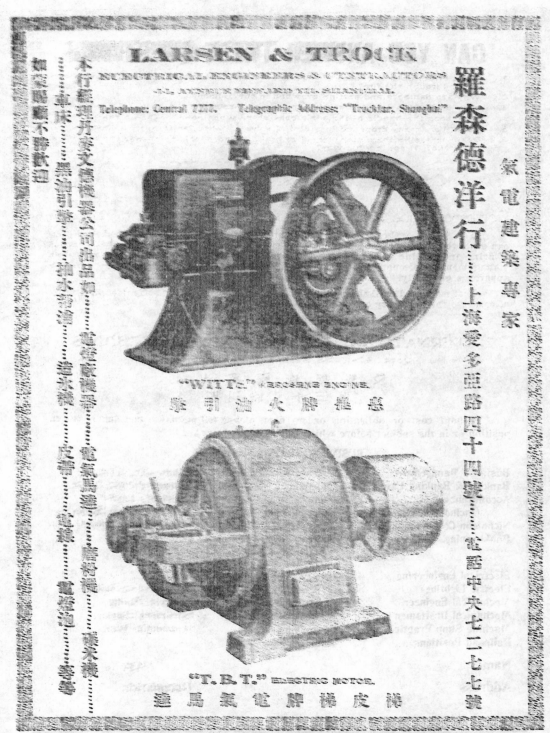

1462

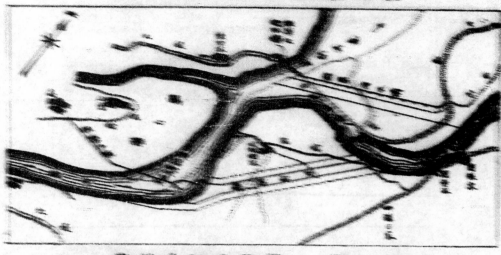

宫家坝决河泛滥地区图

第一图　将要决口泛前之景

第四図
引河開放後數十時
之状

第五図
引河開放之次日河
流已宽三分之二輻
此入海

戴泛埽（一）　第六图

戴泛埽（二）　第七图

戴泛埽（三）　第八图

十年內中國電機製造廠之創辦計畫 (續)

周　琦

經營各規模

（一）組織——公司內部之組織，儼然一國家之制度，或謂國家以人民為主體，公司以股東為主體，豈得相同，不知國家為人民謀幸福，公司實國富民強之基礎，其為股東謀利益，何屬表面之義務，故兩者各機關之組織，當極相似，僅名稱遞異耳，有董事部儼鄴議院眾議院之職權，有會計師及稽察人操審計院之職權，總理猶之總統為公司元首，主幸全局，須經過正式選舉而限於一定之任期，經理處之內閣總理，領袖各部，其策進行，必須由董事會權衡，其他會計，法律，醫務，工程各部，亦如國家之有財政，司法，內務，教育各部以治理歟。

當由若干發起人平均分任收募，每發起人須將出品總數設備各詳細計劃表向資本家往返陳說，俟得有六成以上之總數，再登報招募。

收款期必須限定一次收清，庶免續收困難，且防中輟之虞。

無論何種辦事之團體，其組織上有四要素，即統一，協力，絕冗濫及潛弊端。一國然，一公司奚何獨不然。

電機製造廠之組織，不容或異，惟製造各品均所以節省能力，增進文明，權圖微妙，造福人羣，學理殊奧，出品複繁，不若紗，粉，煤，鐵之效用易於家喻戶曉，必廣事申說，人始樂用，兼施教導，物乃普及，水能載舟，亦能覆舟，惟電亦然，善御之可享最上之幸福，不善御之足罹最慘之苦痛，防患之備，必須周密，電理廣漠無邊，觸類旁通，新象日衍，從事斯業者殆所謂精一藝者閟不錄，善一技者靡不用，謀生之道既易，醫學之途須寬，教育之施，必須普遍。

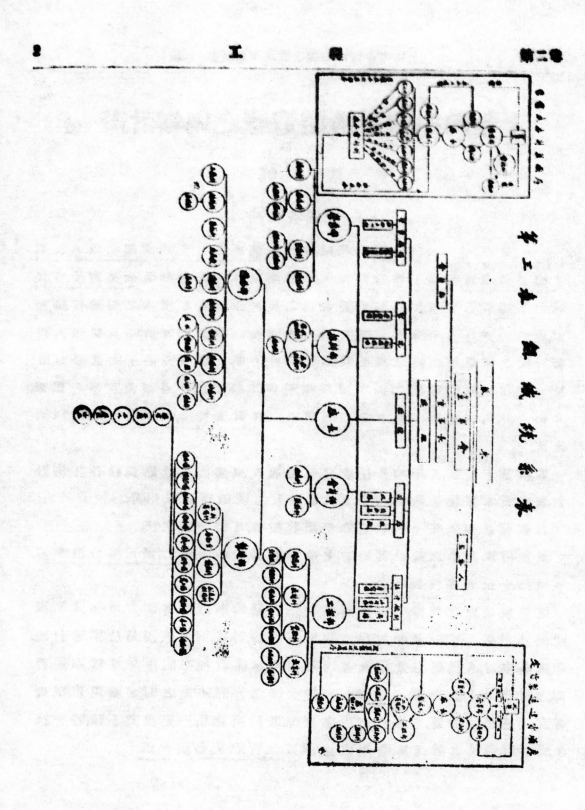

理。茲定組織系示表如第三表。所列大概與各通各廠相匯佳敝其犖犖，特標而論之。

甲）廠長：—— 長電機製造廠者，須兼備電機機械土木各種之基本學識，及攝馭各種各員工人之經職強徒賴勞，專心任事，并若能擇廠之可擅經職守者，任期當無限制。

乙）廣告科：—— 此科附寵於營業亦分發刊及交際兩股，辦事者必擇電機專門人士而又熟悉商情者以當其衝，對於營業，須負一體導顧客增進公益之責任，不得以鼓吹出品，表揚本廠為能事也。

丙）濟公科：—— 此科同附寵於營業部，必擇電機製造人士而又熟悉各廠電機者以治其事，對於營業須負有防患救安之責，如裝設電機，應施查察，及電機損壞，迅速修整，則營業信譽日臻隆厚，用戶遍羅，出品暢銷矣。

丁）教育科：—— 此科屬於工程部範圍內，當分各學校學生及本廠工徒兩班，學用繁施，分期肄業，滿期後路使學生洞悉原理，工徒增進技能，使之各得其所，簡言之，藉此補助職業教育，培養人民生計，以遂培進文民造福人羣之宗旨，此於吾國現時之國勢民生，大有裨益也。

戊）工科籌備科：—— 此科直隸於製造部，蓋電機製造，極為繁頤材料工具多屬特別，設無未雨綢繆之機關，必多勞民傷財之損失，此科辦事者必擇各項工程富有經驗人士以充之，專設計特別工具及製備新硬材料，以應工場之需要，製造經濟，庶此是賴。

己）副產品利用科：—— 此亦屬於製造部之下，以研究弄實行利用副產品及廢料為宗旨，副產品如瓷竈內之泥鉍，電鍍工場之化合物等，廢料如電機剪餘之銅皮，電料衝餘之銅皮銅末，及瓷竈中之煤灰等以每年出品約二百萬兩之廠，斯二者之總值約為其什一，其數可觀，如設法利用，則製造經濟裨益不淺。

（二）營業：—— 單種或少數種出品之製造廠，其用途大抵專一，用戶大抵

確定.營業勝算可以預料,營業方針可以開帳,電機製造廠則不能相提並論.其最顯著之點如下:

甲.)出品之繁雜:——電學發明日新月異.電機出品殊如儀表所預定,但不能守成不變,隨時勢而轉移.如美國西方電氣公司原為該國電話機件惟一之製造廠.而非無線電之創造者.近無線電駸駸乎有奪電話事業而代之之勢.西方電氣公司不得不同時派造無線電機件,以遏直追.

乙.)用途之變異:——電之為用,聲,光,熱,力,匪無不有之.凡聲,光,熱,力,學有新進步.電之用途必經一變更.製造上即種種不同.讀美國政府發明專賣局之宣佈,每年應用電學以關新用途者,指不勝屈,可概其餘.

丙.)用戶之複雜:——電機用戶亦如用途之漫無限制.小至婦孺,大至槍若雨之製造廠,莫不樂用電.使電之代價更廉,電之保險更要,則電亦當如布帛粟菽之於人生,無人不用之矣.

丁.)應用之奧妙:——電非若他物之可任意操作.慣用之享其利,不善用之則亦蒙其害.運用之妙不僅在製造之精良.抑亦恃說明指導之詳晰,營業上切宜注意.

電機品之營業,固是非同尋常.必得專門人才以任其事.進行方法莫可究測.然其成功要訣當不外以下數端:

甲.)充分廣告:——每製一品即有一品之廣告.務使用戶耳濡目染.不僅曉其名,且能知其用,明其裝配,及防其危險.

乙.)力顯信用:——交際廣告不得大言欺詐損壞錯誤.不得肆意諉責.實事求是,說明不厭求詳.修整不慮太速.大信既立,人必爭趨之.

丙.)互助製造:——營業當隨時調查市場之需要.而報告於工廠.工廠當隨時改良出品之拙劣.以增進營業.表裏同心.互相勉助,

丁.)體貼用戶:——任何出品,必自設身處地在用戶方面著想,揣摩其心理.以發表廣告.研究其嗜尚,以前進聯絡.

（註）此系顯遺載本刊第一卷第四期內，為手民所誤，特補刊於此。第二表請查前號。

第一表　出品種類

分類	分額	全年產額總額	價值	純利成數	純利
電機	100至500 KVA 變流機	二千KVA	九萬兩	百分之十五（銀）	九萬五千七百兩
	1至100HP. 直流發電機	二千HP.	八萬兩		
	1至100HP. 交流電動機	三千HP.	八萬八千兩		
	1至200KVA 六千磅以下交流發電機速引擎	共約五千KVA	三十八萬兩		
變壓器	100至1000KVA高壓三相電力用變壓器	共約一萬KVA	十五萬兩	百分之二十	十萬八千八百兩
	1至200KVA六千磅以下電力用三相變壓器	三千KVA	八萬兩		
	1至200KVA六千磅以下電燈用三相變壓器	三千KVA	三萬六千兩		
	1至200KVA六千磅以下電燈用單相變壓器	四千KVA	四萬八千兩		
	1至200KVA六千磅以下電燈用單相變壓器	一萬五千KVA	十五萬兩		
	其他雜用各變壓器	三千KVA	八萬兩		
電屏細器	100至1000KVA600磅以下發電屏 1至200KVA600磅以下發電屏		十萬兩	百分之二十五	二萬五千兩
	各種電流電壓表	據公電儀總額核算			
	各種油開關 各種刀開關 各種紙抗器接觸器		四萬兩	百分之二十	八千兩
	大小風扇（櫃式及吊式） 吊12" 16"	500 2000	七萬八千兩	百分之二十五	一萬一千七百兩
	大小電燈射熱器 家用各種電熱器	500只 火小三千具	六萬兩	百分之二十五	一萬五千兩

（註）本國製電機價值約大相當于市價實售價之易銀為洋即約七三折其餘均

類別	品名	數量	金額	折舊率	折舊額
電	各種燈頭	一百七十二萬只	十四萬兩		
	先令螺絲	一百萬只	四萬兩		
	平開關	八十六萬只	八萬六千兩	百分之十	三萬六千三百兩
	吊線葫蘆	十萬只	一萬三千兩		
燈	撲落	二萬只	二千兩		
	足方鉛絲匣	一萬只	一千二百兩		
	開鉛絲匣	二萬只	七百二十兩		
	電鈴撲落	三萬只	二千兩		
材	各種姿夾板		六萬三千兩		
	各種姿管		一萬五千兩		
	各種線桿姿瓶	一千八百萬付	一萬兩		
料	其他各件		四萬兩	百分之二十	八千兩
總計			總一百八十六萬二千九百二十兩		三十萬八千五百兩

出經驗所得

1472

第四表　簿

簿記分類	簿記總名賬	目登記性質	結算期	負責者	附記
資產負債類　資本總清	股款簿	以股東姓名筆劃編次詳記股款數股額	每月底及會計年度	公司會計部	監察人及會計師須簽稽、董事長總理及東會簽造
	銀行存摺簿	彙收廉劃數	年度	公司會計部	經理及司庫
	繳股收據簿	按東姓氏劃編次登記股額已收股	每年度	公司會計部	經理及司庫
	債款簿	按股先後編次登記股額收股數及日期	年度	公司會計部	同前
	銀行總清	登記款項利息	每年度	公司會計部	同前
資產總清	公司財產簿	以往來各戶分類編次詳記債項	每年度	公司會計部及廠	監察人會計師須簽稽
	全廠財產點存表	詳記往來現款分錄洋兩項	每會計年度	內渡成本會計科	
	全廠附屬財產表	原價現值及折耗減數或年限	每會計年度	成本會計科	同前
營業比較類　營業收支總清　損益	分發行所營業收付簿	詳記各部財產成數編次附記原價	每會計年度	成本會計科	同前
	總發行所營業收付簿	以正式出品及特別定貨數次登記詳載	每會計年度	成本會計科	會計師須簽稽
	門市總清	以分類為綱登記同前	年度	售貨部	
	折兌讓價簿	登記收付票據及相關之簽票收條清單	每月底及每會計	售貨部	
	票底簿	號數及期票攤到期日前	每月底及會計	售貨部	會計師簽稽
票據出納額　流水簿	收據簿	憑票攤即查銀行存欠各款者	年度	公司會計部	
	簿面銀行便查	憑票攤日期即查銀行存欠各款者	每月底及會計	公司會計部	會計師簽稽
	定期實扣銀行便查	收款先後編次詳記賬目發票號數	年度	公司會計部	會計師簽稽
現金出納額　流水簿	現金簿	洋及日期	每月底及會計	公司會計部	
	現市簿	登記每日現洋出入與銀行總清相準	年度	公司會計部	會計師簽稽
	運費簿	總發行所門市現款	每年度	各部各科領用	
	文件簿	各部各科所用運料各科領用	每月底及會計	公司會計部	
	雜費簿	各部各科領用	年度	公司會計部及廠	
各部用費總清	燈金收支簿	員司押櫃及工徒證金收支用、各部各科所用郵電膳宿應酬衛生雜費	年度	會計科	會計師簽稽

各戶貿易類	出品收支類	物料收支類			工資薪費類	
分錄簿	**本棧總清**	**材料收支**	**零件收支**	**半成品**	**工資總清**	**流水分類**
同行分戶總清	出品點查簿	材料收付詳分類片	零件收付簿	每期出品半成件收支分錄	工場賞罰收支清	各費分類清
淮行分戶總清	提貨簿	材料收入總清	每期零件收支分錄		備金保險清	
五金雜戶總清	售貨簿	材料分類簿				
分發行所總清						
外埠分戶總清						

內容及結算說明（各欄對應）：

- 登記同行往來以營業數大小編次 —— 每大小月底及 —— 公司會計部 —— 營業部簽核
- 淮行分戶總清：登記西商往來以賣買營業數大小編次 —— 每月底及會例 —— 公司會計部及成 —— 營業部簽核
- 登記五金及本國材料各戶往來以進貨多寡編次 —— 每大小月底及節 —— 公司會計部 —— 營業部簽核
- 分發行所總清：多寡編次登記分發行所往來以營業大小編 —— 每例月底及 —— 公司會計部 —— 營業部售貨簿及
- 外埠分戶總清：次登記發行所各埠往來以營業大小編次 —— 每月底及每例 —— 公司會計部 —— 營業部簽核

- 指本設發行所各埠言照地界編次 —— 每月 —— 本會計部 —— 會計師簽核
- 詳記各正式出品式樣及各成本 —— 每會計年度 —— 售貨科 —— 會計師簽核
- 分裂成已售及未售三項註明件價 —— 每月底及每會 —— 售貨科
- 按貨售價日期編次登記送貨單號數 —— 每年度

- 按類提貨日期及探討箱件數 —— 每會計年度 —— 材料科 —— 廠長簽核
- 逐目各工場登記出品單件移交材料科 —— 每年度 —— 材料科 —— 廠長簽核
- 單位收入以先後次序登記品件總 —— 每年度 —— 材料科 —— 製造部簽核
- 電機或電器之零件收付匯登 —— 每一星期
- 按件價單記探討單位價及存數 —— 每一星期 —— 材料科

- 作分項編次詳記點工包工定率 —— 每次發款期及 —— 製造部 —— 製造部簽核
- 他種工資扣發等事 —— 每月底及每會 —— 會計科
- 老金即他以此為人壽保險及 —— 每會計年度 —— 會計科 —— 會計師簽核
- 分載郵電賭宿旅運費及應務各載 —— 每月底及每例 —— 廠長 —— 廠長簽核

1474

　　總之電機營業家對廠負推銷出品之責.對用戶負保安之責.其懷一要訣,在一『誠』字.至誠待人,至誠接物.語之精誠所至,金石為開.可移贈理想中之電機營業工程師也.

　　(三) 原料:—— 主要原料之供給問題,當在一廠創立前決定.然因電機製造料之繁多且變更.昔日所謂須要原料者,今或升為主要.昔日所謂主要者,今或無所用之.且吾國尚非電機原料出產處,一旦外交風雲,或有無法進料之虞.採辦部平時當注意下列各條.:

　　甲.) 試用本國原料:—— 前論組織表工程部內之實驗科,即為試用本國原料之惟一機關.吾國地大物博,苟有充分之研究,何物更須外求.試用有效時,覩資本之盈絀,以設備該料之製造廠.或勸他人投機.誠國利民福之舉也.

　　乙.) 歐美實地考察:—— 應用原料既須來自歐美,則其種類之變更,出入相關.必須常川聘人向彼實地查察.原料變遷,多基於減輕成本.必如此效法,始可與他人競爭.

　　丙.) 市價消長:—— 電機製品原料恆居成本之六成.故減少原料價值,始為減輕成本之良法.原料價值之減少,或由於改變設計,或由於利用廢料,及代用他料.然對於必需久用之原料,祇有調查市價消長而及時進貨之一法.調查必自聯絡該料經售之公會等入手.

　　丁.) 存料數額:—— 存料久積,非特限制流動資本.且加重利息之負擔.損失殊大.採辦部與製造部當通力合作,以免此失.

　　(四) 工人:—— 工人問題為中外管理廠務最複雜之一,且於今為烈.勞資衝突,如終無澈底解決.則辦廠者將無所措手.以圖現狀之維持.遑論廠之發達與否矣.

　　以製造電機之繁瑣,恆需多種各擅其長之技士.試取之不以其道.一部停頓,影響全局.廠方因良才難得,終必委曲求全,則管理之方愈窮.

欲謀長治久安之道,必求澄本清源之法.工人團體方趾,同一人類.如治之以人道主義,則其他之枝枝節節,均可迎刃而解.其推行之方,應不外下列數端:

甲.) 改良工頭制:—— 吾國舊廠之工頭,多賦以進退工人之特權.董由於職員不肯躬自操作及缺乏實地經驗.工場事事聽諸工頭.馴至其專制勢餡,日甚一日.結黨營私者有之.聚衆罷工者有之.號召外力以推翻全局者有之.然得其權完全剝除,則工頭之對於工人,一無威信,難於駕馭.實際補救之道,莫如僅賦工頭以黜退工人之權.而另設工役科以選選引進工人.庶免其弊.歐美各廠,多行此制.說者謂彼邦同類工人多聯合成強有力之工黨,以與廠方對峙.不知電機製造廠之工人類別紛繁.工黨勢力比較薄弱.更籌其他對過法.自易消除隱患.

乙.) 代謀衣食住:—— 人之恆情,苟能舒衣足食及安居,孰思妄動.廠方對工人不僅派發工資,即足以盡其責.必自其生計方面着想.故設立工人之衣食住代辦機關,即俗所謂消費合作社者,實爲當務之急.凡布衣,粟菽及居屋一切均由此機關代籌.或貸或售,一照原本.工資之分配,必以此個人生計之所需,爲最低限度.工資之升降亦以此市價漲落爲衡.此外如工人俱樂運勳,及教育,固需提倡.僅屬須要者也.

丙.) 賞罰嚴明:—— 信賞必罰,治工如治軍,爲千古顛撲不破之理.電機製造上多種宜行包工制,如賞不明,罰不嚴,則弊竇不可勝數.賞罰條例宜簡不宜繁,人易遵戒爲尤要.

丁.) 學徒教養:—— 學徒制爲吾國舊廠習慣.惟多不施以正當之教養.匪特遺誤青年,且坐失挽回工人類風之良機.電機製造廠之門類繁賾,最宜廣收學徒.吾國青年失學之人士甚衆,恐宜教以實業.惟廠方對學徒當如學校之對童子軍.須實事求是,以發展其德,智,體,羣之四育.平時結以恩威,變時依其維持.既掃除工人之結習,且保傳工作之精進.社會上多安分良民,國際上儲後備實力.記者讀德國工藝發達史,推功於其學徒制之完美.深爲服膺者也.

(五)經濟：—— 經濟報告爲一廠之總量表.全廠製造之更革及營業之發展,惟其是視.報告以精確爲貴.必恃簿計組織之完善.簿計視各廠情形而定,各廠又自經驗上面定.必使一簿不能多,一簿不能少始可.否則簿計太濫,徒擲金錢,甚無謂也.

吾國幣制不統一,單位又分銀洋,日曆又分新舊.簿計上多種種無意昧之繁瑣.實業家當奮起糾正之.姑就鄙見所及,就此廠範圍擬定分類簿計表如第四表.非敢云備.必須設廠後經驗上增刪之.但祈合於吾國實情耳.茲舉表中之要點而分論之如下.

甲.) 簿計分類原則：一簿計目的在查公司每年財政之收付.下表足示收付各科目之總綱,即爲簿計分類之原則.

收　入	付　出
甲、(1)　正式出品定貨或修理品	甲、原　　料
乙、材料：	乙、工　　資
(1) 出品零件	丙、工場老費
(2) 已製造原料	丁、營　業　費
(3) 可利用之廢料	戊、上年移存費
丙、財產：	已、盈　　虧
(1) 各工場添置	
(2) 各部添置	
全年收入額	全年付出額

乙.) 簿計之慎重：—— 簿計既以精確爲主.無論何種必須隨時有人領核.如聘會計師,每月查眼,尤徵信用.

丙.) 各部之協助：—— 簿計完備者隨時可察知公司經濟現狀.然往往因各部報告不齊而遲延者.各部之通力合作或會計部能直接統轄各部之報告員.始能登記迅捷,不失時效,而簿計學之能事畢矣.

羅氏含鉛錫鑛處理法

Precess of Treating Oxidized Lead-Tin Ores.

發明者　　順甯羅爲垣

羅君爲垣於去年將其發明之處理含鉛錫鑛法,在美國東部之本分會年會中繕有簡單之報告.此文乃一重要之發明,惜因方法秘密,不能宣佈,實爲俠憾.羅君尚有 Electrolytic Refining of Tin 一文,已載於學藝雜誌之第六卷第八號,治鐵學者,其留意焉.　　　　　　　編　者

處理之鑛石　本法處理之鑛石,係產於雲南省箇舊縣之箇舊錫廠.* 由鉛錫兩鑛混合而成,此外尚含有多數之酸化鐵及少數之硅酸 (Sio₂) 與石灰 (Cao) 由地內掘出後經種種土法淘洗爲極細 (約80 mesh) 之鉛錫粗製品 (Rough Concentrate).平均含錫百分之二十三,含鉛百分之四十四.錫係酸化錫 (Sno₂ Cassiterite),鉛係炭酸鉛 (Phco₃, Cerussite).因二者之比重無大差異以致不能用水力分選,而錫鑛又非在含錫百分之五十以上不能上爐製煉.是以箇舊雖產此項鑛石,昔時委諸荒山,視同廢物,無法利用,殊可惜焉.

本法之梗概　本法分爲二步:第一步係將粗選鉛錫雜鑛用人工硫化後送諸浮游選鑛機 (Flotation Machine) 將大部分鉛鑛分離而得高度之鉛鑛精製品 (High grade lead concentrate) 第二步係將含鉛錫渣用適宜之溶液濾過之而得高度之錫鑛精製品 (High grade tin concentrate).茲將本法之成績列表如下:

處　理　法	製　品	鉛	錫	鐵	銀	實　收　率	
						錫	鉛
依箇舊土法所得之製品	鉛錫粗製品	44%	23%	9%	6 oz ／ton		
將箇舊粗製品用羅氏處理法	鉛鑛精製品	66%	3-5%		7.2 ,,	88.5%	85.5%
處理之後所得之製品	錫鑛精製品	0.5%	56%	14%	trace	99.8%	

本法發明之緣起　　鎮雄曾君碧光鑛學專家供職箇舊錫務公司有年.深以鉛錫雜鑛無法分選爲憂.於民國十二年冬寄送此鑛來美.付託研究.費時將近兩年.始於民國十四年春將本法研究成功.

美政府特許立案　　本法於本年四月初經紐約特許律師 Stockbridge & Borst 代爲呈請華盛頓特許局（U. S. Patent office, Washington, D. C.）立案.於五月末蒙該局批准.現擬向中國北京及南洋海峽殖民地政府呈請立案.藉保發明者之權利爾.

*附箇舊錫礦山概略

1. **位置**　雲南省箇舊縣.

2. **交通**　由箇舊錫鑛山至滇越鐵路之碧色寨車站約九十中里.建有箇碧輕便鐵路.由碧色寨經滇越鐵路直達安南之海防（約二晝夜.）此處有汽船約四日可達香港.

3. **風俗習慣**　鑛山工人俗呼砂丁.耐勞忍苦嗜酒甚少是其美德.惟賭博成風好勇鬭很以致殺人案件時有所聞.此則無教育有以致之也.

4. **氣候**　箇舊僻處山間寒暑無大差異.夏季最高溫度約華氏九十度.冬季最低零下三度.每年晴雨比較.晴多而雨少.降雪極稀.然因用水不豐之故.鑛山人士寧願多雨.因可以蓄雨水爲洗鑛之用也.

5. **地質** 箇舊地層為古生代之石灰岩所構成.此種岩層為構成雲南貴州及廣西等省之主要材料.其在他處尚有他種岩層以副之惟在箇舊則純粹為石灰岩.間有火成岩迸發俗呼為麻布石即 Granite 是也.

6. **錫鑛石** 箇舊錫鑛依物理的狀態可分為二種.一為鑛脈一為鑛砂.再依化學成分之差異,又可分為二類.一係含鉛少者曰純鑛.一係含鉛多者曰雜鑛.

7. **產量** 年產九八錫(98% Sn)約十萬噸(long ton).以現在行市計算約值美金 $12,500,000.00 上下.

8. **銷路** 多數運至香港再轉運紐約行銷(what they call 99 tin or Chinese tin)

補白——工程雜錄　　　　　　　（祥）

1. Micarta 係一種纖維紙質之工業材料,美國近顯利用之以製造無聲齒輪(Silent Gear).有電氣絕緣性質,故又多用之於無線電機上.其堅如鋼鐵,故又有以之製造飛機推進器.

2. 美國水力發電廠1925年共發出21,570,000,000 K.W.HR. 佔該國工業用電之36.2%.

3. 上海工部局發電廠為東亞之最大者,據其1925年報告云,全廠發電機共有 121,000 K.W. 發電最多時為 76,600 K.W. 共發電 320,784,542 K.W.HR. 負載係數(Load Factor)為53.06%,該廠資本為 30,403,007 兩.發電費每一啟羅華特小時(K.W.HR.)為銀二分三釐八毫,分配如下:

煤	.665 分	28.0%
工資	.285 分	12.0
傳佈	.177 分	7.5
粗稅	.029 分	1.2
保險	.012 分	.5
管理	.158 分	6.6
雜項	.046 分	1.9
毀損	.489 分	20.5
利息	.519 分	21.8
共計	2.380 分	100%

乘積分器之說明

許 應 期

引言:

　　電之瞬變現象 Electric Transient 楷生氏 J. R. Carson 借用積分方程之計算法.然演算至繁複.茲篇所述之積分器,足以解決此困難.此器係美麻省理工學院電機科研究部所發明,用以計算下列各式之積分方程者也:

　　(1) $\int_0^t f_1(t)\,dt$　(2) $\int_0^t f_1(t)\,f_2(t)\,dt$

原理概要

　　(1)以 $f_1(t)$ 作成曲線於一紙上.以 $f_2(t)$ 作成曲線於另一紙上.以兩紙釘於兩滑線下之木板上.置一馬達使以一定之速率如矢之方向推行木板.

　　(2)全滑線上置定數之電壓.另以一線接於滑線之中央,如 a 及 c;而別一線接於可以在滑線上滑動之接頭上.如b及d.

　　(3)木板移動時, a 及 c 常在零線上;b 及 d 則常使在曲線上.如是 a b 間之距離等於 $f_1(t)$;而 cd 間之距離等於 $f_2(t)$.因此 a b 間之電壓與 $f_1(t)$ 成比例;而 c d 間之電壓與 $f_2(t)$ 成比例.

　　(4) a b 接於直流電工表 D. C. Watthour meter 之磁場.cd 接於此表之電座 armature.電座之轉數等.　　　於

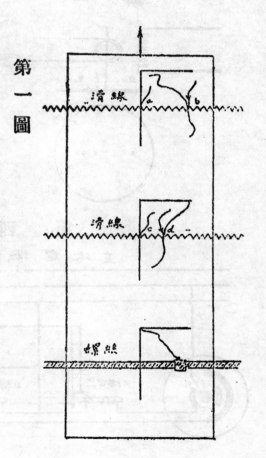

第一圖

$$\int_0^t f_1(t)\, f_2(t)\, dt.$$

（5） 電座之轉動傳於一馬達，馬達轉動螺絲，螺絲上放一有內螺絲之半核殼，半核殼上附一鉛筆，此鉛筆配出

$$\int_0^t f_1(t)\, f_2(t)\, dt.$$

電工表電座之轉動如何傳於馬達

（1） 直流電工表電座上置一軸，軸之下端置一極薄之銅片，在銅片之一直徑上置三根短而細之銅柱（如圖），銅片轉動之速率及轉數卽電座轉動之速率及轉數。

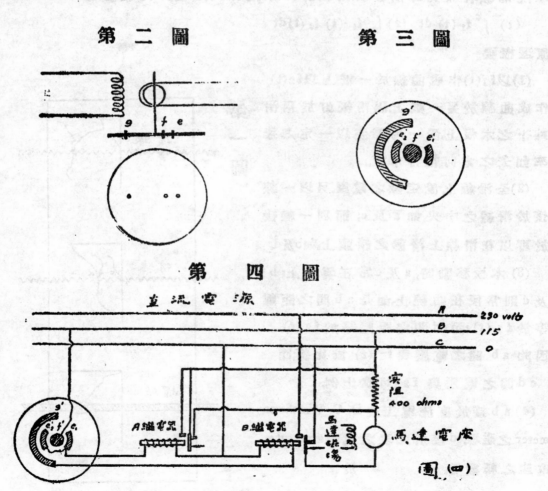

第 二 圖　　　　　第 三 圖

第 四 圖

圖（四）

（2）　在上述之銅片下置一絕緣體之薄片,與銅柱相接觸.薄片上嵌以銅片（如圖.）此薄片由齒輪之傳動為一馬達所轉動.

（3）　銅片為直流電工表電座所轉動;而薄片則為另一馬達所轉動.然二者之關係足以使馬達轉動之速率與電工表電座轉動之速率成比例.其理如下述:

（a）　將圖（二）與圖（三）相比,可知 f 與 f' 常相接觸.銅片有線連於一百五十伏而次直流電壓之線B,故 f' 常接於線B.

（b）　假設 g 與 g' 不接觸時,馬達為左轉;則由 B 繼電器之作用,g 與 g'接觸時,馬達必為右轉,因馬達電座中電流方向變更故也.所以 g 與 g' 之功用足以使馬達轉動之方向隨電工表電座之方向為轉移.

（c）　g 與 g' 相接觸時,由 A 繼電器之作用,e 與 e'$_1$ 之功用足以使馬達轉動之速率與銅片（亦即直流電工表電座）轉動之速率成比例.其比例之定數係於薄片與馬達間之齒輪關係.g 與 g' 不接觸時,則 e 與 e'$_2$ 有同一之功用.

結論

（1）　如上所述馬達轉速與轉數與銅片之轉速與轉數成比例,銅片之轉速與兩函數之乘數成比例,銅片之轉數與兩函數之乘之積成比例.如用齒輪接於馬達而轉動一螺絲如圖一,即可得 $_0^t f_1 (t) f_2 (t) dt$. 如原理概要第（5）條所述.

（2）　茲篇所述不過原理之大要其各部份之製造方面,未及記述.理論似甚淺顯,而實際之困難頗多,略述數端於下:

（a）　滑線線圈之地位須固定.溫度亦須一定.為解決前一問題,線圈須用白漆膠固.為後一問題,滑線須有水冷方法 water Cooling System.

（b）　電壓與滑線兩端之距離無論何時成比例,頗有疑問.

（c）　直流電工表電座之轉數與兩電壓之乘成比例;此言因電座轉動有

耗損,故亦不準確,其差誤在高電壓時與在低電壓時亦不同,因此之故,平常之直流電工表須改裝,而使擦耗 friction 減至愈少愈妙.

(d)　三銅柱與薄片接觸之下端,須放水銀一滴,先成鈉水銀合金,粘於銅柱下端,再以鈉取去,水銀即留在柱上,此所以使銅柱與薄片間減少耗阻也.

第　五　圖

Wiring Diagram of Producting Integraph.

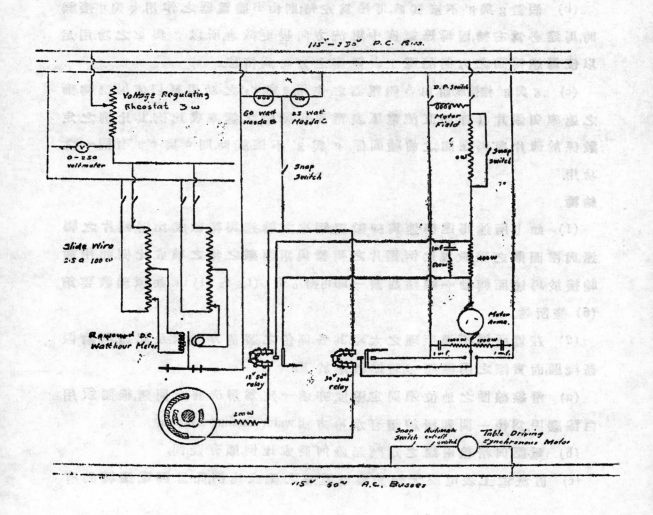

宮家壩黃河決口堵築記

馮　雄

黃河決口.爲我國之巨患.歷來農產損失不可數計.近今科學昌明.人定可以勝天.流水無情.如河編麻.使之就範.乃吾工程界之職責.馮君此文.雖脫稿已久.未足稱爲新聞.然於治水利者之參攷價值當不因之而稍減也.另有張含英君之「去年李升屯黃河決口調查記」一文.因限於篇幅.擬於下期發表焉.　　　　　　　編者誌

民國十年七月十九日.黃河決口於宮家壩.地在山東利津縣西境.河遷壩下.故有曲流.北岸正當水勢之衝.土堤卑薄.險象早露.是年入夏以後.淫雨兼旬.水盡歸河.滔滔東注.尋此北堤之罅隙.橫溢而就下.旋致決口.其初口門雖僅寬五丈.隨時冲刷.不過數日.增至一里有餘.然使當時能集工費十萬圓.則堵築猶可施.惜乎失此不圖.終成大眚.一月之後.決口以下.舊道淤平.口門東西逾三里.由分溜而變爲奪溜.破堤以北.一萬五千方里之中.五百餘村之田宅.盡沒於水無家可歸者.及二十五萬人焉.

是歲之秋.山東河務局測量附近地形.知決口之必須堵塞蓋被淹之區.跨越.利津濱縣霑化無棣四邑.戶口殷繁.田多上賦.安能任其淪沒.若棄僅不顧.任水經行其間.而隨處制設隄防.匪惟其工難辦縱能成事.所費已極鉅.或且十培於堵口之所需.其舊道中新淤之地.卑濕多沙.難施藝植.得之何用.未若挽河復歸故道恢復原狀之費省利多也.

河務局所定堵築決口之計畫.如第一圖之所示.（圖見卷首銅版紙）爲於上流開掘引河一道.按之河工舊說引河乃難成之工河務局於此.則設七宜之諭.大略謂引河可免堵口時遏水去路之險.若開掘寬深.自無不足容納全溜之患.縱或不能.然必可以分殺下游之水勢.正道下游.尙甚低塞.開放引

河後.水可直注而下.既裁彎取直.自能免曲流損堤積冰塞河之害也.審此種
種是引河之利.殆無疑義.於引河面頭之對岸築堤一道.附以挑水石壩三座.
伸入河中.期於引河開放後偪大溜入之從決口西端.段第一綫之迎水壩接
以第二綫之順水壩.其施工程序.先掘引河.造挑水壩及順水壩.俟引河開放
後.審度情形.將第一綫之迎水壩趕速造成.以求合龍.估計工費.共約需三百
五十八萬圓.顧以鉅欵難籌.遷延歲月.尚未開工.於乃定招工包修之法.

　　山東省公署與亞洲建業公司.經幾度磋商.乃於十一年十一月二十日.訂
立包工合同.工價爲一百五十萬圓.改定之工程計畫.凡分四部.一爲挑挖引
河.一爲截流石壩.一爲挑水壩.一爲甲乙丙丁戊五項新堤.此與河務局原定
計畫大體相似.可觀第二圖而知.請詳述之.

第
二
圖

第　　三　　圖

十一年十二月一日開工．先挑引河．自決口上游河道北折之處起東北行
接於舊道．長六百丈．深十二尺至十六尺．底寬三十丈．面寬五十丈．如第三圖
之所示．掘出之土．堆積北岸．以成甲字新堤．寬二十丈．高一丈四尺．其下游舊
道淤塞之處．則施以濬治．凡長二十里．深四尺至十七尺．底寬二十丈．此兩河
之傾斜度．皆爲一萬分之一．預計開放以後．當小水時．流量在每秒鐘一萬五
千立方尺至四萬立方尺之間．此二河皆足以容納．當大水時．流量增加．此二
河亦足以導引大溜．循行舊道．而刷深之．蓋其地土壤．乃極細浮泥．流速每秒
鐘五尺至八尺之水流．即足以冲刷之也．引河於十二年五月十五日開放．自
後大溜便直其中而不趨決口矣．　　　　　（圖見卷首銅版紙）

　工事中最有趣昧者厥爲截流石壩之建築．以十二年三月興工者在冬季
施工．則有河冰衝擊之危險也．此壩在引河西口之北．橫跨大河之上．先造松
木樁架一座．寬三丈．長八十丈．每爲一節．下樁四支．交互構成．上設輕便鐵道．
車載石塊．沈入河中．佐以土包高粱稈．補苴罅漏．於是水流不暢．泥沙淤積．因
果相生．則河遂全塞矣．此壩於五月完成．凡歷時前後兩月餘．其工程進行之
情狀．可由第六圖至第八圖得之．　　　　　（圖見卷首銅版紙）

　挑水壩在截流壩之上游．用石塊防護．以挑水流入引河．又爲截流壩之保
障也．

　隄工凡五項．甲字隄在引河之北岸．丁字隄連接截流壩之西端．與舊大隄．
使成一貫．引河開放後．乃將決口處舊隄補修．是爲戊字隄．至河流復舊後．成
第二層護隄．又於臨河舊道之後．築丙字隄．爲一直線．以舊隄凸出．易受水冲
毀也．其甲堤與丙隄之間．則有乙字隄．適橫截同流之小河焉．一切工程進行
頗順利．由開工後歷七月而畢事．時十二年七月十五日也．

　在冬季中有工人三四千名．春夏之間漸增．最多時乃有二萬三千五百名．
每一小隊．歸一工頭統率．爲求工作迅速起見．設獎金之制．以給每星期中運
土最多之數隊．首列者另予以一旗．樹於其工段．俾他隊見之．亦思奮發也．土

工之價,每土一方運行四十五丈為銀五角餘,填築石塌兩端之士隄時,工價為每方銀四角,以其平均運土距離,僅有十五丈也.人工之價既廉,故少用機械,惟有數具抽水機發動機及汽力打樁機為新式機械而已.

自五月塌工告成河復故道後,災民歸其田園,重事稼穡,八月中收穫頗豐.是時雖秋水大至,然安流入海,無復橫溢矣.其時河道之形狀,蓋如第二圖中粗虛線所示也.

補白——工程雜錄　　　　　（祥）

4. 北京交通部籌畫創辦非金屬材料試驗所,於去年九月三十日將規程發寄各國製造廠估價,其中有一千噸之壓力機,橫標試驗機,直柱試驗機,繩纜試驗機等等.

5. 發音電影近已由英國無線電大家第臚雷斯,氏 (Dr. Lee De Forest) 製造成功,其法於攝影時用 Microphone 將演員說話,傳入攝影機內之三極燈泡,將聲浪大小輕重,一一攝於底片左旁 3/32 时之地位上,開演時,用放大器 (Amplifier) 及電光電池 (Photo-Electric Cell) 將該處光浪變為聲浪云.

6. 讀蒸汽機者,莫不知 Mollier's Chart 及蒸汽表 (Steam Table) 此表係由試驗而得,其中數目,容有錯誤,去年美國機械工程師學會開年會,議決採納其專門委員所編之新蒸汽表,係重行試驗釐定者,表刊於今年 Mechanical Engineering 雜誌二月號.

7. 日本大阪電氣博覽會於今年三月二十日開幕,所陳列者分下各類(1)原動機及發電機,(2)電纜電線,(3)電話電報機,(4)電燈,(5)電動機及工具,(6)絕緣物,(7)電氣化學品,(8)航用電機,(9)電表,(10)家用電氣器具,(11)無線電廣播及接收機,(12)電機原料,(13)電氣農具,(14)電熱機,(15)電氣統計及書籍,(16)電氣鐵道,(17)電氣醫具,於焉可知日本電氣事業之進步.

南通保坍會樹樁計畫書

宋　希　尚

希尚春間繕具本會工程意見審覺,於樹樁一節,頗引起退嗇兩師之注意,囑設法試行.希尚在美,雖目視施工,并信其成效.然究未經辦,且器械未備,創作殊艱,頗懼懦焉.師勉之曰:天下事孰不由試驗而成,今日之榮樁,亦孰非當日之試驗品乎?試而效,固矣;不效則費亦有限耳,況未可必乎?由余觀之,亦認為可能之事,鉅樁保坍,在中國本為創舉,今已有效矣.樹樁既可省榮樁五分之四之費,此而不試,亦南通之憾也.辭不獲巳,因退而繪圖設計,草此計畫審預算案待正.

樁以樹成,因樹成樁,故以名之.原文為 Retards System,有阻礙物糾識成體之意,取其義也.美國蜜沙利河,用之甚多.尤以鐵路公司,沿河護路,採用最廣.此工為伍德兄弟建築公司 Woods Brothers Construction Co. 所首創,曾經一再研究,一再改良,而始得最後良好之果.其詳細說明,見該公司之報告書及一千九百二十年十二月十五日美國工程雜誌中之九百六十六頁.故備述其大概,為南通此次試築之考證.

將若干新伐之柳樹,連根帶葉,用鉛絲穿紮成排,而歸結於一三合土樁.此樁為特別創製,名「別葛乃爾」Bignel Pile,長約四五丈,成六角或八角形,自頂至踵,有孔通焉.四周又有無數之細孔,而均通中孔.其沉置之法,不用力勞,乃用平底駁船,載以壓水機,迫水入樁,水由樁孔四射而出,孔細而密射,勢說猛無匹,四周泥土因冲而鬆,因鬆而樁得精本身之重而自沉,往往沉至河床下三四丈.不特永遠固定,且亦免礙通航.樹上鉛絲總成六股或八股,歸結於樁,隨入河底,每樁之距約二十五呎,一視樹之多寡及樁之短長而為之差.在岸方面,則於土中埋置木樁 Dead Man,繫以鉛絲之一端,以防全樁之移動.此項樁工並無斷流性質,既可以用速澱,又足借以迫溜,且可隨流之變更而稍移其上下.枝葉之交錯蓬勃如此,水中之挾泥混濁如彼,沉澱之速,不言可喻,而事省費廉,尤屬餘事,洵別開水利工程之生面也.

　南通沿江一帶,頗產柳樹,樹樁材料,既以樹為大宗,則非就地取材,不足以省手續而輕運費,惟樹形不一,大小不同,雖求適用,必加取締,擬規定每樹根段對徑至少一呎半,而高度當在二丈半以上,以幹直枝繁者為合宜.樹橫鋪相疊,分作上下兩層,每層約計需樹五十株,株與株之距,假定四呎,則樁之長即為二十丈,已逾於已成之柴樁矣,姑定採樹一百二十株,以便施時之選擇也.

　樹樁地位在姚港之東,第十五樁以下.江岸在此適當曲線之頂,推計風力潮力及礧漲時之水力,均覺樹樁橫亙江浜,各方受力顏巨,樹根穿連之鋼絲繩為樹樹相連之命脈,豈容忽視?按公式計算,求鋼繩之對徑,須一吋二分,始能任重三十五噸.樹根鑽孔,擬定對徑一吋有半.以便鋼繩之得自由穿過也.每孔離根約在二呎左右.據江浜之經驗,凡江水為祟之日,往往風與潮二者必相偕並至,樹根方面,雖有鋼繩聯絮成排,然中段盧散,苟不設法使之結合,則一旦風潮大至,實有風衝浪擊,漫無約束之虞.此在計畫之初,不可不預為之防.故擬在離根一丈之間,施以夾板兩層,而上下實夾之板,以三吋厚六吋寬三十呎長之洋松為之.每距五呎,則置對梢螺絲釘以穿之,藉以固上下之層疊,并以堅全樁之結合.務使一氣呵成,疊成一排而後已.如遇螺絲可穿樹腹而過之處,亦即隨而緊連之.

　樹樁目的在速澱與迫溜二種.長江挾沙之量,據揚子江技術委員會之報告,在漢口者為一千零九十五百萬分一之重率,九江為七百八十五,湖口為七百九十六,大通為四百九十一.下游尚未施測,無所稽考,然為量必巨,當可想見.潮漲之時,流速頓減,沉澱銳增,故決以樹稍向潮,以根向流,以期混濁之潮,遇此蓬勃之枝,因以速泥沙之澱積,爲江岸之障,惟繫樁之法,關係極重,既無別葛乃爾之椿,又無壓水之機勢不得不另謀代替之法,此所以有三合土錨之計畫.

錨以一三六比例之三合土製成,中實以大塊蠻石.蓋此錨不受任何壓力,完全借其本身之重,固定其沉置之地位而巳.錨之狀初擬工字形,後改土字形,經數次之推究,求其入土得力之狀,終乃採用 T 字形,在上端之中,預留二孔,中實一鐵管,約長四呎,爲穿鋼繩之備.預計每錨須重五噸,共需四座,一置樁端深水處,一置東方潮向處,流向方面則半置二座,蓋所以防上游盛漲時,流速陡增,因以加大水力故也.每錨所穿鋼繩之二端,均連於穿根之鋼繩,雖各錨之地位不同,然鋼繩之長度,則由支配而一律,計各長一百十五呎,所以便施工也.錨與樹相去各凡十丈,其在樁端者,則多至二十五丈,在岸方面,則掘二十五丈長之深溝,溝有定坡,全樁樹根上鋼繩之一端,埋於溝中,圍繞於溝端橫臥之鐵筋混凝土椿,椿在地面下約五呎,鋼繩則穿入於毛竹槓中,以防鏽朽.

欲防意外之風浪,而減柳樹向上托水之力,則於樹之中部,夾板之間,覆以篾籠.籠長丈五呎,對徑一呎,計其容積可儲石一噸,仿照上海浚浦局之籠樁,圍以塘柴一層,相疊成堆,與樹幹相垂直.計需籠約二百只.

施工手續,頗難計畫,全須隨時應變.柳樹紮成後,在水浮沉如何,亦難臆料.無巳擬以桐木繫成木排,長約二十丈,即在排上施工,俟柳樹穿紮成後,即解木排,木可浮水而散,樹則相繼而沉矣.三合土錨則以二駁船相聯契之,沉時或用轆轤,此皆大概佈置也.

以上計畫,均就理想之所及,事實之可行,一再研究而后成,實不能與美國施行者,相提並論.然本試驗之性質,苟於保坍目的,稍見其效,則此後不難逐步改良.供爲日後之考鏡也.退菴兩師地方明達及會中同仁,頗多鼓勵指示之處,附此誌感.

附預算案一件圖一件

南通保坍會樹樁算預草案

一柳樹	一百二十枝(平均連運費)	約計六百元
二鋼繩(一吋二分對徑)	三捲(每捲長約七百廿呎)	約計一千五百元
三洋松(三吋厚六吋寬二十呎長)	八百木呎	約計八十元
四對棺螺絲釘	五十只	約計六十元
五簏籠(一呎半對徑十五呎長)	一百五十只	約計一百二十元
六塘柴	八千捆	約計五百六十元
七山石	二百噸	約計二百元
八鎗(一三六三合土)	四座	約計六十元
九工人租船等		約計五百元

共計約洋三千六百八十元

補白——工程雜錄 （祥）

8. 美國專利註冊章程,凡新發明或改良之件,有關於實用者,均可向專利局註冊得專利權,請求費僅須美金三十五元,十五元於請求時付,餘二十元於核准後付,專利權以十七年爲限.美國及外國人均一律無歧異.我國積學之士,如有所發明,亦可享此權利也.

9. 電話係 Alexander Graham Bell 氏,於 1876 年三月七日所發明,至今適五十年,統計全世界今年有電話局二千八百萬所,僱員約一百萬人.

10. 英國某大學教授發明用電氣方法,將香港四周之濃霧,降爲雨點,以利航行.英政府已撥給五百金磅爲試驗費.

11. 尋常水銀寒暑表,至高可量至百度表三百度;若將玻管內充實高壓淡氣,則可高至五百度.最近有美國 Leeds Northrup Co. 製造鍺錫寒暑表,以筆鉛爲管,中實鍺錫,可量至百度表一千八百度.

無線電傳訊之重要及其提倡方法

倪　尚　達

十四年冬十一月於美國菲省畢志堡城寓舍見上海申報國慶日增刊,載有某西人「中文」所作無線電對中國之重要一文,深憾不熟國情,隔靴搔癢,爰草斯文,與國人一商確之.　　作者附誌

近閱滬報,滬濱已由申報館,大陸報館,開洛公司,卡爾登戲院及日本神戶電氣公司等,築有送音台,按日按時佈送商情,市價,音樂,歌唱,名人演講等等就近居民,昔日僅能聞無線電話之神妙者,現能目視耳聞.物質文明,不可謂非闢一新徑.無線電傳訊不可謂非從此通俗.凡我無線電學者,當額首相慶欣幸無已矣.

無線電傳訊原理,細言之,非假高等微積不足以闡其奧,而顯其蘊.粗言之乃由送音處所發聲嘔,藉電浪振勵,傳之四空,感應接音處電路,再藉測音器還原之法循理顯,即老嫗幼童,均能用之,且其所傳者爲賞心悅耳之音樂,日常須知之市價,興趣多而愛者衆,流行之廣,大有一日千里之勢矣.

無線電傳訊,開始於意,完成於英,深造於美.而美爲首富之國,風行之盛.亦爲全球冠.總其熱心於是藝者觀之,約有二類:祇欣賞其結果,購一接音器或依人圖樣,將標準各器,結成電路,以接收遠近各地送音台,種種節目,列成表格,於特別情形內,亦得接收長矩離之電訊者,此爲第一類.自製其圖,自造其器,終日孜孜,不以他人之成就爲滿足,而時思自得新理者,此爲第二類.此類人物,下自不學無術之庶民,上至積學深思之敎授,以及學術經驗兩富之高等技師.其數之多,固不可與前者競.然合計之,當駭我人聽聞而有餘.而無線電學克臻今日之進步,實應歸功彼輩.故由前者之繁衆而觀,則無線電學結果如此,二可謂神乎其極.由後者之精神而言,則無線學之昌明,實費無量腦

1493

汁,非幸能置之.我人當五體投地,思有以效之也.且無線電之風行,其益不僅在人事交通之利便,無線電工業之發達已也.其於電理普及,電力推廣,亦相輔而相成.蓋購一器而為眼時之娛樂者,無論其為第一類,或第二類,學者或非學者,運用之餘,無不思其所以致用之故.若曾習中等物理學者,再購一簡易說明書讀之,不特於無線電學得解其奧,而於舊讀之電學原則,因之透澈.此關溫故知新也.若無科學常識,略受相當教育者,則必訪賢切磋,除於無線電學得其大意外,電學初理,從之了解,所謂好問則愈也.此種溫故好問之動機皆自娛樂而來,毫無外力,成效必大.積如許社會中占大多數略受教育及中等教育之男女人士,知電學大概,電學教育安得不云普及.因知電學大概之故,凡關於電力作用之器,無不樂用,電業發展,不期而至.廿世紀為電力世界.一國家而多知電學之人民,有充分發展之電業.農工商各業安得不發達,國際地位安得不增高耶.

更有進者,如上述第二類人物中,對於無線電供獻最多,足為是學向導者,當推大學教授.但根據大學教授,所開發之原理,以成經濟能用之儀器,廣佈市場推銷四海者,則為製造廠所僱用之高等技師.彼等除少數曾受無線電專門教育外,其餘均為電機工程師.電機工程與無線電學,本相伯仲,差點僅在低振數電能與高振數電能而已.因高振數電能在無線電學上,各種現像,各種研究,回顧昔日所習低振數電能,在電機工程上,將解未解,已解未盡之各種重要問題,相成相長,使電力發展,更進一層.其例最顯者為有線之無線電傳訊【Wired Wireless】即藉電廠所構成之傳電線為天線,用送音器,傳達言語,至預定之分廠,分廠用簡易之接收器接收之.互通消息,運機有節,蓋高振數與低振數電能,判若油水,在一線流行,毫無衝突相尅之虞.他如遠地節制斷流器,路燈,以及飛行機,戰鬥艦等等,應用同理,而葵成效者,正方興未艾.更有新成實驗,不久得於商業上應用,應用後能成大功者,為高振數電感式之鍊鋼爐.低振數者,知之有年,用之亦久.第效率低而結構粗,現用高振數發電機,供給電力於此爐,結果圓滿,甚合人意.鍊得之鋼,較流行市肆者,增勝一籌.孟子曰:工欲善其事,又先利其器,鋼者器之母,鋼愈精,器愈善,巧奪天工之說,其將由此而完成乎?循是而進,恐五年十年後,凡電廠中各種重要器具,如繼電器,走電計【Surge Indicator】過壓繼電器,自動合流器,電壓節制器等等,將與現時通用於接收器之測音放音諸器,同樣構造.或且能其所不能,及其所不及矣.噫!自光管成,而無線電傳照之術成,風行市場,爲期不遠.正輻管【Rectifier】 製而交流變高壓直流之法便用於送音台,無噪音之患.總之用端一開,試者繼起.其他方外有方,變化無窮.造就之宏,利世之大,即有智者難能料其底蘊也.

　無線電傳訊靈便既如彼,助長電業又如此.苟我國人耳目不願爲人掩塞,電業不甘讓人專美,余提倡無線電及研究無線學電外,其道沒由.或曰:當此國貧民貧,百業凋弊,不知於救國救民之實事上建設.而提倡娛樂器,徒增漏卮,其烏乎可.庸詎知各器官之於人生,各有其功用,失其一,非殘廢即死亡.各實業之於國家,各有其供給,失其一卽足召外患而受羈斷.故世無一業獨盛而百業衰敗之國.更無百業振興而一業廢弛之國.業與業發達之程度,因氣候物產上之不同,或有參差.惟其求各業發展得比肩於列強者無稍異.況我國之百廢待舉乎?嘗聞有清光緒初年,築鐵路於上海吳淞間.卒以奇技淫巧,重臣力爭而拆.不數年知其重要,願授權外人而築.又數年知外人築路利權喪失之害,主張自築.設今有人焉,公然以築路權,售諸外人.民雖無力,輿論必沸.夫由築而拆,拆而再築,築後而知其主權重要者,非自一般先知先見者,熱心提倡,喚呼於前而致之乎?無線電台由日美爭辦之說傳之已久.公園之請,不見報章,自建之說,不聞都會.卽有一二學者,間作筆上空談,亦屬言諄聽藐,呼應乏人.夫國人之愛國熱仍是若也.輿論之主持正義亦未變也.徒以知者少,而不知者衆.於是任人宰割,不加顧問.故由此而言,無線電學之亟須提倡,實刻不容緩.提倡之法,約有下列諸端,請分述之.

（一）我國交通部應設立無線電學研究所

無線電學由研究而得,上已明述,所謂研究者可劃分二類.一為純粹科學研究,由實驗而推理論,由理論定實驗,以求真理為歸束者是.一為應用科學研究,由已得之理論,已有之實驗,應用之以製成商業用路者是.此二者輔車相依,唇亡齒寒.凡現時號稱文明國,得學術及工程上之獨立者,無不有此二種研究人材.我國科學幼稚,人材缺乏,無可諱言.但捨第一類之研究,而為第二類,為目前計,決無損大體.況晚近學子,負笈東西洋,其高深數理,電機工及無線電學,而能担任第二類研究者,為數尚彩.徒以經濟無着,組織失効.於是返國後,散居各地,鮮用所學,即有一二掌教於專門學校,同受經濟之困,無以發展其能.故交通部為提倡學術計,為自製交通儀器計,當撥用國庫,羅致人材,設立電能交通研究所,以研究試驗有線或無線電報電話中,所用各器之性質運用,並採納人言,以圖自新,摸索精蘊,以求自昌.利用國產,【如蛤壳之可為蓄電器,徽墨之可成良電阻等等.】以抵外貨.因地制宜,以增効率.其他如標準單位之訂定,標準量法之說明等,可備國內實業上,教育上之參考,可促國內實業界教育界之進步者,不一而足.即因經濟不裕,人材不足,而暫為小規模之建設,則試驗購品,以別其新舊,定其効率,測量舊器,以較其常度,權其取捨.嘗聞浦口某路局向英國某電廠之訂購「透平」發電機也,不特價值高昂,効率低小,且為廿年前舊貨,早廢於歐美工場.陳腐若此,執事者罪固可誅,而監察者亦咎無容辭.噫藉口財政,不加推廣,猶可自飾.既有經費,而購劣貨,良心何在.故為善用西品,減殺弊端計,交通部更當有此所之設也.且東西各國,無一不有國立標準局,而國立標準局中之學者,無一不為其國應用科學界之領袖.成効之隆,於此可見.

（二）國立無線電報台宜裝送音器按日佈送音樂等等

無線電報與無線電話結構略異,原理則同.倘無線電報台所用高振數電能器為電隙式【Spark Gap Type】或為連波式【Continuouse Wave Type】之潘生弧【Poulsen Arc】阿氏發電機【Alexanderson Alternater】哥氏發電機【Goldschmidt Alternater】靜電變振器【Static Freqnency Changer】及馬氏之合組電隙器【Marconi Multigap Genaater】則利用爲送音台,改變甚多,或生不便.若爲振動管【Oscillating Tube】除極小改變外儘可兩用.且覩近今振動管之精進趨勢,及上述縮波式或連波式各電器之構造困難,効用不大,數年之後,振動管代用其他各器,實無疑義.即云我國無線電台所有高器,爲電隙式或潛生弧.然天線地線,感應圈,蓄電器,高壓直流發電機硫酸蓄電池等等,仍可應用於振動管調幅管【Modulater】(或譯疊波管)以成送音器.擇每日不發電報之暇,以送相當節目.使附近居民,受高尚之娛樂.達無線電學提倡之的,極無線電學應用之能.一舉數得!何樂不爲.不特此也,我國教育尚未普及,報紙無以擴廣,消息甚難遞傳.民意不達於上,官政不佈於民.上下隔膜,奸邪者從之播弄是非,無惡不作,苟利用各地國立無線電報台,以送政府消息,官民一致,誤會全消,有利國是,豈可限量.近聞英國內閣總理包爾文氏【Stanley Baldwin】有請上下兩議院,議員,組織無線電委員會之宣言.計欲佈送兩院開議時之言論.哥倫比亞大學無線電學教授馬氏【J. H. Morecroft】著爲論文,請美國政府有同樣之舉.去冬美國共和民主二黨,精無線電話以佈送其競選總統之方針.今春紐約省省長斯密斯氏亦用無線電話,以佈送其減稅案主張於省民.卒獲反對黨(即共和黨)省議員多數之通過.由此言之,無線電之於政治運動,成功偉大.我國當局聞之其有動於中乎?且晚近久學革命者,文言改用白話,使人民便於閱讀.但最少亦須受三四年義務教育,而後能之.築路救國者,雖可將鐵路增長交通利便,使南北言語風化從而一致.但需款之大,進行之緩,効力之微,即十年廿年亦難達此目的.苟利用無線電則民無文野,均具天賦之聽官,地無遠近,能通燕粤之俗談.語言統一,不期而然.常識實輸,不求而達.美國哈佛大學電機教授開納來氏【A. E. Kennelly】曾謂作者曰:中國人民,好和平,守本分,不與人競,其害則妨實文明競進.歐美人民,喜爭競,重音樂,其害則物質文明墮,而易肇戰禍,人類幾至破產.兩者各有所長,各有所短,將來精無線電傳訊之便,使東西兩半球人民,如對坐一室.截長補短,各取精華,以成一種新文明,世界當可永久和平也.夫以黃白異種之人民,孔耶不同之教化.美國電家名家如開納來教授者,尚有以無線電爲構通中西文明之偉論.況吾同爲黃帝子孫,同居亞洲中部之四萬萬同胞乎?或曰:吾國天災流行,內爭時起,人民生計,日廣不足.即有國立無線電報台,按日佈送,奈無財以購接收器接收何!但據作者在美國菲省西屋電機製造公司無線電部實習調查所得,凡三十華里內能接收之結晶接收器,僅值國幣十元.三百華里內能接收之眞空管接收器,僅值二十元.況交通部既設電能交通研究所以提倡於前,又有國立無線電台按日佈送,以開放於後.國內製造廠,必開始自製,其他對無線電有興趣,而圖製造者,必將接踵而起.如是接收器之價值,最少可減十分之三.彼殷實農家,小康商戶,諒能購買.即因風氣未開,購者甚鮮,然鄉有公所,市有商會,閱報社,圖書館及其他種種公立會所,以通俗教育爲宗旨,必能購一眞空管接收器,與放音器,設於大堂,娛樂羣衆.且我國已築有無線電報台者,如北京張家口天津吳淞等處,均爲通都大邑.居民之生活程度高,購置能力大.倘所傳者卻有興趣卻有價值.則茶坊酒肆,公園戲場,欲藉無線電爲廣告者,不一而足.顯官縉紳,名門賢淑,欲藉無線電得高尚之娛樂者,指不勝屈.接收器之推銷,實可不卜而決.

(三)第一流報館當有無線電週刊

一主義之宣傳,一學說之推廣,非少數人之口,少數人之筆,所能畢事.必藉羣口羣筆而爲之,始臻大効.故政府即有電能交通研究所爲無線學淵藪,以其研究所得,利其國內矣,即有國立無線電報台添置儀器,佈送節目,以娛樂國民矣.而無第一流報館,爲國內輿論總機關者,發行週刊,專載無線電消息大意,結構運用等,使一般智識階級,及受過普通教育,能閱日報者,常與無線電相接觸,則無線電傳訊之難於發達,當無疑義.美國自一九二二年盛行無線電送音以來,關於是學之出版品,其以無線電學為專名者十餘種.名異性同者,亦可以十計.其他雜誌之附載,報章之特刊,汗牛充棟,不勝枚舉.即其內容,大同小異,而為提倡之崇旨,以適合於社會上各種人民之閱讀程度者一也.於是知者多,用者眾,普及之速,電掣風馳,一發而不可遏.蓋天下所謂新發明,新製造者,自其外而觀之,無一高大深遠,難能摸索.即其內而窺之,其理其用,無所奇異.相對論也,量子律【Quantum Theory】也,無一不可編最淺顯之說明,以告人民,無一不可為最簡便之實驗,以曉聲眾.犬馬象虎,均為無智之動物,彼以馬戲為業者,能使之知人意而演技,日訓月棟為之也.故凡吾國第一流報紙,本開通民智之初衷,刊行無線電附報,中國科學程度雖幼稚,無線電之流行當可拭目待也.

(四) 各學校自然科學中加授無線電大意及其實驗

少成者天性,習慣成自然.何則?凡年少者本天賦之能,無成見,少愛憎,循循善誘,導入正軌.無學不可授,無技不可傳.授矣傳矣,無一不可得相當結果,以滋助其將來事業.故歐美各大學,無運動教員之特別提倡運動,而學生好之,即飯後數十分鐘休息,必充分利用,無他好動之習,自幼成之也.科學常識,社會上無特別宣傳機關,而人民對於科學常識之豐富,令吾人聞而駭駭.甚至相對定律,借汽車之行止以明其理.電浪傳能,藉鞦韆之擺搖,以述其意.蓋一市之內,一家之中,交通之器,起居之具,觸於目,接於耳者,無一非科學之應用.幼染長習,寸累尺積.科學常識一若生而知之.哥倫比亞大學無線電學教授馬氏曾謂作者曰:中國科學不發達,非中國人不能知科學,不能習科學,因社會家庭少科學製造品,為兒童之灌輸陶鑄也.美國第二次庚子賠款退還委員會赴華代表孟祿博士以我國中小學校理科教學,無實驗為大奇,有用此款為中小學校理科實驗設備之說,為科學教育之實際提倡.總之欲補我國物質文明之缺點,惟提倡科學.提倡科學而自學校起首,乃中外不易之論.無線電接收器之便於構造,饒於興趣,述之學校生徒,無不樂為學習.於是架天線,造木箱,製電感圈,成蓄電器？接銅線連爲電路等各種手續,細分之實爲小規模之土木工,機械工,電機工.法簡效宏,昭然著揭.且現今義務教育上最重要,而最難解決之問題,爲學校與家庭聯絡.展覽會,懇親會等等,一學期一舉,廢時多而收效小.若中小學校添設無線電課若干小時,至相當年級之學生,各自成接收器,移置其家,每晨可接早操號令,日曜可接師長訓話,各學校可藉就近送音台將其欲傳之早操及訓話傳佈之學校家庭,無形聯絡.重要問題,從此解決.司教育者,盍速圖之.或曰:斯言過近理想,但美國送音節目中,日曜教士之祈禱,每日早操之順序,載之甚詳,從大逮缺.因其收效之大,農務部有將以無線電爲推廣農村教育之設施.不在學校者,尚能藉無線電使受教育.已在學校者,而曰不能藉無線電以聯絡,其孰信之.

(五) 大學校設有無線電專科者設立暑期講習所及進行其他推廣事業

　　爲學校培植無線電教師,及社會上無線電技手計,凡有無線電專科之大學,爲上海南洋公學,杭州工業專門等,添設暑期講習所,並進行其他推廣事業亦爲當務之急.蓋據記者六年前在南京高等師範理化本科學習參觀調查所得,凡爲中等學校物理教員者,電學智識,相知一二.無線電傳訊作用如何,或竟未之前聞.小學校理科教員更無論矣.況以我國求學自求學,教員自教員之薔習,及書坊間尚少無線電簡本之刊行,社會上尚無相當機關之提倡,彼等對於無線電傳訊之爲何物當如故也.夫以大多數不諳無線電傳訊之學校教員,請其設立無線電學程及試驗,緣木求魚,何從而得.故於暑期之暇,凡爲無線電學專科教授者,藉學校已有之設備,招集國內中等或高等小學校理科教員,授以無線電傳訊之要義,無線電實驗之設計,及各種接收器電路之裝法等等.使彼等得其大意,以傳學校生徒普及之効,當可由此收也.美國除各大學,暑校中增設無線電科外,其他如青年會,職業校,夜課館等等,無一不有無線電班.記者於前年春在哈佛無線電交通科時,曾見同班西人,散課後急持書囊,趨搭電車,一者有要事者.翌日問其故,彼曰往波士頓夜課館教授無線電學大意也.問其學生情形,則曰:都爲中年以上,略有普通教育之婦人,奮勉力學,不露倦容.夫以若輩婦人,尚知無線電學之重要,孜孜學習.況我國堂堂中等及高等小學校之理科教員乎?至其他演講團之組織,說明書之刊行,對於無線電推廣,甚有補益,亦當相輔舉辦之.

總之,歐美無線電學趨勢,已過國家社會提倡之期,漸收人民自由研究之效.非職業無線電會.【Amateur Rodio Club】二年前僅限於美國一邦者,現已擴爲萬國非職業無線電公會.【International Amateur Radio Union】結異語之國,合異種之民,而成全球研究無線電最強最力之機關.即其成就,以美國論,由該會之指導,而成無線電技手者,已有二萬人,與政府合作認爲軍用上後備人材.該會會長麥克雪姆【H. P. Maxim】及幹事槐奈【K. B. Warner】會宣言曰:無線電爲構成世界和平之利器.又曰:有非職業無線電研究會之國,其國之無線電學必隨世界潮流而進.至該會對於無線電學之供獻,即構成短波送音機【Short Wave Transmitter 自 0.7496 至 0.7477米達】用電能五千瓦特,可傳及全球.又發明短波進行日速夜遲之律,以促短波無線電傳訊之進步.噫!同爲圓頂方趾,同具天賦英靈,國民乎,起而共圖之.

補白——工程雜錄　　　　　　　　（祥）

12. 英國航空部爲鼓勵發明直升飛機事,懸獎五萬金磅,分下列四
　　項試驗(1)該機須載駕駛員,及一小時之燃料,及一百五十磅之
　　軍用品,從地面直升至二千呎高度,再下降而無損壞.(2)該機
　　如第一項直升後須在二千呎高度居留半小時.(3)該機在二
　　千呎高度繞圈一匝,圈周須二十英里,風速率在六十英里之內.
　　(4)該機從五百呎高度時淨止引擎,下降於一百呎徑之地上

石家庄電燈廠機件使用狀態之改良經過

彭　會　和

石家庄電燈廠開辦已歷數年全市燈光均露淡作金黃色.作者於十四年秋到石,受任管理該廠,乃考察燈戶所受之電壓,無有過於100伏爾脫者,上焉者90v左右,下焉者僅勉強40v,然電廠應給燈戶之電壓爲220v,今燈戶若仍用220v之燈泡,則電光將星火之不若,是以燈戶均逐漸改用110v之燈泡.

在此狀況之下,發電機負荷電流 (Load current) 超出常度在20%以上,而局部變壓器 (distribution transformer) 方面竟過格負荷至50%之多,線上損失固無論矣,而意外危險尤爲可慮.

由以上情形而論,驟視之似除添購新機增加變壓器外,別無辦法.顧事有未盡然者.此中頗有玩味之價值,茲先述其使用機件謬誤之點如下.

該廠有625 Kva之三相更流汽輪發電機三座,其規定電壓爲2409v但其使用電壓 (operating voltage) 常在1000v左右,最高不過1300v,偶值洗鍋爐時竟低至600v此其使用上謬誤一也.

又考各機之規定速度爲1200 R.P.M.,但由作者測得之結果僅 800 R.P.M.相差達 400 R.P.M.,此實使電壓不能升高之根本原因,蓋礪磁機 (exciter) 係與發電機同軸,直流電壓亦因速度下降而減小,故強欲藉磁場電流以升高更流三相電壓,亦勢所不能.此其使用上謬誤二也.

鍋爐汽壓定爲 125 lbs/in² 已似甚低,然猶岌岌不可保朝夕,其原因乃在烟突吸風 (chimney draft) 不足,以致連帶造成各種錯誤.此其使用上謬誤三也.

該廠有大小水管鍋爐兩座,其大者足供三機之蒸汽,其小者祗能給兩機

LONGOVICA

COMPAGNIE INDUSTRIELLE & COMMERCIALE D'EXPORTATION

Société Anonyme au Capital de 20 Millions

Siégé Social: PARIS

Tel. Central 1454   7 QUAI DE FRANCE, SHANGHAI   Télég.: Longovica-Shanghai

隆 高 洋 行

（法國工商業出口公司）

遠東經理：上海法租界黃浦灘七號   電話中央1454

本公司係由法國數大廠家聯合組織而成，專營販輸其出品于各國，不假第三者之手，以減成本，而利競爭，各廠家資本總數，達四萬萬佛郎以上（約合二千餘萬兩）其中重要者如：

隆高爾鋼鐵公司 Aciérie de Longwy（隆高洋行，由是得名）製造各種生鐵，鑄鐵，鋼鐵材料

魯華納管子公司 Louvroil et Recquignies 製造大小水管，汽管，探鑛管等。

治敷電冶公司 Electro-Métallurgie de Dives, 製造紅銅，白銅，鋁，鎳，及各種合金。

法北製造廠 Atelier de Construction de Norde de la France. 製造火車頭，電車頭及各種車輛。

哈那多 Société Rateau 製造渦輪蒸汽機（透平），旋轉抽水機，電風扇，水門（凡而）等。

郎司電器公司 Cie Générale Electrique de Nancy 製造各種電機，變壓器及電業用具。

哈利魯公司 Société des Usines Renault 製造各種內燃機，煤油機，黑油機，煤油精機。

此外如各式鍋爐，蒸汽機，無線電器，築路機械蓄電池，白料等，無不俱備，如荷詢問，不勝歡迎。

1503

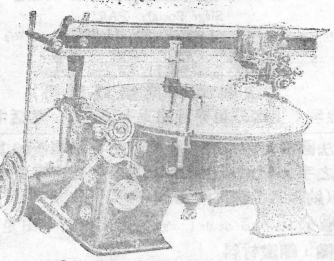
1504

嗣因負荷電流太大,三機全行運轉,小鍋爐乃等於廢物,非於萬不得已大鍋爐必須洗刷時,從不使用.是以大鍋之洗刷,恆苟延時日達三月以上,鍋垢盈寸,不但多費燃料,抑亦促短其壽命.此其使用上謬誤四也.

三機所供給之電力,實未超過其容量,其最大負荷爲 $\sqrt{3}EI = \sqrt{3} \times 1300 \times 50$ $= 112.45$ Kva, 與三機之總容量 $3 \times 62.5 = 187.5$ Kva, 相比尚有 75.05 Kva 之餘力.

細察以上各種謬誤,於是決定如何下手改良.三機均係不凝汽式之汽輪 (non-condensing turbine) 其廢汽 (exhanst steam) 一無所用,乃將一機之廢汽管接於烟突,一月而工竣,即利用之以助增烟突之吸風,鍋爐汽壓乃由 125 磅升至 150 磅.汽壓旣升,汽輪運轉速度自高,電壓亦自得任意提高,此時最好所有燈戶一律改用 220 v 燈泡,但燈戶決不肯負此改裝之費用.事出兩難,作者乃先以一機爲試驗,適此機未與其他二機聯接,作者將此機所屬之變壓器低壓方面,改接線圈成爲 110 v 式,高壓方面有 2000 v,低壓方面即得 100 v,至車站及本廠之舊用 220 -v 燈泡者,變壓器仍接成 $2200-220$.當晚開機,機匠咸惴惴,蓋開廠四年,汽壓電壓,從未提高如當晚者.試驗結果,該機電流倍減,全埠電燈大放光明,蓋其他二機荷載,預經移輕,其電壓亦得略略升高至適當限度,故全埠無一處不感其痛快也.

作者計劃,擬將三機全行聯接,尋常祇須開駛二機,大小鍋爐亦可互爲替換,無奈全市變壓器中,一部份祇有 440 -v 及 220 -v 之接法,不得接成 110 -v 式,此中關鍵,尚有待玖慮也.

通 俗 工 程

北京香山第二慈幼院自來水之計畫

鄒 恩 泳

本年九月余在京都時,友人朱有驦君,特來邀往香山,計畫第二慈幼院自來水工程.朱君習衛生工程,以院務過忙,無暇兼顧,因以全部計畫及繪圖等委託於余;蒙朱君時予贊助,歷一星期而成,目下正在招人投標包工矣.

恩泳識

北京西山之香山慈幼院,曾遊西山者莫不知之.院爲鳳凰熊秉三所創辦,今已五載,其規模之大,進步之速,誠可驚人.開辦費計六十餘萬元,加以歷年擴充所費,共約一百萬元.現院中學生有千餘人,各種設備,均極完善.院中有各門藝術,工廠,試驗室,機器廠,以及一切職業,種類甚多,不勝枚舉.此外則自設電燈,電話,自來水等,以資應用.我人遊歷其中,儼如在一小城,擬之美國之 Junior Republic, 頗多相似者.

慈幼院內部之發展,蒸蒸日上,無時不在擴充之中.第一院開辦不過數年,即不敷用,爰有第二慈幼院之籌備,第二慈幼院址在頤和園外之西北,院舍有南北二屋,稱爲南院北院,斜相對峙,有溪橫貫其間,溪至北院之西,又分一支繞北院之北.北院專供敎職員及學生住宿之用,南院則充作敎室及辦事室.兩院均有舊式廁所,不用水沖,浴室洗盥室廚房,概設於南院,而北院則無一有之.目下第一院人太多,以一部份分住第二院,人數約在二百,最多時不過四百.本計劃之標準,亦以四百爲限.

每人每日平均用水多少,各地不同:美國之量爲一百加侖至一百五十加侖,歐洲約用三十加侖,中國工廠有祇用十加侖者.美國用水素以奢聞,歐洲

較儉,中國工廠則僅備日用必須之水而已.該慈幼院灌漑草地,洗滌衣物,可
直接取給於生水,至於洗浴,亦不日日行之.餘若廁所,不用水沖,火災可臨時
抽水,且院中工業亦無需鉅量之水,故水之多少,足供家用可矣.每日每人平
均水量,如取三十加侖與十加侖之間,得二十加侖,與第一院所規定之量相
若.第一院之自來水,本備六百人之用,現人數達一千以上,仍可勉強供給,足
爲明證.第二院用水情形與第一院相似,採取二十加侖之量,當無缺水之虞.
且意外增量,尚可直接取給於生水,補救之方,殊簡便焉.

　第二慈幼院惟一之水源,爲院前之溪水.顧溪水地位甚低,欲得壓力,非用
抽水機不可.結果決先引水至濾水池,濾清之後,再抽上水塔,以備應用.引溪
水至濾水池之法有二,視濾水池之高低而定.換言之,一則溪水抽高而入池,
一則溪水落低而入池.後法雖無抽水手續,但建築上困難甚多,或不經濟.院
長意旣屬此,故採取焉.水經濾清之後,入清水池,由清水池抽上水塔,再由水
塔下流,分佈於院南之廚房盥浴室等處.

　中國工資低廉,足供利用,故抽水機用人工擺動,抽水入塔,每日三次.以經
費有限,各部工程均從儉計畫,因陋就簡,未可以偉大工程目之也.

*溪水之面低於地者二尺.進水鐵管直徑五寸,管口在水面之下約二尺,溪
水漲落甚少,此數已足.管口外堆石塊,以防外物之吸入.管長十五尺,直通濾
水池.在未入池牆之前,裝有合水門一,其柄穿出地面,以便開關.池內管口封
以極細鐵絲紗網.水旣入池,可居砂上至五尺之深.濾水部爲細砂,碎石,鵝卵
石三層,其粒之大小,另有規定.濾水部下面爲承水部,乃用瓦塊覆蓋池底而
成.池底由兩邊向中下斜,集於一溝,斜度僅二寸半,溝之斜度同.全池計長十
二尺,闊十二尺,深十三尺.牆高五尺,頂厚一尺,底厚二尺.牆用磚築,表裏以洋
灰膠泥厚爲敷佈.池底用三和土,厚計一尺.

　水經濾清之後,循底溝由一五寸圓管而流入清水池.管上亦有合水門,其

　　　　* 尺寸以權度尺爲標準

柄甚長,在池之上面,以便開關.清水池位在濾水池之旁,長十二尺,闊十尺,全深十五尺,貯水可深至九尺以上.池牆最高五尺,頂厚一尺,底厚二尺五寸.池底厚一尺.池牆及池底之材料與濾水池同.兩池之上,均以木板遮蓋,免曬露焉.

清水池中接有二寸口徑之直立水管,管口離池底約八尺,上端接一橫管,連於抽水機之進水口上.水自抽水機出,經一百餘尺長之二寸水管,而達水塔.

水塔用鐵製,厚四分一寸,直徑七尺,高八尺.塔底爲半球形,半徑三尺五寸;塔頂爲錐形,高二尺.塔底有五支水管:一爲進水管,直徑二寸,接抽水機;一爲溢水管,直徑一寸,直通塔內之高點,下接廢水溝;一爲洩水管,直徑二寸,居底之中心;一爲出水管,直徑二寸,管口高出塔底約一尺,下段分枝入廚房及盥浴室等處;一爲連接鍋爐水管,直徑一寸,管口亦高出塔底約一尺,下接鍋爐.以上各水管,除溢水管外,均裝以台水門,以資開關.塔底最低處,距地亦有九尺餘.水塔下層及抽水機,皆在室內;塔之上部,約五尺,露於屋頂之上.此部四周及頂,均包以鉛皮,中間隔以木屑,以防寒凍近塔底處,加一鐵圈,備柱之支撑.全塔支持於六隻三寸直徑空心鐵柱之上.至於木樑,不過負塔重之一小部份耳.鐵柱下端墊以一寸厚之鐵板,柱基則以三和土成之.

院前空地甚廣,如有擴充計畫,亦有餘地.將來若人數增多,可將人工抽水,改爲電機或汽機抽水,抽水次數既多,水量自增.至於水池,亦可照樣加築數口,惟溪中之水,是否足以供給,尚需精細研究耳.

工程師對於新築鐵路應有之責任

曾　洵　譯

說者多謂某地鐵路之應否建築,非土木工程師分內之事,作者則謂關夫建築鐵路之適宜區域,及其將來之運輸事業如何等等,均為工程師責任內事,請得分言之.

關於建築新路問題,著者於數年前曾揭舉要義數端,茲錄於左:

(一) 用最低限度之資本,而得所希望之結果,方合於極經濟之原則.

(二) 若徒增加所規定最低限度之資本,而於淨利（Net profit）無所增加,則增加資本為不合宜.

(三) 向外投資,於淨利無所增加,固為不當,然撥用指定築路部分之資本以為別圖,即使有利可得,亦非其道.

鐵路者,實一種運輸之機器,故關於其計畫及建築上種種法則,亦與關於機器者相類似.如所用法則邁當,則所造之鐵路功能既好,而經常費用及營業費用均可減至極少.蓋工程師之責任,在利用少數之資本,而獲得極多數之盈利.故關於各種重要事件,皆須詳細致慮,如可決其成功者,則進而行之.

關於將來運輸之數量與其性質,如運輸之價格,拖運之距離,搬移之費用,速度之影響,損失之賠償,貨運密度是否一定,或是否平衡,或屬於局部者,或一部分屬於局部者,或一部分屬於全綫者,種種要素,均當與以相當之致查預測其將來之大概結果.

建築鐵路,原為發展運輸事業,有建於無鐵路地以開拓地利,或築於已有鐵路區以分他路運輸與之爭競.為求將來事業之發達計,對於鐵路計畫原則上,所應注意者,初無二致焉.

建築新路,其先決問題為該路是否應築,如認為有建築之價值者,則路綫當經過何地,性質者何,及費用多少等,皆須依次熟計之.普通鐵路有以營利為唯一目的者,亦有以開拓地利為主旨者.前者,固必求入多而出少,後者,亦不能不求收支相抵.所謂收支相抵者,即總入項與支出項(經常費,營業費及賦稅等)相抵是也.問題甚大,實有精密研究之價值.

　財政方面之安全,於未築鐵路以前,須細心考慮.實則運輸事務上所有各種可能之事,均須詳為分析.凡與財政問題有關者,皆不可忽視.例如沿綫之市場,與他路之聯運,運費率之分配,或與他路之競爭等俱為重要問題,宜詳加研究者也.又路綫所經過各地之狀況,及其將來可能之發展,不特根據於該地已知之事實,并須探取其相似地方之情形以引證而比較之.如此則工程師對於將建鐵路所經過各地方之情形,始能明悉,否則甚難運籌策畫,尚有佳果乎.

　研究資料,已如上述,繼乃詳細分項而彙集之,以次定此路之應否建築.如應建築者,則下述各項問題亦自然發生,就中屬於天然者多,屬於人事者少,重要業務之盛衰,均以處理是等問題之善否而定之.

　所謂各項問題者,即鐵路本身之實際計畫與建築等是也,其主旨在使其組織各部均適合於需要.換言之,即使鐵路為有功用之工具.此類問題,實為工程師分內應理之事.

　關於建築鐵路之經濟問題,固非僅有技術之工程師所能勝算,其必彙有各項經驗學識者,始克有為.如運輸事務之調度,保養路產之法則,及營業發達之計畫等,為工程師者均須融會貫通,權其輕重而舉辦之.

　詳細調查鐵路所經過之區域,為建築鐵路前最重要之手續,將來路綫之建築修養經濟等諸問題,亦惟此是賴.即所謂勘查是也.此種勘查,可使工程師心目中於路綫所經過地方之物質上地理上,得有切實之印像.

　先由個人用氣壓表等勘查之後,俾其心目中預有印像,乃用測量儀器等再行測量之,方為合法.常有定綫差誤距離迂長者,皆由地形不熟,強使合於理論上所假定之標準坡度及曲度所致.此類例證,不勝枚舉.故吾人務使理論合乎事實,勿使事實屈就理論也可.

經營鐵路事業,其財政狀況之佳否,完全視入款與出款之情形而定,情形與個人經濟同.在個人方面,務使入款多而出款少,於鐵路亦何莫不然.試就貨運而言,入款則計以噸哩 Ton mile, 出款則計以車哩 Train mile, 工程師之職務,在使所造之路,噸哩為最大數,車哩為最小數,則益利必矣.

測定路綫,若惟坡度平易是求,亦未必即為最合用之法則.蓋不自然之平易坡度,每致路綫迂長及曲度離奇,建築費用浩大,不但經常費加多而修理款亦復較巨,其結果必為車哩增多,耗費加大矣.若所取路綫,較為直捷,位置較好,建築費用又較輕,且適合於機車之動力,則坡度雖較大,亦不悖乎經濟原則.總之,鐵路經濟狀況,正與個人同,不在入項之多,而在善自節省,使淨餘增多.坡度或大或小,不過相對名詞,若擬用坡度,於運輸上之效率及經濟兩方面,俱屬無損,即可施用,固不必拘於百分比例 Percentage 之或大或小也.

坡度之最大限既定,則坡度之分配,復為重要問題.列車之經濟運行,為其所能運行之距離最長,且免沿路之遲延,又省轉輸之耗費.若所擬定之路綫,長於機車力所能行之路,則依機車力所能行之路,而畫路為區段.每區段之坡度,各各分別記出,逐一討論之.在各區段間,固各自有其最大坡度,於各區段內,各配以相當之機車,則列車之於全路,運行連續而速度均勻矣.此層須本於工程師在機車及築路兩方面之知識同經驗而得,而築路之費用,與此尤有密切之關係也.

曲綫之阻力,不特有損機械能力,即車輪與軌道之修葺費用,亦較浩繁,此理甚明,不待贅述.若曲綫上之折減率施用得宜,則亦可補上項缺點,不過折減率雖常應用,若同時不於曲綫之位置,及列車之速率長度等,加以相當之考慮,其結果亦必不佳.總之,每一曲度各具特質,宜分別討論焉.

工程中之何部分,為永久工程,須視經濟情形而定.在經濟拮据時,則建築巨大之洋灰工作或石工作與華麗之車站等,均屬不宜.鐵路在初創時代,其財力以較他時爲充裕,多數工程師遂任意浪費,不知資本實含有借欵性質若在建築時耗費過甚,常令日後經濟困難,收效遲緩,故於修造新路時,凡工程之可暫時緩築者,即緩築之,俟路欵收入盈餘,再建該項工程,方爲正當辦法.例如暫用坡度與較曲曲綫,亦得調用.待該路運輸發達及關係重要後,有永久工程之必要時,可用路欵餘利以求進步.依此辦法,則改建工程於固定資本可少增加.較之該項工程開始時即力求堅美,資本即形拮据,相差天壤.讀者須知路綫之坡度,無論大小,其督工,工程,法律事件,鐵路界限,枕木,鋼軌,房屋,藩籬,號誌,給水,燃料,及大部分橋樑等之用費,大約相等.換言之,即小坡度與平易曲綫,不過路多掘土費耳.上述各項費用與全綫作通盤比較,則前說之爲損爲益,亦能明瞭矣.

　鐵路終點之地位適宜,及地基寬大等,不但專供現任之需要,幷須預爲將來之發展地步.但此事常爲大多數工程師所忽視,想由於缺乏實際上經驗所致.狹小與不適宜之終點,常使營業用度增加,致鐵路收不佳之結果,較他種原因爲更甚.美國各城,一車或一噸之貨物到達終點時,其一起一卸之費用,常與在通綫上拖二百哩或三百哩之費用相等.故若遇是種情形,則可於路綫上裝卸,不必在終點上,實爲經濟之法也.

　總之,吾人旣知工程師之責,在使鐵路之路綫及坡度組織完善,縱有意外事發生,亦不至發生危險.若於各方面均已留意,而獨於終點之位置與計畫未能合宜,或太窄狹,則行車如何能佳,收入如何能旺,此亦工程師應負之責也.

　以上所舉,皆本於著者四十年來盡力於鐵路上之定綫,建築,及經營之所得經驗,凡精幹之鐵路工程師,實不僅以導釘木概計算土方爲能事,尤在乎能爲精確之估價.工程師爲組織鐵路之人,鐵路之關有完善組織,亦猶人身之應有健全五臟也.

　　鐵路之計畫與建築確屬一種科學,當爲近今社會所公認.此不獨有利於鐵路事業,即於工程師之職務地位將益增高,吾工程界中人肩此重任者甚夥,可不勉力從事,以期斯業之大成乎.

無線電傳訊(即無線電報及電話)
之問答四則　　　倪尚達

(一)問.　何謂無線電報及電話?

　　答.　無線電報及電話是一種機件 Device,借電能力以傳達人之智慧如言語文字等.性質應用與有線電報電話相同,特前者因無線之故,儀器組織上,較後者爲複雜耳.

(二)問.　無線電報與電話有何區別?

　　答.　無線電報與電話之分別與有線電報與電話之分別相似.電報須用號碼代表文字,而後藉電力傳達之.電話則有接音機與送音機,人之言語,得藉電能力直接傳達.論其原理實無大分別也.

(三)問.　無線電儀器之組織者何?

　　答.　無線電儀器之組織有下列各種:

天線導線之架於天空者也.地線,導線之深入地中者也.積勢器,用二組銅片交錯而成,片與片之間爲空氣.二組銅片完全不相連續.此器有二種,一種爲變値者,即二組銅片之位置得旋轉變換,以變換其積勢量.一種爲不變値者,即二組銅片之位置固定,不能移動.片與片之中間爲空氣,白紙或油類等.其積勢量不能變換.磁電圈,二組導線表裏迴繞而成.此二組導線有時連接,有時則否.視應用之地位而異.其功用同.此圈亦有二種,一種爲變値者,即二組導線間之相對位置,得旋轉變換,以變換音週率變壓器,即對成音週率之電浪,起變壓之作用.與定值磁電圈相似者,爲射電週率變壓器,即對射電週率之電浪起變壓之作用.成音週率小,自三十至三千左右.射電週率大,自幾萬至幾千百萬.送音機接音機此二者與用於有線電話者完全相同,惟於無線電報僅有接音機,而無送音機也.測音器,此器有二種,一種爲金屬礦結晶,如自然銅等.一種爲眞空三極管,形似電燈泡,但結搆有三極,爲屛柵及燭絲而巳.此外凡短距離者用乾或濕電池,以供給電能.遠距離者,用直流發電機,及高週率發電機等.

(四) 問.　無線電通訊機之作用若何.

答.　　　(甲) 送訊機

約言之,送訊機分二大電路.第一爲振盪電路,由天線,地線,變值積勢器,變值磁感圈,及振盪三極管等而成.此路發出射電波,有一定波長,如某某送音台之波長爲二百五十米突者是.第二爲關幅電路,由送音機成音變壓器,關幅三極管等而成.此路因音波之振盪,經送音機及關幅三極管,成一種具成音週率之電浪,此電浪與第一路電浪相合關幅傳佈天空.如木塞之浮于江水(前者爲木塞後者爲江水)順江水之流勢,東下於海,傳諸五洋矣.

　　　(乙) 接訊機

簡言之,接訊機亦分二大電路,第一爲關諧電路,由天線,地線,變值積勢器,變值磁感圈等而成.第二爲檢波電路,合測音三極管,接音機等而成第一路與送音台之電波相關諧而收受,經測音三極管,將成音電波檢出,又改爲直流電,輸入接音機而達人耳也.

其磁感度.一種爲不變值者,即二組導線間之相對位置不能變換,而其磁感度爲一定不變者也.變壓器有二種,凡磁電圈中含軟鐵片者,爲成

A BRIEF H1STORY OF THE MEATL WINDOW.
By F. M. Wheeler.

Windows in iron originate in England and have been in use there for several hundred years. At first their use was very limited as no machinery being available in those days, they had to be fashioned by hand as did the hinges and fittings, with the result that the window was costly, and only the rich could afford them.

These early windows were extremely simple in design being made of flat bars, welded at the corners, and were very far from weather tight. They had no outer frame and the wind and rain were only partially kept out by their being recessed into wood or stone frames.

No provision was made for holding in the glass beyond cross bars welded to the window to which the leaded lights were wired.

In those early days glass was very expensive in England, in fact was a great luxury, and it was only made in very small squares or panes, and these were joined together by strips of lead much as is still done to-day in the modern leaded light.

As glass became cheaper much larger panes came into use, which gave considerably more light to the rooms.

A difficulty then arose in keeping a single pane of glass attached to this old type steel window. This difficulty was met by the use of an angle section, and the first advance in metal windows was made. A complete iron window and frame followed, this being accomplished by the use of two angles. The use of iron windows rapidly grew, and at the same time demands for windows of better weathering qualities, and of larger size.

A further step in the development of the metal window was made when a ZEd section came into use for the inner frame. This enabled a double weathering of sorts to be made, as the inner section came into contact with the outer frame at two points instead of one, but it still left a lot to be desired.

Very great improvements came into use at about the year 1880, as at about this time special sections were being designed by the half dozen Makers in the World of whom the Crittall Manufacturing Co. Ltd., of Braintree, Essex were one of the Pioneers. These sections, as in modern practice, had to be specially rolled, and in order to get great accuracy were made in steel.

This was certainly a very great advance, but the perfect steel window was not yet evolved, as each particular set of sections could only be used for a particular type of window, and recesses (rebates) had to be cut either on the inside or outside of the stone frames according to whether the window opened inside or outside.

When a window was desired to swing horizontally, that is to say the top portion came into the room, and the lower portion went outwards, a groove had to be cut in the stone or wood mullion or frame.

About the year 1900 The Crittall Manufacturing Co., Ltd., designed and patented their "Universal" range of sections which enabled the use of one preparation only of the wood or stone surround.

At the same time this provided the same glass line, (or line of sight) to all types of windows, and kept the glass in the same plane.

To-day this is copied in outline by many other Manufacturers.

Another great advance was made when The Crittall Manufacturing Co., Ltd., patented the "Fenestra" joint used in all their cross bars, or bars composing the panes. Up to that time the flat or table of the tee of one of the two sections had to be entirely cut away. By Crittall's patent both tables are preserved, the one table being carried over the other with the result that a very much stronger joint is made, and a much more pleasing effect obtained.

Great advances have also been made in the hinges or butts which are now made wholly or partly in bronze, and the fittings are made in this material or in malleable iron.

With the advant of sandblasting of the sections whereby scale or rust is entirely removed, and the Oxy-Acetylene welding of all corners as practised by Crittall's, the zenith of the metal window can be considered as reached.

Metal windows are also made entirely of solid bronze sections but owing to the very much greater cost of this material over steel these can only be afforded in buildings such as Banks or Public Buildings where a magnificient effect is desired.

雜　組

中國最大之提士引擎發電所

　　提士引擎之用於中央發電所,通行不及二十年,我國所用,在二千四馬工率以上者,尚屬創見,因燃料與管理人才,皆非易得.有之,則自上海盧家灣法租界工部局電車公司始.該局本有1,500 Kw. 之蒸汽發電所,取水于附近小河,水源艱濇,不能擴充,法租界黃浦灘路綫甚短,毫無餘地,可建大規模之蒸汽發電所,且本地煤質不良,此所以另立新廠,而用提士引擎也.

　　該廠用鋼骨水泥建築,高二十公尺,闊二十五公尺,長六十公尺,屋頂用抛物線拱橋式.主要機器:有1,500 馬工率之蘇而參 Sulzer 提士引擎二具,轉動1,200 Kva. 之安利康 Oenlikon 交流發電機,有3,600 馬工率之蘇而參提士引擎二具,轉動3,300 Kva. 之許乃段 Schneider 交流發電機;另有餘地,以備添購4,600 Kva. 之發電機二具.上述引擎,俱爲二循環式.小者四氣缸,速度每分鐘一百五十轉,開足時每馬工率用油191公分,(合.42磅);大者六氣缸,速度每分鐘一百二十五轉,燃油每馬工率 188 公分,蓄油池在地下,凡六,每池容量1,100立方公尺,屋之一端爲分電廠,電車所用之直流換電機在焉.交流電機之電壓爲5,500 Volts,週數爲五十,俱直接連于引擎軸上.換電機凡三具,俱許乃段公司製品,每具 350 Kw. 共合1,500 馬工率,尚擬添置一具云.

　　蘇而參引擎設計要點爲氣缸蓋中心有孔,空氣與燃料舌門裝置在內.缸蓋一片鑄成,各部壓力平均,頗爲堅固;唧筒分爲二部,有套管以通冷水;洩氣口門,面積富餘,反壓甚低,氣缸溫度,亦不過高.轉動時用高壓壓氣,廠中自有壓氣機,貯空氣于鋼罐內.此外則冷水循環,經過冷水塔;油料注入管外周加熱,可用粗重之墨西哥柴油.現小號機自民國十一年十一月裝置以來,頗

稍適用,大號機于去年十二月裝置,現在荷載甚低,將來電能需要加增時,僅可應付也。廠圖附下　　　　（昌祚）

A—1200 Kva 機

B—3300 Kva 機

C—4600 Kva 機

D—藏油箱

E—油倉

F—高壓空氣筒

O—抽水機

H—過剩水箱

K—熱水箱

M—水塔

N—冷水塔

O—輕聲器

P—題氣管

Q—冲氣進口

S—變流機分站

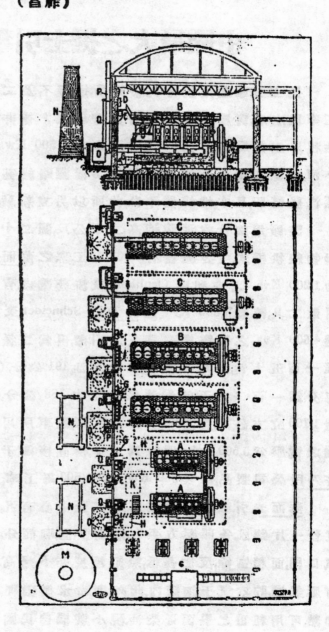

天津新萬國橋之計劃

天津新萬國橋投標者共十七家,計劃凡三十一種,其中用雙葉萱蔡 Scherzer 式滾弔橋者五,用雙葉斯托拉斯弔橋 Strass Bascule 式者七,用華兌而 Waddell 上抽式者十一,用他種弔橋式者八,於蔇年五月開標,為兌特 Etablissment Dayde 公司所得,橋為萱蔡式,共長三百十三呎,河中基塔距離一百五十四呎,塔距岸七十九呎半.法租界總工程師秉商君 T. Pincione 曾有報告,云及選中兌特公司計劃之故,茲為摘譯于下,文中之余,乃秉商君自謂也.

萱蔡式橋開時,活動橋面沿齒輪軌向岸滾退,使橋端縮至基塔界綫之內,斯托拉斯式開時,向平軸轉動,活動橋面成垂直時,不能完全退入基塔界綫之內.華兌而式橋面,則用弔索沿高塔上抽,使橋底與水面距離加高,船隻得以通行.各式活動橋面,俱有相當之平衡重量,以利動作.

按活動弔橋設計之要點:一須注意岸上車馬之通行,華兌而式之活動橋面,最為堅固,自較雙葉式為善,特雙葉式弔橋,各處通用已久,儘有載重甚大者,未可厚非;二須注意水面船隻之航行,總期弔橋開放,愈速愈妙,此次投標各計劃,可大別為上抽式及弔橋式二種,茲將其利弊分別比較之.

上抽式之優點如下:橋面常成水平,可用分塊 Block pavement 鋪面,此非弔橋可能,其利一;風速過大時,上抽式橋面抽動,不受影響,而弔橋式則因抵抗力大,頗感不便,其利二;低桅船隻通過時,橋面不必升至最高點,其利三;鐵路通車時,軌道接榫處,上抽式最為堅固,其利四;如河道更向,活動橋面,可易撤動,其利五;橋底至水面距離,祇須將塔加高或減低,甚易變動,其利六;活動橋面兩端,可以斜割,故橋身不必與河道成直角,其利七;上抽式之鋼料,較弔橋式為廉,其利八;橋面高塔,便于通水管電線,其利九;如河面開闊,基塔須堅固,橋身甚大者,上抽式之建築費較弔橋式為廉,其利十.

主張上抽式者,其論如是.鄙意以為關于第一項,則本橋投標準則,載明

用木板鋪面,上加糰蓆,僅可用諸弔橋,且弔橋式亦曾有用分塊鋪法者;第二
項則因津埠風速,一年中不過三四日,風速亦不過每小時五十英哩以上,弔
橋式可用于每小時七十五英哩之風速,自可無慮;如風速再高時,將成颶風,
河中自無船隻航行,更何所用于弔橋;且此橋地處城市,風勢可較曠野減少
十分之三;關于第三項則工人抽懸不得法時,機件或致損壞且弔橋式中間
牟關時,已可通船,自有相當利益也;四,五,六,七項與本橋情形不同,可置不論;
第八項則據投標結果,弔橋式建築費,並不較昂;九項則因河道不深,水管電
線可由河底通過;第十項則與本橋並不適用.

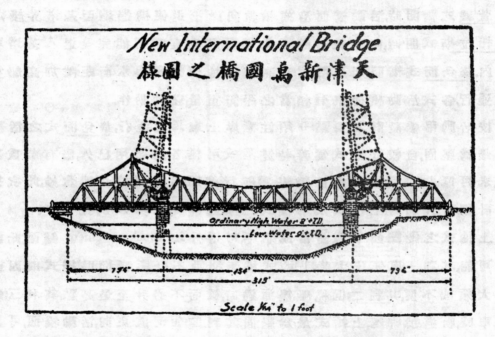

鄙意以爲上抽式之橋有弊端凡六:一則基塔歷久下陷,兩旁如果不均,
則全橋無用;二則非俟橋面完全抽上,輪船不敢駛近,不若弔橋式拽懸時,輪
船可即向中間駛過也;三則弔橋式拽懸,可用尋常工匠,上抽式較爲複雜,非
用較有訓練之機匠不可;四則上抽式之維持費及修理費,恐較弔橋式爲大;
五則上抽式不甚美觀;六則依通行標準,上抽一百三十五尺,有時或者不足,

如用一百五十五呎,則又太多;此余之所以舍上抽式而不用也.

今將萱参式弔橋與斯托拉斯式相較,則萱参式橋面滾退時,河中航路可闊一百四十呎,而斯托拉司式則橋底未能退入基塔界綫,河中航路,僅一百呎,且基塔附近,須打椿以避船隻挫損橋面,此在督署附近,船隻不多,或可足用,法界輪舶進出甚多,非有較闊河面不可,故斯托拉斯式較爲遜色.另有單葉弔橋,河面雖可較闊,然不甚美觀,且風大時,橋面抵抗太大;至席滿門式 Zimnermann 橋梁旣較萱参式爲複雜,且無特殊優點,故置不議.余之採用萱参式理有五:一則活動橋面,進退自如,無須繁複機器,維持費最省;二則滾退用輪盤,所需能力極微;三則此種橋梁,世界通用;四則開時河面有一百四十尺之闊;五則據投標者擔保,此種橋梁可用于每小時七十五英哩之疾風內,如在五十英哩速度之下,則此橋可于一分鐘內開放,如在二十英哩速度之下,則此橋僅藉人力亦可于八分鐘內開放之.

投標中圖案最美觀者爲莫賓公司, Firm Etablissements Brossard Mopin 但因裝潢華美,致基塔礎上壓力,每方公分爲3.83公斤,(3.83 Kg./cm²) 而余之標準爲二公斤.今據兌特公司之計劃,僅有1.97公斤,足見所定標準,並不背理,且該公司對于深堅基礎,經驗最富,營業聲譽甚隆,投標價格最廉,據其預算建築費爲2,918,400佛郎,加美金243,854元,另加機器7500金元,應准其承攬,幷將一切費用規合天津規銀立一詳細預算云.　　　　(莘覺)

質疑與答難

　　本刊添設『質疑與答難』一欄，冀會友得切磋之益，社會有問難之方。凡工程界人士，無論教師與學生，工程師與機匠，如有疑問，請投函上海南洋大學本編輯部，同人等當竭知相告，勉爲其難。倘有高深理論或實習難題，爲同人之力所不及者，擬轉延通人，藉相討論焉。————編者

濾淨鍋爐用之 Zeolite 原理

問. Zeolite 濾淨鍋爐用水之原理如何　　　　　　　B.T.

答. Zeolite 是一種鈉鋁混合的矽酸鹽，普通謂之礦砂。水中有鈣質的炭酸鹽，即謂之有硬性，因鈣化炭酸鹽經熱之後停澱於鍋管中故也。鈣質之水，無論爲井水，或爲河水，若使濾過 Zeolite，鈉與鈣即互相交換，鈣留礦砂中，鈉則入水而爲可溶化之鈉化炭酸鹽，打入鍋中，無大妨礙。久而久之，礦砂中鈉質用盡，化學作用即停止，必另用食鹽水冲洗之，其作用即爲以食鹽中之鈉質換取礦砂中飽含之鈣質，鈉入礦砂，而鈣則形成綠化鈣，溶入水中，逐流而至溝渠。礦砂食鈉旣飽，能力恢復，又可從事於濾水之工作矣。

電壓變動對于電燈之影響

問. 電壓變動，對于電燈之影響如何？譬如提高百分之五，或降低百分之五，燈之光亮及生命將有何影響？　　　　　　F.A.

答. 電燈假定應受電壓100伏爾脫，若降低百分之五，其所費電力即減少百分之九，其光亮減少百分之十七，其平均生命將加高至一倍以上。燈之壽命雖長，光亮却大爲減色，在用戶並非上算，故電燈公司電壓不足，用戶應有抗議。

　　又若電壓提高百分之五，電力亦多耗百分之九，而光亮則增至百分之十九左右，但其生命則將減去一半。在用戶多買幾個燈泡或不生問題，但燈泡玻璃發黑及過分光亮均非所宜。故電燈公司之電壓應常年保持與電燈所可受之電壓相符。

附　　錄

吾國國際貿易潮流感言

周　琦

　　國之貧富,恆視國際貿易額之消長以爲衡.國家經濟之發展,輸出必超過輸入.此一定之理也.吾國向以農立國.工商百業,每居人後.天產原料,多未開闢.朝野上下對于國際貿易,歷來以其無關痛癢而漠視之.頃年乃一震于五卅事變,再勘于關稅會議.觀察頓移,視聽遽逼.振興國貨,發達土產之聲浪風起雲湧,甚囂塵上.斯誠民國以來惟一之好現象也.

　　顧吾國輸出之低逼,外貨之充斥,由來已久.一旦謀挽狂瀾.千頭萬緒,設無以權衡輕重,次第興革.必將徒托空言而乏實效.適足貽外人蛇尾之譏而重餒國民自強之志.此千載一時之機會,復將坐失,豈不惜哉.

　　吾人故當舉凡足供權衡輕重,次第興革之資料,盡力搜集之.此資料唯一之來源,即吾國國際貿易比較表.記者不敏,特爲搜集各則,羅列于下.海內同志,或當取覽焉.

　　（一）五十年來吾國與英美日三國貿易額之消長　　　（分爲單位）

西曆年次	英 國	香 港	美 國	日 本	合 計
1870	37.9	30.1	0.5	2.0	70.6
1875	31.1	40.6	1.5	3.6	76.9
1880	27.5	38.1	1.5	4.4	71.6
1885	20.2	39.9	3.7	5.9	76.9
1890	19.3	56.7	2.8	5.8	84.7

1895	19.7	51.3	2.9	10.1	84.1
1900	21.5	44.4	7.9	12.5	86.1
1905	19.8	33.1	17.2	13.7	83.8
1915	15.3	37.0	5.4	16.5	74.4
1920	17.1	20.9	18.0	28.7	84.8
1921	16.5	25.5	19.4	23.2	84.6
1922	15.2	25.1	17.8	24.4	82.8
1923	13.0	26.8	16.7	22.8	79.4
1924	12.3	23.9	18.7	23.0	78.1

（上表說明）　吾國對外貿易之主要國,爲英國,香港,美國,日本等處.目下輸出入貿易總額,已達十八萬萬海關兩.至就各國對華輸出關係而言.由上表觀之,可知英國之優勢,週已逐漸減退.在一八七〇年,占百分之三七.九.而在去年,僅占百分之一二.三.即減少至三分之一.香港之輸出,近年亦不若一八七〇年之鉅.美國之輸出,在一八七〇年,僅占百分之〇.五者.至一九二四年,竟一躍而占百分之一八.七〇.實爲可驚之加增.日本亦與美相似.在一八七〇年,不過百分之二.至一九二四年,竟達百分之二三.惟膨脹之速率,終不能及美國.美國對華輸出品,據該國商部之調查.以石油爲首位,次爲煙草,紙煙,小麥粉等.大概歐戰四五年,各國貿易之消長大爲變遷.

（二）民國以來之輸出入　（百萬海關兩爲單位）

年　　　次	輸　入	輸　出	輸入超過額
元年　（1912）	473	371	103
二年　（1913）	570	403	167
三年　（1914）	569	356	213
四年　（1915）	454	419	36
五年　（1916）	516	482	

六年	(1917)	550	463	87
七年	(1918)	555	486	69
八年	(1919)	647	631	16
九年	(1920)	762	542	221
十年	(1921)	906	601	305
十一年	(1922)	945	655	290
十二年	(1923)	923	753	170
十三年	(1924)	1018	772	246
			共計	1957

（上表說明）　　吾國通商以來,幾年年爲入超.即輸入常在輸出之上.自民國改元後,國人習於奢侈.嗜用外貨,視爲故常.漏巵之鉅,尤足令人驚駭.此十三年中,除歐戰時期之四五年外,輸入超過之數常在關銀一萬萬兩以上.十三年總計達二十萬萬之鉅.約合銀元三十萬萬元.且輸入輸出均有漸進之傾向.而輸入之增加較之輸出爲尤速.入超之數顛有與年俱增之勢.無怪國民經濟日漸枯竭.而國民之經濟生活漸移於外人勢力之下矣.

（三）民國以來英日二國之對華輸出（百萬海關兩爲單位）

年　　次		英　國	日　本
元年	(1912)	75	91
二年	(1913)	97	119
三年	(1914)	105	127
四年	(1915)	72	120
五年	(1916)	70	160
六年	(1917)	52	222
七年	(1918)	50	239
八年	(1919)	64	

九年	(1920)	132	219
十年	(1921)	150	210
十一年	(7922)	583	311
十二年	(1923)	371	292
十三年	(1924)	378	318

（上表說明）　　　　上表乃專記載十三年來英日二國之對華輸出.可與（一）表互相發明.由此觀之,可知在歐戰時代,英貨進口逐漸減少.至戰後又急急增加.日貨則幾逐年增進.雖屢有抵制之舉動.以國人不能堅持.初無大效.故十三年份之英日兩國對華輸出額.較之元年份均超至三倍以上.

（四）最近六年中英日二國之入超（百萬海關兩爲單位）

年　次	英國	日本	總計	總入超	英日入超對總入超之百分數
八年 (1919)	6	46	52	16	325
九年 (1920)	84	79	163	221	74
十年 (1921)	118	32	150	305	49
十一年 (1922)	139	76	215	290	74
十二年 (1923)	108	3	109	170	64
十三年 (1924)	126	19	145	246	58
共計	579	255	834	1248	67

（上表說明）　　　　閱上表,民國八年爲西歷一九一九年,適當大戰之後.英國對外貿易尚未恢復.而吾之對外貿易狀況,以此年爲最佳.入超總額僅爲一千六百萬兩.但英日二國之入超則遠過之.實達三倍以上,可見對華貿易中,除去英日二國,則吾國之入超當可變爲出超無疑.再就其後五年而論,英日二國之入超,亦常佔全體入超百分之五十至七十五之間.再以此六年之總額統計之,英日二國之入超實佔百分之六十七.

（五）最近數年輸入重要貨物表（百萬兩爲單位）

貨物總稱	分　類	1920年		1921年		1922年	
		輸入	對全輸入之百分數	輸入	對全輸入之百分數	輸入	對全輸入之百分數
棉製疋頭	棉呢品	247	32.4	209	23.0	219	23.2
	棉　花	18	2.3	36	4.0	42	4.4
米　麥	米　類	5	0.7	41	4.0	80	8.4
	麥　粉	2	0.3	3	0.4	17	1.8
石　油	煤　油	54	7.1	58	6.4	63	6.7
	石　炭	14	1.9	14	1.5	11	1.1
砂　糖		39	5.1	71	7.8	61	6.5
金屬鑛石		61	8.0	60	6.6	30	5.3
烟　草	紙　煙	22	2.9	25	2.7	28	3.0
	菸　草	12	1.7	14	1.5	13	1.4
紡織機器		7	0.9	27	3.0	30	3.3
海　產　物		13	1.7	14	1.6	17	1.8
紙　類		14	1.8	15	1.7	14	1.4
人　造　藍		15	2.0	15	1.6	12	1.3
電氣材料		6	0.8	13	1.4	9	0.9

（上表說明）　　　據上表可知以下各種關係:

甲.）　輸入品中多數為工業原料品,尤以棉製疋頭類為最大漏卮,約佔輸入全額百分之二三二.

乙.）　吾國號稱以農立國,原料品及糧食品,如棉花米麥等,不特不能充分輸出,且每年輸入不少.

丙.）　石油,紡織機器及電氣材料之輸入,年有增加.足見頻年紗廠電燈公司及小工業逐漸發達.

丁.）　海產物為奢侈品,紙煙菸草為消耗品以國人好奢之結果,其輸入額均逐年增加.

戊.)　除上列重要貨品外,尚有化學用品化粧品等各次要品.佔全輸入額
　　　之四分之一有奇.

(六) 吾國主要工業之最近調查

吾國工業雖極幼稚.然各業皆有蓬勃之象.就第五表貨品次序論之.棉
製品則有淞滬之永安,恆豐振華各廠.內地之大生,豫豐各廠均以紡織爲主.
砂糖則有吳淞之國民製糖公司.金屬鑛石則有漢冶萍公司.煙草則有南洋
兄弟及中國興業興記煙草公司.紡織機器則有中國鐵工廠.海產物則有東
南漁業公司.惟發起後尚未正式成立.紙類則有寶成,禾豐,華盛各廠.電氣材
料則有益中機器公司及華生電氣廠.(各廠每年產額俟異日調查清楚.當
專論之.) 惟歷數各廠.均不免處于以下之情勢.

甲.)　所用製造原料仍屬直接或間接取自輸入品.幾無完全獨立之國產
　　　製造廠.

乙.)　各廠所出品之總數.遠不敷本國自用.遑論作國際之貿易.

丙.)　已存各廠雖知極事擴充.以求充分之發展.大都限于資本.年復一年,
　　　故步恆封.

吾人丁此時機切不宜再甘放棄.工商各界當自今日始.努力奮進.依下
列之具體計劃而勇往直前.

甲.)　廣設工業主要原料廠所如棉花,石油,鋼鐵,銅,錫,人造藍,電氣材料等
　　　品.

乙.)　創辦國產原料調查分析所以獎進新工業及改良舊工業爲務.

丙.)　資本家當予各業工商家充分之協助.以培長其發達之機.

國富民強.在此一舉.國際貿易地位必須頓改舊觀.此作者所引爲至榮
也.

中華民國國有鐵路建築標準及規則

　　民國十一年,交通部訂有國有鐵路工程車輛材料規則,由該部訂冊發行,書中所存材料,實爲治鐵路者,所不可缺,乃搜羅非易,購當不能,本刊應諸會友之請,特再刊於附錄,幸注意焉。　　　　編著

　　第一章　通則

第一條　凡中華民國國有鐵路之新工程及舊工程之須改造者悉應遵照本規則辦理

第二條　關於本規則內各條如有必須變通辦理之處應呈候交通部核准施行

第三條　中華民國國有鐵路分爲二類如下　　　(一)幹路　(二)次要路

第四條　凡鐵路之分類或爲幹路或爲次要路應由交通部核定之

　　第二章　路綫之位置

第五條　曲綫及坡度之表述法　凡鐵路曲綫應以長二十公尺之弦所承心角之度數表述之(三百六十度爲一週)其相當之半徑若干公尺亦應註明以備參攷

　　註　已知曲綫之度數欲求其相當之半徑若干公尺或呎可參看第一表

　　凡鐵路縱向之坡度應用百分數表述之例如平距每一百公尺上昇或下降一‧五〇公尺者其坡度爲百分之一‧五

第六條　幹路之曲度及坡度最大限　幹路之最大曲度定爲五度(半徑約二百三十公尺)其最大坡度連同曲綫上之坡度折減率在內定爲百分之一‧五

　　註　例如曲度爲四度其坡度折減率當爲百分之 0.06×4 (參觀

第十一條）即百分之〇・二四則其准用之坡度最大限當

爲百分之1.5—0.24即百分之一・二六

第七條　直綫之最短限　凡同向兩曲綫間之直綫至少應長一百公尺異

向兩曲綫間之直綫至少應長五十公尺惟準備超高度所需之長

度不在此項最短限內

第八條　曲綫之超高度　曲綫之外軌條應超高之超高度（若干公厘）

可於第二表得之表內數目係用下列公式求得

$$E = 0.009864DV^2$$

E係在軌距綫處外軌超高之公厘數

D係曲度之度數（二十公尺弦）

V係列車之速率以每小時若干公里計

或遇不用介曲綫時倘無困難情形應使單曲綫內或複曲線內曲

度較銳之曲線上均有充分之超高度此項超高度之全數應用百

分之17V之坡度敷設於直線或較直之曲線上V爲列車最大速

率以每小時若干公里計

尋常所用之超高度不得過一百二十五公厘凡列車之速率應與

所用之最大高度適合

內軌不得超高

第九條　介曲線　凡二度（半徑等於五七二・九九公尺）及二度以上

之曲線均應用介曲線凡四度（半徑等於二八六・五四公尺）

及四度以上之曲線其介曲線之長不得小於五十五公尺凡曲線

之曲度小於四度而列車速率必須限制者其介曲線長度之公尺

數不得小於速率之每小時公里數此項速率係按一百二十五公

厘之超高度求得之　　　　　　（未完）

1531

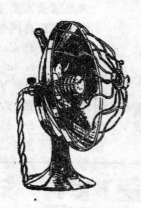